# 大学生生态文明教育实践与探索

张玲菲　陈欢欢　著

北方联合出版传媒（集团）股份有限公司

辽宁科学技术出版社

**图书在版编目（CIP）数据**

大学生生态文明教育实践与探索 / 张玲菲,陈欢欢

著. -- 沈阳：辽宁科学技术出版社, 2024. 6. -- ISBN

978-7-5591-3692-3

I. X24

中国版本图书馆 CIP 数据核字 2024QJ4338 号

---

出版发行：辽宁科学技术出版社

　　　　　（地址：沈阳市和平区十一纬路 25 号　邮编：110003）

印　刷　者：辽宁鼎籍数码科技有限公司

经　销　者：各地新华书店

幅面尺寸：185mm×260mm

印　　张：16

字　　数：320 千字

出版时间：2024 年 6 月第 1 版

印刷时间：2024 年 6 月第 1 次印刷

策划编辑：王玉宝

责任编辑：李　红

责任校对：于　芳

---

书　　号：ISBN 978-7-5591-3692-3

定　　价：85.00 元

# 前　言

随着全球环境问题的日益严重，生态文明建设已成为人类社会发展的重要议题。作为未来社会的主力军，大学生应具备生态文明素养，这对于推动生态文明建设具有重要意义。本书旨在探讨大学生生态文明教育的各个方面，包括概念与内涵、生态观念与价值观培养、生态道德与伦理建设、课程设计、实践教学组织与管理、志愿服务活动、创新创业活动、宣传与媒体运用、国际交流与合作，以及政策与法规等方面。

生态文明教育是培养人们正确对待生态环境的意识、责任感和价值观的一种教育活动。它包括对生态环境的认知、生态保护行为的养成、生态文明观念的树立等多个方面。在高校中，开展生态文明教育，不仅可以提高大学生的环保意识和责任感，还可以培养他们的创新精神和实践能力，为推动生态文明建设提供人才保障。

第一章介绍了生态文明教育的概念与内涵，阐述了其基本概念、核心原则以及与高校思想政治教育的相互关系。通过这一章的介绍，读者可以初步了解生态文明教育的背景、意义和重要性。

第二章至第四章分别从生态观念与价值观培养、生态道德与伦理建设，以及课程设计3个方面展开论述。通过这些章节的介绍，读者可以了解到大学生生态文明教育的具体内容和方法。特别是在课程设计方面，这部分详细介绍了设计原则、实施与评估，以及改革与创新等内容，为高校开展生态文明教育提供了参考和借鉴。

第五章至第七章分别探讨了实践教学组织与管理、志愿服务活动以及创新创业活动等方面的内容。这些章节所涉及的实践环节是大学生生态文明教育的重要组成部分，这些实践环节可以进一步巩固和拓展课堂教育成果，提高学生的环保意识和实践能力。

第八章至第十章则分别介绍了生态文明教育宣传与媒体运用、国际交流与合作，以及政策与法规等方面的内容。通过这些章节的介绍，读者可以了解到当前大学生生态文明教育的宣传途径和媒体运用方式，以及国际交流与合作的现状和发展趋势。同时，这部分还介绍了国家层面的大学生成长教育政策与法规，为读者了解相关政策提供了参考。

在编写本书的过程中，我们尽可能地收集了相关资料和案例，以期为读者提供更为全面和深入的信息。同时，我们也结合了自身的教学和实践经验，将理论与实践相结合，力求使本书更具实用性和指导意义。

本书的出版得到了相关领域专家学者的支持和帮助，在此表示衷心的感谢。同时，我们也希望广大读者能够给予批评指正，共同推动大学生生态文明教育的进一步发展。

最后，我们衷心希望通过本书的出版，能够为大学生生态文明教育的实践与探索提供一定的参考和借鉴，为推动全球生态文明建设做出贡献。让我们共同努力，为未来的地球环境贡献自己的力量！

# 目 录

# 第一章　生态文明教育的概念与内涵

## 第一节　生态文明教育的基本概述

生态文明教育是生态文明建设的重要组成部分，它旨在提高人们的生态文明意识和素养，促进人与自然的和谐共生。生态文明教育的内涵非常丰富，包括以下几个方面。

1. 人与自然和谐共生的理念

生态文明教育首先强调的是人与自然和谐共生的理念。它要求人们认识到自然界的生态平衡和生态系统的完整性，认识到人类与自然的关系是相互依存、相互促进的。人们应该尊重自然、保护自然，与自然和谐相处，实现人与自然的和谐共生。

2. 可持续发展的理念

生态文明教育强调可持续发展的理念。它要求人们在开发和利用自然资源时，要考虑其长期的影响和后果，确保资源的可持续利用和生态系统的可持续发展。同时，人们也要关注代际公平，确保下一代也能够享有充足的资源和良好的生态环境。

3. 生态文明知识的普及

生态文明教育需要普及生态文明知识。这包括生态学、环境科学、资源科学等方面的知识，以及环境保护和可持续发展的基本原理和方法。通过这些知识的普及，人们可以更好地理解生态文明的内涵和意义，从而更好地参与到生态文明建设中来。

4. 生态文明实践的推广

生态文明教育不仅仅是知识的传授，更需要实践的推广。通过参与生态保护和修复活动，如植树造林、垃圾分类、节能减排等，人们可以亲身感受到生态文明建设的意义，从而更加积极地参与到生态文明建设中来。

5. 生态文明意识的提升

生态文明教育的最终目标是提升人们的生态文明意识。通过教育和宣传，人们可以认识到生态文明的重要性，形成节约资源、保护环境、关爱自然的良好习惯，同时，也要倡导绿色生活方式，如低碳出行、绿色消费等，推动社会形成节约资源、保护环境的良好风尚。

# 第二节 生态文明教育的核心原则

## 一、全面性原则

### （一）全面性原则的意义和目标

1. 全面性原则的意义

全面性原则在生态文明教育中具有重要的意义。以下是该原则的几个方面意义。

（1）综合性视野：全面性原则要求教育内容从多个角度来认识和解决环境问题。它不仅涵盖了环境科学、生态学等自然科学领域的知识，还包括经济学、社会学、法学等社会科学领域的理论和方法。这样的综合性视野使得学生能够更全面、更准确地把握环境问题的本质和复杂性。

（2）系统性思维：全面性原则要求学生具备系统思维的能力，能够理解和分析环境问题的各种因果关系、相互作用和整体性特征。通过学习和实践，学生可以了解环境问题的整体结构和演变规律，进而提出系统性的解决方案。

（3）跨学科融合：全面性原则要求将不同学科领域的知识和方法进行融合，以提供更全面、更系统的环境教育内容。例如，生物学的知识可以与化学、物理学的知识相结合，来探索生态系统的能量流动和物质循环；经济学的知识可以与环境科学的知识相结合，来研究可持续发展的经济模式。通过跨学科融合，学生能够更好地理解和解决环境问题。

（4）实践导向：全面性原则要求将环境教育与实际问题相结合，注重培养学生的实践能力和环境行动能力。学生通过参与环境保护实践活动，将所学的理论知识应用于实际环境，增强其环境责任感和实践能力。这样的实践导向有助于学生将环境意识转化为实际行动，促进可持续发展的实现。

2. 全面性原则的目标

全面性原则在生态文明教育中的目标是培养具备全面环境素养的学生。以下是该原则的几个方面目标。

（1）全面理解和认识环境问题：全面性原则要求学生从多个角度来理解和认识环境问题，包括自然科学、社会科学和人文科学等多个领域的知识。学生需要了解环境问题的本质、成因和影响，了解不同环境要素之间的相互关系，以及环境问题与社会经济发展的关联。通过全面的理解和认识，学生能够形成对环境问题的准确判断和客观评价。

（2）形成正确的环境意识和价值观：全面性原则要求学生形成正确的环境意识和价

值观，即意识到环境问题对人类和地球的重要性，认识到人与自然的相互依存关系，以及资源的有限性和环境的脆弱性。学生需要树立尊重自然、珍惜资源、保护环境的核心价值观，并将其内化为行动准则。

（3）倡导资源节约、环境友好的行为：全面性原则要求学生能够将环境意识和价值观转化为实际行动，积极倡导和践行资源节约和环境友好的行为方式。学生需要学会合理利用资源，减少浪费，选择环境友好的产品和服务，采取节能减排的措施，降低对环境的负面影响。他们还应该鼓励其他人参与到环境保护中来，共同推动可持续发展。

（4）积极参与环境保护和可持续发展活动：全面性原则要求学生积极参与到环境保护和可持续发展的实践活动中，学生可以通过亲身经历和实践来加深对环境问题的认识和理解。学生可以参与志愿者活动、社区环保项目、绿色生活倡议等，以实际行动改善环境质量，推动社会绿色发展。他们还可以参与环境调研、提出解决方案，与政府、企业和公众共同推动环境保护和可持续发展的实现。

（二）全面性原则的教育内容

（1）环境知识：教育者应该传授学生关于环境科学、生态学、生物多样性、气候变化等方面的基本知识。学生需要了解自然界的基本原理和生态系统的运行机制，理解环境问题的本质和危害。

（2）环境意识：教育者应该引导学生形成正确的环境意识，使他们能够认识到自身与环境的关系，意识到环境问题的严重性和紧迫性。学生需要培养自身在绿色发展、低碳生活、资源节约等方面的意识。

（3）生态文明价值观：教育者应该传递和弘扬生态文明的核心价值观，如尊重自然、保护环境、促进和谐发展、实现人与自然的和谐共生等。学生需要树立正确的环境伦理观念，以及尊重生命、关爱他人、维护公共利益的价值观。

（4）环境实践：教育者应该鼓励学生参与环境保护实践活动，如植树造林、垃圾分类、水资源保护等。通过参与，学生能够将所学知识转化为实际行动，增强环境责任感和实践能力。

（三）全面性原则的教育方法

（1）综合性教学：教育者应该采用综合性的教学方法，将不同领域的知识和技能有机地结合起来，形成全面性的教育内容，例如，可以将自然科学、社会科学、人文科学等相互融合，培养学生的综合素养。

（2）实践教学：生态文明教育强调实践活动的开展，通过实际操作和实地考察等方式，提升学生的环境保护意识和实践能力。教育者可以组织学生参与环境保护实践项目，让他们亲身体验和实践环境保护的知识和技能。

（3）跨学科教育：生态文明教育需要结合不同学科的知识，形成跨学科的教育内容。教育者可以与其他学科的教师合作，共同设计和实施生态文明教育课程，使学生能够从多个角度思考和解决环境问题。

（4）社区参与教育：教育者应该鼓励学生积极参与社区环境保护活动。通过与社区居民、环保组织等合作，学生可以了解当地的环境问题，并积极参与环境保护行动，提升环保责任感和社会参与能力。

## （四）全面性原则的教育评价

在生态文明教育中，评价也应该具备全面性。教育者应该通过多种方式评价学生的环境素养和实践能力，如考试、项目报告、实践成果等。评价要注重综合能力的考查，不仅关注学生对知识的掌握，还要考察他们的思维能力、实践能力和团队合作能力。

## （五）全面性原则的实施策略

为了贯彻全面性原则，教育者可以采取以下策略.

（1）制订完整的教育计划：制订全面的教育计划，明确教育目标和内容，确保各个方面的内容得到充分覆盖。

（2）教育资源整合：教育者应整合教育资源，包括教材、教具、实验设备等，为全面性教育提供支持。

（3）建立合作机制：教育者应与其他学科教师、社区组织、环保机构等建立合作机制，共同推进生态文明教育的开展。

（4）培养教师专业能力：教育者应提高专业素养和综合教育能力，使其具备全面性教育的能力。

通过贯彻全面性原则，生态文明教育可以达到更好的效果，使学生成为具有全面环境素养的公民，为推动可持续发展做出贡献。

# 二、活动性原则

## （一）活动性原则的意义

活动性原则是生态文明教育中的重要原则之一，其意义主要体现在以下几个方面。

（1）增强实践能力：通过实践活动，学生可以亲身参与环境保护行动，实际操作和解决问题，从而增强他们的实践能力。学生只有在实际操作中才能真正理解环境保护的重要性，并学会如何应对环境问题。

（2）提高环保意识：实践活动使学生亲身感受到环境保护的紧迫性和必要性，激发他们对环境保护的关注和热情。通过参与实践活动，学生能够深入了解环境问题的根源、影响及解决办法，形成正确的环境保护意识。

（3）培养团队合作精神：实践活动往往需要学生进行团队合作，共同完成任务。通过与他人合作，学生能够培养团队合作精神，学会彼此协作、相互支持、共同解决环境问题。

（4）增进与社会的联系：实践活动通常需要与社区、企业等相关单位合作开展，使学生能够与社会环境建立更紧密的联系。这有助于加强学生与社会的互动，增进对社会责任的认识，培养学生积极投身社会事务的意识和能力。

## （二）户外考察活动

### 1. 户外考察活动的意义和目的

户外考察活动是一种非常有意义的实践活动形式。通过参与户外考察，学生可以亲身体验自然环境，感受大自然的美好和奥秘，进一步加深对自然生态的认识和理解。同时，户外考察还能够培养学生的实践能力和团队合作精神。通过参与实际的观察、记录和分析过程，学生能够提高自身的观察力、分析力、判断力以及政治思考能力。

### 2. 户外考察的组织和准备工作

为了确保户外考察取得良好的效果，需要进行一系列的组织和准备工作。首先，组织者需要选择一个适合的考察地点，该地点应具备丰富的生态资源和学习条件。其次，组织者需要制订详细的考察计划，计划包括活动的时间、地点和内容，并明确每个人的任务和责任。在准备过程中，组织者还需要对考察地的相关资料进行收集和整理，为学生提供必要的背景知识。此外，组织者还需要做好安全工作，确保学生的人身安全和财产安全。

### 3. 户外考察的实施过程

在户外考察活动中，学生应按照事先制订的计划进行活动。首先，学生需要认真观察和记录所见所闻，包括野生动植物的种类、数量和行为习性等。同时，学生还可以使用各种科学仪器和工具进行实地测量和采样，进一步加深对自然环境的了解。在观察过程中，学生还可以与同伴进行讨论和交流，分享彼此的发现和体验。最后，学生需对所收集的数据和观察结果进行整理和分析，并通过撰写学习报告或制作展板等形式进行成果展示。

### 4. 户外考察的效果评估和反思

在户外考察活动结束后，组织者应对活动效果进行评估，并邀请学生进行反思和总结。通过评估和反思，组织者可以了解学生在考察过程中的收获和不足，为今后的活动改进提供指导，同时，也可以鼓励学生将所学知识和经验应用到实际生活中，积极参与环境保护和生态建设的实践活动。

5. 户外考察活动的意义和影响

户外考察活动能够激发学生对自然环境的兴趣和热爱，增强他们的环境意识和保护意识。通过亲身体验和实际操作，学生能够更加深入地了解自然环境的重要性和脆弱性，培养对自然资源的珍惜和保护的观念。同时，户外考察活动也能够提高学生的科学素养和综合能力，培养他们的创新思维和实践能力，为今后的学习和工作打下坚实的基础。此外，通过参与户外考察活动，学生还能够增进彼此之间的交流和合作，培养团队合作精神和集体荣誉感。

## （三）社区服务活动

### 1. 垃圾分类宣传与指导

垃圾分类是解决当前环境问题的一项重要举措，通过组织学生参与垃圾分类宣传与指导活动，可以提高他们对垃圾分类的认识和理解。教育者可以邀请相关专业人士来学校进行讲座，向学生介绍垃圾分类的原理、方法和重要性，同时解答学生对于垃圾分类的疑问。此外，还可以组织学生走进社区或小区，开展垃圾分类指导活动，帮助居民正确进行垃圾分类，并提供相关知识和技巧。这样不仅可以提高学生的环保意识，还能够帮助社区居民培养正确的垃圾分类习惯，共同推动环境保护工作。

### 2. 植树造林

植树造林是改善环境的一项重要工作，教育者可以通过组织学生参与植树造林活动，培养他们的环境保护意识和实践能力，可以选择一些需要绿化的地区或者学校周边的空地，组织学生进行植树活动。在活动中，教育者可以向学生讲解植树的重要性，教授他们正确的植树方法和技巧，还可以邀请专业人士给学生讲解有关树木的知识，提高学生对环境保护的认识。通过亲手植树的经历，学生不仅能够感受到植物的力量和美丽，还可以培养他们的责任感和团队合作精神。

### 3. 清洁环境

清洁环境是维护社区形象和居民生活质量的重要工作，教育者可以组织学生参与清洁环境的活动，提高他们的环境保护意识和责任感。可以选定一些公共区域或者学校周边的地区，组织学生进行垃圾清理、道路清扫等活动。在活动中，教育者向学生介绍清洁环境的重要性，并引导他们养成良好的卫生习惯，此外，还可以倡导学生减少使用一次性塑料制品，推广环保购物袋和水杯等可循环利用的物品，以进一步减少环境污染。通过实际行动，学生能够切身感受到清洁环境的重要性，并提高自身的环境保护意识和自觉行动的能力。

4. 社区公益活动

除了以上几项具体的活动，教育者还可以组织学生参与社区其他公益活动，如义务劳动、文化进社区等。通过参与社区公益活动，学生不仅能够提高自身的社会责任感，还能够了解社区的发展需求，促进学校与社区的深度融合。教育者可以邀请学校老师和社区工作人员共同策划活动内容，通过社区公益活动的开展，推动学生的全面发展，为社区的发展贡献力量。

5. 效果评估与持续改进

在开展社区服务活动过程中，教育者需要重视效果评估和持续改进，可以通过问卷调查、座谈会等方式收集学生和居民的反馈意见，了解活动的实际效果和存在的问题，为下一步的活动改进提供依据。同时，教育者也要积极借鉴其他地区或学校的成功经验，加强合作学习，提高活动的效果和影响力。不断评估和改进可以更好地发挥社区服务活动的作用，培养学生的环保意识和实践能力，为社区的可持续发展做出贡献。

### （四）环境实验活动

1. 观察环境问题

在环境实验活动中，教育者首先要让学生观察和认识环境问题的存在。可以选择一些常见的环境问题，例如水污染、空气污染、垃圾处理等，并带领学生实地考察，让他们亲身感受这些问题对我们的生活和健康造成的影响。

2. 实验设计

在学生在观察了环境问题后，需要设计实验来验证问题的原因和解决方法。例如，如果是水污染问题，教育者可以设计一系列实验来测试不同水样的水质指标，然后与标准水质进行对比，找到污染物的来源。在实验设计过程中，学生需要思考实验的目的、步骤、变量控制等科学原理和方法。

3. 数据分析

学生进行实验后，需要将所获得的数据进行分析和整理。他们可以使用图表、统计方法等来展示实验结果，以便更好地理解和评估环境问题。通过数据分析，学生可以深入了解问题的具体情况，并为进一步的解决方案提供科学依据。

4. 问题解决

在分析了环境问题后，学生需要提出相应的解决方案。这个过程需要他们综合运用所学的环境知识、科学原理和实验经验，提出解决方案，并分析其可行性和预期效果。通过这个过程，学生的创新思维和解决问题的能力得到了培养和提升。

5. 总结与分享

在完成了环境实验活动后，学生应该进行总结和分享。他们可以通过撰写实验报告、制作海报或组织展示等形式，将他们的观察、实验设计、数据分析和问题解决方法展示给其他人。分享不仅可以加深学生对环境问题的理解，还可以激发其他人的关注和参与，形成良好的环保意识和行动。

（五）案例分析活动

1. 案例分析活动的定义和目的

案例分析活动是一种通过选取真实环境中的问题案例，引导学生进行深入分析和讨论的教学活动。其目的在于培养学生综合分析和解决问题的能力。通过案例分析，学生可以将所学的理论知识应用到实际问题中，提升自身的思考能力、判断力和决策能力。

2. 案例分析活动的过程和步骤

案例分析活动通常包括以下几个步骤。

（1）确定案例：教育者根据教学目标和学生的学习需求，选择一个真实环境中的问题案例。

（2）分析案例：学生根据案例中提供的信息，进行综合分析和归纳总结。他们需要发现问题的核心要素，理清案例中的因果关系，并确定可能存在的解决方案。

（3）讨论案例：学生以小组或全班的形式展开讨论，分享彼此的观点和解决方案。同时，教育者可以引导学生思考更深层次的问题，促进他们的批判性思维和创新意识。

（4）提出解决方案：学生根据分析和讨论的结果，提出自己对问题的解决方案。他们需要考虑解决方案的可行性、预期效果和可能的风险。

（5）总结和评价：教育者可以帮助学生总结案例分析活动的经验教训，并评价学生在分析和解决问题过程中的表现。

3. 案例分析活动的优势

（1）接近实际：案例分析活动选取的是真实环境中的问题案例，能够让学生更接近实际情境，培养他们解决实际问题的能力。

（2）综合应用：学生通过分析案例，能够将所学的理论知识应用到实际问题中，提高知识的综合运用能力。

（3）培养思考能力：案例分析活动能够培养学生的批判性思维和创新意识，激发他们对问题的深入思考和发现新的解决途径的能力。

（4）团队合作：案例分析活动通常以小组或全班讨论的形式进行，能够促进学生的团队合作精神和沟通能力。

（5）实践经验：在案例分析活动中，学生通过分析和解决问题，能够积累实践经验，提升自己的职业素养和就业竞争力。

**4. 案例分析活动的应用领域**

案例分析活动广泛应用于各个领域，包括教育、管理、市场营销、人力资源等。无论是学校的教学活动还是企事业单位的培训和问题解决，案例分析活动都可以起到很好的效果。

**5. 案例分析活动的注意事项**

在进行案例分析活动时，需要注意以下几个方面。

（1）选择合适的案例：案例应该与学生所学的知识和实际问题有关，能够引发学生的兴趣和思考。

（2）指导学生思考：教育者应该引导学生深入思考案例中的问题，激发他们的创造性思维和解决问题的能力。

（3）尊重学生观点：在讨论案例时，教育者应该尊重学生的观点和解决方案，鼓励他们积极参与讨论和思考。

（4）培养批判性思维：案例分析活动应该培养学生的批判性思维，帮助他们思考问题，并提出自己的观点和解决方案。

## 三、可持续性原则

### （一）可持续性原则的概述

可持续性原则是指在满足当前需求的同时，不损害后代人满足其需求的能力。这一原则将经济、社会和环境的因素相互关联，以确保资源的合理利用、环境的保护以及生态系统的平衡。可持续性原则旨在通过实现经济的可持续发展、社会的可持续进步和生态环境的可持续保护，创造一个良好的生活环境，使人类能够长期生存和繁荣。

下面对可持续性原则的一些重要内容进行简要的描述。

（1）经济可持续发展：经济的可持续发展是指通过推动经济增长、促进公平分配和提高资源利用效率来实现长期的经济稳定和繁荣。这包括推动创新、鼓励科技进步、建设有效的市场机制以及改革金融和贸易体系等。

（2）社会可持续进步：社会的可持续进步是指通过实施包容性政策、提供优质教育、改善医疗保健和社会保障等措施来确保人们生活质量的提高。这也包括消除贫困、促进社会公正和平等，以及促进社会和谐。

（3）环境可持续保护：环境的可持续保护是指通过减少污染、保护自然资源、保护生物多样性和应对气候变化等措施来保护地球生态系统的完整性和稳定性。这包括推动清洁能源的发展、提高能源效益、降低废物产生和加强自然灾害的应对能力。

（4）资源合理利用：可持续性原则强调资源的合理利用，包括土地、水、能源以及其他自然和人造资源的使用。这需要制定科学合理的资源管理策略，提高资源利用效率，避免过度开采和浪费，并促进循环经济的发展。

（5）生态系统平衡：生态系统的平衡是指保护和维护地球上各种生物之间，以及它们与环境之间的相互关系的平衡。这涉及保护生物多样性、维护生态系统功能和提高生态系统的恢复能力，以确保地球上各种生物和自然过程的长期存续。

## （二）资源的合理利用

资源的合理利用是指在人类活动中对资源进行科学管理和保护，以最大限度地减少资源的浪费和破坏。资源包括自然资源（如水、土地、森林、矿产等）和人力资源（如劳动力、技术等）。合理利用资源是可持续发展的基础，也是实现经济、社会和环境协调发展的重要保障。

自然资源的合理利用主要包括以下方面。

（1）科学规划和管理资源开采：合理的开采计划和限制措施可以避免资源过度开采和破坏环境。同时，加强资源勘探和调查，可以确保资源开采的可持续性和长期稳定供应。

（2）推行循环经济模式：循环经济强调资源的再利用和回收，将废弃物转化为资源，减少对新资源的需求。建立废物回收系统、加强废物分类处理和促进废物资源化利用，可以实现资源的高效利用和减少环境污染。

（3）保护生态环境：自然资源的合理利用需要充分考虑生态环境的保护，避免破坏生态系统的平衡和稳定。建立自然保护区、加强环境监测和治理，可以保护生态环境、维护资源的可持续利用。

人力资源的合理利用主要包括以下方面。

（1）提高劳动生产率：培训和技术创新可以提高劳动者的技能水平和工作效率，实现劳动生产率的提升。同时，建立适应市场需求的劳动力供需平衡机制，可以合理配置人力资源，避免劳动力过剩或短缺。

（2）优化劳动力结构：根据产业结构调整和经济发展需求，引导劳动力向高附加值、高技能、高质量的行业和岗位转移，可以减少劳动力的闲置和低效利用。

（3）改善劳动条件和保障权益：为劳动者提供良好的工作环境和福利待遇，保障劳动者的合法权益和社会保障，可以提高劳动者的积极性和创造力。

在资源的合理利用过程中，全社会应共同参与和努力，应制定相关政策和法规，加强资源管理和保护，推动可持续发展。企业应加强资源节约和环境管理，在生产经营中遵守法律法规，实现经济效益和环境效益的统一。个人应增强资源意识和环保意识，从小事做起，节约能源、减少废弃物的产生，共同建设资源节约型和环境友好型社会。

资源的合理利用是一个长期而复杂的过程，需要不断推进和改进。全社会应共同努力，实现资源的可持续利用，为后代留下更美好的生活环境，同时，要加强国际合作，推动全球资源的合理分配和利用，实现全球可持续发展的目标。

（三）环境的保护

1. 环境保护的重要性

环境保护是可持续性原则的核心之一，因为人类活动对自然环境造成了不可逆转的破坏。空气污染、水体污染、土壤退化、物种灭绝等环境问题，不仅影响了生态系统的平衡和人类的生活质量，还对地球的未来产生了深远的影响。因此，环境保护是可持续发展的重要组成部分，需要得到重视，并采取有效的措施。

2. 环境问题的严重性

环境问题的严重性不容忽视。以空气污染为例，许多城市和地区的空气质量达不到国家标准，雾霾天气频繁出现，严重影响了居民的健康和生活质量。水体污染也是一个严重的问题，许多河流、湖泊和水库的水质恶化，不仅影响了饮用水的安全，还对渔业和农业造成了负面影响。土壤退化也是一个严重的问题，过度开发和不合理的农业管理导致了土壤质量下降，影响了农作物的产量和品质。此外，物种灭绝也是一个严重的问题，人类活动导致了大量物种的灭绝，这将对生态系统的平衡产生长期的影响。

3. 环境保护的措施

为了保护环境，全社会需要采取有效的措施：首先，需要减少排放物的产生，通过推广清洁能源和低碳经济，减少化石燃料的使用和降低温室气体的排放；其次，需要加强环境修复和生态系统的恢复，通过植树造林、湿地保护和生态修复等措施，提高生态环境的质量；此外，需要加强环境监测和治理，通过建立环境监测体系和加强环境执法力度，及时发现和处理环境问题。

4. 可持续发展的重要性

可持续发展是人类社会未来发展的必由之路。可持续发展包括经济、社会和环境3个方面的发展，其中环境方面的发展是可持续发展的基础和前提。只有保护好自然环境，实现生态系统的平衡和资源的可持续利用，才能保障人类社会的可持续发展。因此，环境保护是可持续发展的重要组成部分，需要受到重视，并采取有效的措施。

5. 环境保护与可持续发展的关系

环境保护与可持续发展之间存在着密切的关系。环境保护是可持续发展的重要组成部分，只有保护好自然环境才能实现可持续发展。同时，可持续发展也需要考虑经济发展的可持续性和社会发展的可持续性，这 3 个方面相互依存、相互促进，才能实现人类社会的可持续发展。因此，环境保护与可持续发展是密不可分的，需要相互协调和支持。

## （四）生态系统的平衡

### 1. 生态系统的重要性

生态系统是地球上所有生物和非生物因素之间相互作用的复杂网络，包括了陆地、水域和大气层等不同环境。它们提供了人类和其他生物所需的食物、水源、氧气等基本资源，维持着地球上生物的生存和繁衍。生态系统还提供了许多生态服务，如农田的授粉、水源的净化、污染物的分解等，对于人类的生活和经济发展至关重要。

### 2. 维护物种多样性

物种多样性是生态系统健康和平衡的关键指标之一。不同物种在生态系统中扮演着不同的角色，它们相互依存，构建了复杂的食物链和生态平衡。物种多样性的丧失会导致生态系统功能的退化，使得生态系统更加脆弱，难以适应环境变化。保护和维护物种多样性的措施包括设立自然保护区和野生动植物保护区、加强对濒危物种的保护和管理、防止非法猎捕和贸易等。

### 3. 保护生物栖息地

生物栖息地是生物种群生存和繁衍的关键环境。人类活动对生物栖息地的破坏是导致物种灭绝和生态系统崩溃的主要原因之一。保护生物栖息地的措施包括限制土地开发、恢复和重建退化的生态系统、减少污染物排放等。此外，建立生态廊道也是保护生物栖息地的重要手段，通过连接不同地区的生态系统，提供了物种迁移和基因流动的通道，有助于维持物种多样性和生态平衡。

### 4. 恢复生态系统功能

许多生态系统受到了过度开发和污染的影响，生态系统功能已经受损。恢复生态系统功能的过程被称为生态恢复或生态修复，旨在恢复生态系统的结构和功能，使其能够提供正常的生态服务。生态恢复包括栖息地恢复、植被重建、水域或湿地的修复等。生态恢复的成功需要科学规划和管理，包括合适的物种选择、生境恢复技术的应用以及监测评估措施的建立。

### 5. 生态系统管理的重要性

保持生态系统的平衡需要综合的生态系统管理。这包括对人类活动的规划和监管，以减少对生态系统的负面影响，同时促进可持续的经济发展。生态系统管理需要跨部门和跨界合作，涉及土地规划、自然资源管理、环境保护等方面。科学技术的支持也是有效生态系统管理的重要保障，包括遥感监测、生物多样性调查、生态系统模型等工具的应用。

在实践中，保护和恢复生态系统需要长期坚持和广泛参与。只有采用合作与创新，才能实现生态系统的平衡，促进地球上生物的生存和繁衍，以及人类社会的可持续发展。

### （五）可持续发展的实现策略

#### 1. 加强立法和政策制定

可持续发展需要建立健全的法律法规体系，明确环境保护、资源管理等方面的政策措施。政府应加强对环境和资源的监管，制定相应的法律法规，确保企业和公众遵守环境保护标准和规定。同时，政府还应通过经济手段，如税收激励和财政支持，鼓励可持续发展和绿色经济的发展。

#### 2. 科研和技术创新

科研和技术创新是推动可持续发展的关键因素，需要加大对环境和资源领域的研究投入，推动绿色技术和清洁能源的研发和应用。政府可以提供资金支持和政策引导，促进科研机构和企业的合作，加强技术转移和知识产权保护，推动技术创新在实践中的应用。

#### 3. 教育和宣传

教育和宣传是提高公众对可持续发展意识的重要手段，需要加强可持续发展的教育体系建设，包括在学校教育中加入相关课程，提供培训和教育资源，同时，还需要通过媒体和社会宣传，普及可持续发展知识，引导公众形成关注环境和资源保护的习惯和意识。

#### 4. 国际合作与交流

可持续发展是全球性问题，需要各国共同努力。政府应加强与其他国家和国际组织的合作与交流，共享经验和技术，推动全球范围内的可持续发展。国际组织可以提供资金支持和技术援助，帮助发展中国家实现可持续发展目标。此外，政府还应加强环境和资源领域的国际合作机制，推动全球治理的改革和完善。

#### 5. 促进产业结构调整

可持续发展需要转变传统的高耗能、高排放的产业结构，推动绿色经济的发展。政府可以通过税收和财政支持等经济手段，鼓励企业采用清洁生产技术，提高资源利用效率，减少环境污染和碳排放，同时，还可以推动产业升级，培育绿色产业和新兴产业，促进经济增长与环境保护的相互促进。

## 四、参与性原则

### （一）组织社区服务活动

#### 1. 清理垃圾

清理垃圾是一项重要的社区服务活动，它能直观地展示环境保护的紧迫性。学校可以组织学生前往社区或公共场所，清理垃圾并进行分类处理。通过亲身参与垃圾清理工作，学生可以切身感受到垃圾对环境的影响，并了解到垃圾分类的必要性。此外，清理垃圾还能培养学生的环保意识和责任感，让他们意识到个人行为对环境的重要影响。

#### 2. 植树造林

植树造林是一项有益于环境保护的活动。学校可以组织学生去植树地点，参与树苗的栽种。通过亲自动手植树，学生能够感受到植物对环境的重要作用，并了解到森林对生态平衡和空气净化的积极贡献。此外，植树造林活动还能培养学生的团队合作意识和责任感，让他们明白自己为未来做出了可持续发展的贡献。

#### 3. 清洁河道

清洁河道是一项关乎水环境保护的重要活动。学校可以组织学生前往河流附近，清理河道内的垃圾和污染物。通过实际行动，学生能够亲眼目睹河道污染的现象，并了解到水资源的重要性。清洁河道活动还能让学生了解到自己个人行为对水环境的影响，培养他们的环保意识和责任感，激发他们行动起来保护水资源。

#### 4. 节能减排宣传

学校可以组织学生团队开展节能减排宣传活动，例如制作宣传海报、举办宣讲会等。通过宣传活动，学生能够了解到节能减排的重要性和方法，并将这些知识传递到他们的家庭和社区。节能减排宣传活动还能培养学生的团队合作能力和领导能力，让他们成为环保行动的引领者。

#### 5. 环境保护教育活动

学校可以组织环境保护教育活动，如举办讲座、观看环境纪录片等。通过教育活动，学生能够了解到环境问题的根源和解决方法，提高他们的环境保护意识。环境保护教育活动还能培养学生的批判性思维和问题解决能力，使他们具备更强的理解能力和行动能力。

通过组织社区服务活动，学校可以让学生亲身参与环境保护工作，并寓教于乐地传递环保知识。这种参与性的教育方式能够培养学生的环保责任感和社会参与能力，让他们在日常生活中能够主动关注和参与环境保护行动。同时，社区服务活动还能增强学生的团队合作意识和责任感，培养他们对环境保护的积极态度。

## （二）开展环保项目研究

### 1. 环境问题的认识与意识提升

学校可以通过举办环保专题讲座、组织观看相关纪录片等方式，提高学生对环境问题的认识和意识，让学生了解环境问题的严峻性和深远影响，引发他们对环保行动的内在动力。

### 2. 环保项目选题与研究方向确定

学校可以设置环保项目选题，如节约用水、减少垃圾、能源管理等方面的选题，让学生根据自己的兴趣和专长选择研究方向，并制定明确的研究目标和方法。

### 3. 实地调研与数据收集

学生可以走出教室，走进社区、家庭甚至工厂、农村等地，进行实地调研，了解现状、收集数据，分析环境问题的主要原因和影响因素。同时，学生还可以通过问卷调查、统计数据等方法，获取更全面的信息。

### 4. 数据分析与问题解决方案提出

学生根据收集到的数据，进行系统的数据分析和处理，利用统计方法、图表分析等手段，揭示环境问题的深层次原因和趋势。然后，学生可以结合自己的研究方向和目标，提出相应的解决方案。例如，对于节约用水的问题，学生可以推广浴室节水设备、制订用水计划等。

### 5. 实施与效果评估

学生要将解决方案付诸实践，并进行效果评估。他们可以通过实际操作、实验室验证等方式，验证解决方案的可行性和有效性。同时，学生还要根据实施过程中的经验和反馈，不断改进和调整解决方案，使其具有实用性和可持续性。

通过开展环保项目研究，学生不仅可以深入了解环境问题的原因和解决方法，还能培养创新能力和解决问题的能力。同时，学生还可以通过团队合作、实践操作等方式，提高自身的沟通协作和实际操作能力。这样的学习方式不仅能够促进学生的学科知识掌握，还能培养他们的环保意识和责任感，从而为未来的环境保护事业培养更多人才。

## （三）组建环保义工团队

### 1. 团队组建与招募

学校可以通过宣传栏、班级通知等渠道，发布环保义工团队的招募信息。学生可以自愿报名参加，并经过面试或问题选择等方式进行选拔。重点考察学生的环保意识、领导能力和组织能力。

2. 培训与知识普及

团队组建后，学校可以为环保义工团队成员提供相关的环保知识培训，包括环境保护方面的法律法规、节能减排技巧、垃圾分类等。通过专家讲座、培训课程等方式，提高团队成员的专业水平和认知水平。

3. 活动策划与组织

团队成员可以根据学校的需要和实际情况，策划和组织各类环保活动，如垃圾清理、绿化植树、环保宣传活动等。在活动策划中，要考虑活动的可行性、目标和效果评估等方面，确保活动的顺利开展和预期效果的达成。

4. 宣传与引导

通过宣传栏、校内广播、社交媒体等渠道，团队成员可以向全校师生宣传环保知识和理念，引导大家养成节约用水、垃圾分类、减少碳排放等良好的环保习惯。可以通过组织环保主题展览、演讲比赛等形式多样的活动，提高宣传效果。

5. 经验总结与分享

团队成员应定期对团队的活动进行总结和评估，发现问题并及时进行改进。同时，可以将团队的经验和成果进行分享，向其他学校或社区推广。这样不仅能够提高其他地区人们的环保意识，也能够提升团队成员的影响力和能力。

通过组建环保义工团队，学校能够充分调动学生的积极性和参与性，培养他们的环保意识和责任感。团队成员可以通过实际参与和组织环保活动，加深对环保知识的理解和应用，提升自身的领导才能和组织能力，同时还能够为学校、社区和社会做出积极贡献。

（四）开展环境保护主题演讲和辩论赛

1. 活动目标与意义

环境保护主题演讲和辩论赛是一种宣传教育的有效方式，能够引导学生加深对环保问题的认知和理解。这种活动可以增强学生对环境保护的重视，培养他们的环保责任感和行动力。同时，通过演讲和辩论，学生能够提高自身的语言表达能力、逻辑思维能力和辩论技巧。

2. 主题选择与准备

组织者可以根据当下的环保热点问题，选择一些具有挑战性和争议性的主题，如气候变化、塑料污染、生态破坏等。在活动前，组织者可以为参赛学生提供相关资料和资源，帮助他们深入了解和研究主题，形成自己的观点和论据，同时，可以邀请专家学者进行专题讲座，为学生提供更多的知识支持。

3. 演讲比赛的组织与评选

演讲比赛可以分为初赛和决赛两个阶段进行。初赛可以由班级或学院内部评选，选拔出优秀的代表参加决赛。决赛可以在学校范围内进行，设置专业评委团队，评选出一、二、三等奖和优秀表现奖。评选标准可以包括内容的准确性、论证的逻辑性、语言表达的流畅性和口才的表现力等。

4. 辩论赛的组织与规则

辩论赛可以采用团体赛的形式，每组由 3 名学生组成，分为正方和反方进行辩论。辩题可以是环保问题中的争议性观点，如是否应该禁止一次性塑料制品的使用、是否应该开发核能等。比赛要求学生根据所给立场，有条不紊地陈述自己的观点，并逐步驳斥对方的论据，可以根据辩论的逻辑性、语言表达的清晰度、团队协作的配合度等方面进行评分。

5. 活动成果的总结和推广

在活动结束后，组织者可以对参赛学生进行成果总结和表彰，鼓励他们在环保行动上的积极参与，同时，可以将优秀的演讲稿和辩论案例进行整理和发表，以推广环境保护知识，引导更多的学生关注和参与环保事业。

通过环境保护主题演讲和辩论赛，学校能够培养学生的环保意识和责任感，提高他们的语言表达和逻辑思维能力。活动的开展将为学生提供一个充分发挥才能的平台，激发他们关注环境问题、表述自己观点的热情和动力，同时也能够提升学校整体的环保氛围和形象。

（五）促进学校建设与管理的参与

1. 学生参与学校建设的方式

学校可以通过多种方式鼓励学生参与学校的建设与管理工作。首先，学校可以设立学生环保小组或者义工团队，由学生自愿报名加入，并负责学校环保项目的策划和执行。其次，学校可以开展一些环保主题的活动，如绿化校园、垃圾分类、节约用水等，鼓励学生积极参与并共同推动学校环境的改善。此外，学校还可以开设相关的选修课程或者社团活动，提供更多的参与机会，激发学生的环保意识和行动。

2. 学生参与学校建设的意义

学生在参与学校建设与管理的过程中，不仅可以提高自身的环保意识和责任感，还能够培养自我管理和团队合作能力。通过参与实际的环保项目，学生能够了解到环境保护工作的重要性和复杂性，培养自身的创新思维和解决问题的能力。同时，学生参与学校建设还能够增强自身的参与感和归属感，促进学校师生之间的互动和交流。

3. 学生参与制定学校环境管理的规章制度

学校可以与学生一起制定学校环境管理的规章制度，明确学生在环保方面的权利和义务，规范学生的行为和责任。规章制度应包括学校环保设施的使用规定、垃圾分类和处理的要求、节约用水和用电的准则等内容。学校可以通过成立环保委员会或者学生代表大会，让学生参与规章制度的制定和修订过程，培养他们的法治意识和参与精神。

4. 学校师生合作共建的活动

为了促进学校的可持续发展和环境管理，学校可以组织一些师生合作共建的活动。例如，在绿化校园方面，学校可以邀请有经验的教师和专家指导学生进行植树造林、花草养护等工作；在节约用水方面，学校可以组织节水意识宣传活动，鼓励学生主动采取节水措施。这些活动不仅能够提高学生的环保意识，还能够营造出积极向上的校园氛围，推动学校环境管理工作的顺利进行。

5. 学生参与学校建设成果的展示与表彰

学校对于学生参与学校建设的成果应予以充分的肯定和表彰，可以组织学生建设和管理成果的展示活动，让更多的师生了解学生所做的贡献，并借此激发更多人参与环保行动。同时，学校可以设立相应的奖励机制，对参与学校建设并取得显著成绩的学生给予表彰和奖励，以鼓励更多学生积极参与学校的环境建设与管理工作。

## 五、系统性原则

### （一）制订完整的教育计划

1. 设立长期发展目标与制订中短期计划

生态文明教育的实施需要设立长期发展目标并制定中短期计划。长期发展目标可以包括培养学生对生态环境的认知和理解能力，培养学生的环保意识和责任感，形成良好的环境行为习惯，提高学生的可持续发展能力等。中短期计划则是为了将这些目标分解为具体的教育内容和实施方案。教育者可以根据学校的实际情况和学生的特点，确定相应的中短期计划，确保生态文明教育的有序进行。

2. 融入学科教育和跨学科教学

生态文明教育不仅仅是一个独立的课程，还应该融入到各个学科中。教育者可以通过跨学科教学的方式，将生态环境保护知识与数学、科学、社会科学、语言艺术等学科相结合，形成有机的教学体系。例如，在数学课上，学生可以通过统计和数据分析来研究环境污染问题，在科学课上，学生可以进行有关环境保护的实验和观察，在社会科学课上可以讨论环境政策和法规等。通过融入学科教育，学校可以让学生在不同的学科中综合运用所学知识，提升他们的综合素养和问题解决能力。

3. 强化实践与项目实施

生态文明教育应该注重培养学生的实践能力和解决问题的能力。学校可以组织学生参加实地考察、实验探究、社区参与等实践活动，让学生亲身体验自然环境和社会环境的变化，并通过实际操作来了解和解决生态环境问题。此外，学校可以开展项目实践，让学生通过团队合作的方式，研究和解决与生态环境相关的问题。这样可以提高学生的实践能力和创新能力，同时增强他们对生态环境的理解和关注。

4. 制定评估机制

为了确保生态文明教育的效果，需要建立相应的评估机制。评估的重点应该是学生对生态环境知识、技能和价值观的掌握程度，以及他们在实践活动和项目实施中的表现。教育者可以通过书面测试、实际操作、实践报告、团队评价等多种方式进行评估，综合评价学生在生态文明教育方面的发展情况。评估结果应及时反馈给学生和教师，以便调整教学策略和方法，不断改进生态文明教育的实施效果。

5. 加强与社会各界的合作

生态文明教育需要社会各界的共同努力和支持。教育者应积极与相关部门、社区组织、环保机构、企业等建立合作关系，共同推进生态文明教育的实施。学校可以邀请专家学者来学校进行讲座和指导，传授专业知识和实践经验；可以与社区组织合作，开展环保活动和社区服务等；可以借助企业资源，开展环境保护项目和实践活动等。通过与社会各界的合作，学校可以为学生提供更丰富的学习机会和实践平台，增强他们对生态环境问题的认知和行动能力。

（二）设计多元化的教育内容

1. 结合自然科学和社会科学

生态文明教育的内容应该涵盖自然科学和社会科学两个方面。在自然科学领域，学校可以介绍生态系统、生物多样性、气候变化等基本概念和原理，让学生了解自然界的组成和运行规律。在社会科学领域，学校可以介绍环境政策、环境法规、环境保护组织等相关知识，让学生了解社会对生态环境保护的重要性和影响力。通过结合自然科学和社会科学，学校可以使学生获得全面的生态环境知识，并加深他们对生态环境问题的理解。

2. 引入人文科学与价值观教育

生态文明教育不仅仅是科学知识的传授，还应该涵盖人文科学和价值观教育。在人文科学领域，学校可以介绍与生态环境相关的文化、哲学、伦理等方面的知识，让学生了解人类与自然的关系和相互影响。通过人文科学的引入，学校可以培养学生对生态环境的敬畏之情和责任感。同时，学校应注重价值观教育，引导学生形成正确的价值观和行为规范，培养他们的环保意识和可持续发展的价值观。

3. 创设实践和体验活动

生态文明教育应该注重实践和体验活动，让学生亲身参与和体验生态环境保护的过程。学校可以组织实地考察、野外观察、实验探究等活动，让学生亲自感受自然环境的美妙和脆弱，此外，还可以开展社区参与、环保志愿服务等活动，让学生了解和参与到实际的环境保护工作中去。实践和体验活动可以增强学生对生态环境的认知和关注度，并培养他们的实践能力和创新能力。

4. 引入信息技术和媒体资源

在生态文明教育中，学校应充分利用信息技术和媒体资源。学校可以引入电子书籍、网络课程、教育软件等数字化教学资源，让学生通过多媒体手段获取生态环境知识，同时，可以利用互联网和社交媒体平台传播生态文明教育的理念和成果，激发学生的学习兴趣和参与热情。信息技术和媒体资源的应用，可以丰富生态文明教育的内容形式，提高学生的学习效果和参与度。

5. 强调创新思维和问题解决能力

生态文明教育应重视培养学生的创新思维和问题解决能力。教育者可以设计开放性的问题和项目，让学生运用所学知识和技能，独立思考和解决实际问题，可以引导学生进行小组合作、讨论和演示，培养他们的团队合作和沟通能力。同时，教育者还应注重培养学生的创新意识和创造能力，鼓励他们提出新的想法和解决方案，为生态环境保护贡献自己的力量。

（三）建立全面评估机制

1. 设计多元化评估项目

全面评估机制应该设计多元化的评估项目，覆盖生态文明教育的各个方面。评估机制可以设立知识测试，考察学生对生态环境知识的掌握程度；可以组织实践活动，评估学生在实际操作中的能力和表现；可以开展团队合作项目，评价学生的协作能力和沟通技巧；还可以要求学生撰写实践报告，反映他们在环境行动中的体验和思考。通过设计多元化的评估项目，学校可以全面了解学生在生态文明教育方面的发展情况，从不同维度评估学生的能力和水平。

2. 结合形成性和总结性评价

全面评估机制应该结合形成性和总结性评价方法，既要评估学生在学习过程中的表现，也要评估他们在学习结束时的综合能力。形成性评价可以通过日常作业、小组讨论等方式进行，及时了解学生的学习进度和掌握情况，并提供针对性的指导和反馈。总结性评价可以通过期末考试、项目展示等方式进行，评估学生在整个学期或学年中所取得的综合成果。通过结合形成性和总结性评价，学校可以全面了解学生的学习状况和发展趋势。

3. 引入自评和互评机制

全面评估机制应该引入自评和互评机制，激发学生的主动参与和自我反思能力。学生可以通过自我评价的方式，对自己在生态文明教育方面的学习成果进行总结和评价，并提出自己的不足和改进措施。同时，学校可以组织学生之间的互评活动，让他们相互交流和反馈，促进彼此之间的学习和成长。通过引入自评和互评机制，学校可以培养学生的自我认知和批判思维能力，促进他们对生态文明教育的深入理解和实践。

4. 建立综合评价体系

全面评估机制应该建立综合评价体系，将各项评估结果综合起来进行综合评价，可以采用加权平均法，给予不同评估项目相应的权重，综合计算学生在生态文明教育方面的综合成绩。综合评价体系可以使评估结果更客观、公正，并能够全面反映学生在生态文明教育中的综合能力和素养水平。同时，学校可以将评估结果作为参考，为学生制订个性化的学习计划和发展目标，提供有针对性的教育指导。

5. 定期评估和持续改进

全面评估机制应该定期进行评估，并对评估结果进行分析和总结，以便及时调整和改进教学内容和方法。学校和教育者可以定期组织评估活动，收集学生的意见和建议，了解他们对生态文明教育的反馈和需求。通过持续评估和改进，学校可以不断提高生态文明教育的效果和质量，更好地培养学生的环境意识和责任感。

（四）加强与相关部门的合作

1. 与环保部门合作

学校可以与环保部门建立合作关系，共同开展生态文明教育项目和活动，可以邀请环保局的专业人员到学校进行讲座和培训，介绍环境保护的重要性、相关政策法规和最新科技进展。同时，学校可以组织学生参观环保示范园区或参与环境监测工作，让学生亲身了解环境问题和解决方法。与环保部门的合作可以为学生提供与专业人士交流的机会，扩大学生对环保知识和实践的认识。

2. 与科研机构合作

学校可以与科研机构建立合作关系，开展生态文明教育的科学研究和技术创新。可以邀请科学家到学校进行科普讲座，介绍最新的环境科学研究成果和应用技术，同时，可以组织学生参与科研项目，进行环境数据采集和实验研究，培养学生的科学思维和创新能力。与科研机构的合作可以提供学生与科学家合作的机会，加深学生对科学的认识和理解。

3. 与社区组织合作

学校可以与社区组织建立合作关系，共同推动生态文明教育在社区的开展。可以邀请社区领导、社工人员到学校进行交流和讲座，介绍社区的环保经验和实践案例，同时，可以组织学生参与社区环境保护活动，如垃圾分类、植树造林等，让学生亲自参与社区环境建设和改善。与社区组织的合作可以提供学生与社区居民接触的机会，增强学生的社会责任感和公民意识。

4. 与企业合作

学校可以与企业建立合作关系，共同开展生态文明教育项目和实践活动。可以邀请企业的环保专家到学校进行讲座和指导，介绍企业的环保实践和创新经验，同时，可以组织学生参观企业的环保设施和工艺，了解企业的环境管理和可持续发展策略。与企业的合作可以提供学生与实际工作环境接触的机会，培养学生的职业素养和就业能力。

5. 与非政府组织合作

学校可以与非政府组织建立合作关系，共同开展生态文明教育项目和公益活动。可以邀请环保组织的志愿者到学校进行分享和互动，介绍他们的环保行动和社会影响，同时，可以组织学生参与非政府组织的环保项目，如海滩清洁、野生动植物保护等，让学生亲身体验环保公益工作。与非政府组织的合作可以为学生提供与社会公益事业接触的机会，培养学生的公民意识和社会责任感。

（五）培养教育者的专业素养

1. 学科知识与教学经验

教育者应该具备扎实的学科知识和教学经验，特别是与生态环境保护相关的学科知识。他们需要了解生态系统的运作原理、环境问题的成因与影响，以及环境保护的科学方法和技术。此外，教育者还应具备丰富的教学经验，能够将抽象的概念和知识转化为生动有趣的教育活动和案例，提升学生的学习兴趣和参与度。

2. 环保政策和法规

教育者需要了解国家和地方层面的环保政策和法规，以便将其融入到生态文明教育的教学内容中。他们应该知道相关政策法规的主要内容、宣传推广的途径和方法，以及相关部门和机构的职责和工作重点。这样可以使教育的内容更加贴近实际，培养学生的环保法治观念和公民意识。

3. 生态文明教育理念与方法

教育者需要熟悉生态文明教育的理念和方法，了解它的内涵和目标。生态文明教育注重培养学生的环境意识、环保行为和环境责任感，教育者需要掌握有效的教学方法和策略，能够引导学生主动参与体验式学习，并将所学知识和技能应用到实际生活中。此外，教育者还要善于运用多媒体教具、互联网资源等现代教育技术，提升教学效果和学生的学习体验。

4. 沟通能力与团队合作精神

教育者需要具备良好的沟通能力和团队合作精神，能够与学生、家长和社会各界建立良好的关系。他们应该善于倾听和表达，能够与学生进行有效的互动和交流，理解学生的需求和问题，并及时给予支持和指导。此外，教育者还应与其他教育者、相关部门、社会组织等建立合作关系，共同推动生态文明教育的实施和发展。

5. 专业发展与研讨活动

学校可以组织相关的培训和研讨活动，为教育者提供进修和专业发展的机会。可以邀请专家学者、教育研究人员等进行讲座和培训，分享最新的教育理论、案例和经验。同时，学校可以组织教育者之间的交流和合作，建立专业学习小组或研究团队，共同探讨生态文明教育的教学方法、教材资源等方面的问题。这样可以不断提升教育者的专业素养和能力，推动生态文明教育的有效实施。

# 第三节　生态文明教育与高校思想政治教育的相互关系

## 一、生态文明教育与高校思想政治教育的联系

### （一）共同的价值取向

1. 具有生态环境意识是当代学生应具备的重要素养之一

生态文明教育和高校思想政治教育都强调培养学生的环保意识，使他们认识到自然资源的有限性、生态环境的脆弱性以及环境问题对人类社会的影响。通过教育手段引导，学生应从个人行为开始，采取节约资源、减少污染，参与保护生物多样性等积极的环保行动，促使自身形成可持续发展的观念和行为习惯。

2. 重视社会责任感是培养学生全面素质的重要方面

生态文明教育和高校思想政治教育都注重培养学生的社会责任感，目标都是使他们

认识到作为社会成员应承担的义务和责任。通过课堂教学和实践活动，教师引导学生关注社会问题、参与公益事业，并通过自身的努力和行动，为社会的发展和进步做出贡献，同时，也教育学生尊重他人权益、尊重社会规范，促进和谐共处和社会稳定。

3. 培养创新能力是高校教育的重要任务之一

生态文明教育和高校思想政治教育都注重培养学生的创新能力，目标都是使他们能够勤于思考、勇于创新，在面对复杂的环境和社会问题时能够灵活应对并提出解决方案。通过启发学生的创新意识和创造性思维，教师培养他们的问题解决能力和创新精神，使其具备在不同领域进行科学研究和社会实践的能力。

4. 倡导正确的价值观是高校教育的核心任务之一

生态文明教育和高校思想政治教育都关注学生的价值观培养，通过教育手段引导学生形成正确的世界观、人生观和价值观。生态文明教育强调尊重生命、珍惜自然、追求可持续发展的价值观念，高校思想政治教育注重培养学生的社会主义核心价值观，包括爱国、敬业、诚信、友善等。这些价值观念为学生树立了正确的人生目标和行为准则，引导他们积极进取、勇于担当，为社会和人类的进步做出贡献。

5. 培养学生的批判思维能力是高校教育中的重要内容

生态文明教育和高校思想政治教育都注重培养学生的批判思维能力，使他们能够客观分析问题、理性思考，并具备辨别信息真伪和舆论引导的能力。通过教育手段，教师培养学生的科学精神和逻辑思维能力，使学生不被一切迷信、偏见和错误观念所左右，为社会发展和科技进步提供有力支撑。

（二）目标和手段的一致性

1. 目标一致性

生态文明教育和高校思想政治教育的共同目标是培养学生全面素质的发展，使其成为具有社会责任感、创新能力和批判思维能力的公民。两者都关注个体与社会、人与自然的关系，并强调社会的可持续发展和人类的全面发展。通过教育手段，教师引导学生形成正确的价值取向，明确自己的社会角色和责任，以推动社会进步和环境保护。

2. 手段一致性

生态文明教育和高校思想政治教育的手段相似，包括课堂教学、实践活动、社会实践等。通过正规的课程设置和教育活动，教师引导学生了解社会现实，思考个人与社会、个人与自然之间的关系。在课堂教学中，教师会通过案例分析、讨论和辩论等方式激发学生的思考和批判精神。在实践活动中，要引导教师将理论与实际相结合，通过参与社会调研、社区服务等方式激发学生对社会问题和环境问题的关注，鼓励其解决方案并参与实际行动。

3. 教育内容一致性

生态文明教育和高校思想政治教育的内容包括环境问题、社会问题、人类命运共同体等方面。生态文明教育注重培养学生的环保意识、环境责任感和可持续发展观念，使他们了解生态系统的基本原理和生态环境问题的现状，提升对环境问题的认知和理解能力。高校思想政治教育注重培养学生正确的世界观、人生观、价值观和文化素质，使其了解社会发展的规律和现实问题，提升对社会问题的认知和理解能力。

4. 教育方法一致性

生态文明教育和高校思想政治教育都采用启发式教育方法，鼓励学生主动思考。在课堂教学中，教师会通过案例分析、问题引导等方式引导学生主动参与讨论和思考，培养其批判思维和创新能力。在实践活动中，教师引导学生将理论与实际相结合，通过实地考察、社会调研等方式培养学生的实践能力和创新能力。

5. 教育评价一致性

生态文明教育和高校思想政治教育都注重综合评价学生的发展情况。评价方法包括考试成绩、课堂表现、实践报告等多个方面，旨在全面了解学生知识掌握情况、思考能力和实践能力。通过综合评价，教师可以对学生的环境意识、社会责任感、科学精神和批判思维能力进行全面测评，促进学生的全面发展。

## 二、生态文明教育与高校思想政治教育的衔接点

### （一）价值观培养

1. 生态文明教育中的价值观培养

生态文明教育旨在引导学生形成正确的环境价值观。通过课程设置和实践活动，生态文明教育教育学生珍惜和保护自然资源，培养绿色消费、低碳生活等良好的环保习惯和价值观。通过理论教育，学生能够深入了解生态系统的基本原理和环境问题的现状，提升对环境问题的认知和理解能力。在实践活动中，学生通过参与社会调研、实地考察等方式，亲身了解环境问题，提出解决方案并参与实际行动。通过这些教育手段，学生能够逐渐形成以环境保护为核心的价值取向，树立起负责任的环保意识。

2. 高校思想政治教育中的价值观培养

高校思想政治教育注重引导学生树立正确的人生观、世界观和价值观。马克思主义理论教育是高校思想政治教育的重要内容之一，学校通过教授马克思主义的基本原理和方法，引导学生正确理解社会发展的规律和现实问题。在课堂教学中，教师会通过案例

分析、讨论和辩论等方式激发学生对社会问题的思考和批判精神。在实践活动中，学生通过参与课程设计、社团活动、社会实践等途径，理解和反思个人行为对社会的影响，思考如何通过自己的努力和行动改善社会问题，发挥积极的社会作用。通过这些教育手段，学生能够逐渐形成以为人民服务、报效祖国为价值追求的正确价值观。

3. 共同点

生态文明教育和高校思想政治教育在价值观培养方面存在许多共同点。首先，两者都注重培养学生正确的价值观，使学生具备正确的人生观、世界观和价值观。其次，两者都通过课程设置和教育活动，引导学生对社会现实和环境问题进行思考，并结合实际行动，逐渐形成对社会和环境的责任感和承担意识。最后，两者都强调实践教育的重要性，通过实践活动培养学生的实践能力和创新能力，使其能够将理论知识应用于实际问题的解决。

4. 差异点

生态文明教育和高校思想政治教育在价值观培养上的差异主要体现在教育内容和侧重点上。生态文明教育注重培养学生的环保意识和行动能力，使其关注环境问题，形成绿色消费、低碳生活等良好的环保习惯和价值观。高校思想政治教育则注重引导学生树立正确的社会价值观，使其关注社会问题，以为人民服务、报效祖国为核心的价值追求。两者在具体的教育手段和内容上有所不同，但都旨在培养学生正确的价值观，推动个人和社会的全面发展。

5. 效果评价

对于生态文明教育和高校思想政治教育的价值观培养，效果评价可以从以下几个方面进行：学生的认知水平、行为表现和思维方式。通过综合评价学生的知识掌握情况、实践行动和思辨能力发展情况，教师可以评估教育的效果，此外，还可以观察学生在实践活动中表现出的环保意识、社会责任感以及为人民服务和报效祖国的价值追求是否得到了实际应用。对于价值观培养的评价需要始终贯穿于教育过程，并与学生的全面发展相结合，从而更准确地评估教育效果。

（二）教育内容整合

1. 高校思想政治教育与生态文明教育的融合

高校思想政治教育可以通过融入生态文明教育的内容，使学生对环境问题有更深入的认识。在课程设置中，教师可以增加生态文明和可持续发展理论的学习，让学生了解环境问题的历史背景、发展趋势和对社会经济的影响。教师通过引导学生了解遵循环境伦理和生态道德原则的重要性，培养他们对环境保护的责任感和行动能力。

2. 生态文明教育的实践活动融入高校思想政治教育

高校思想政治教育可以组织学生参与生态文明教育的实践活动。例如，学生可以参与环境保护主题的社会实践活动、志愿者工作或参观相关的生态保护项目。通过这些实践活动，学生能够更加贴近实际问题，感受到环境问题的紧迫性和重要性，并提供解决问题的思路和方法。这种将理论知识与实践相结合的方式，可以激发学生的学习兴趣，增强他们的环境意识和责任感。

3. 教师团队的合作与交流

高校思想政治教育和生态文明教育可以通过教师团队的合作与交流进一步融合。教师可以进行定期的交流和研讨，分享各自的教学经验和教育资源。相互借鉴和合作，可以形成教学内容和方法的整合，提高教育效果。此外，教师还可以组织跨学科的讲座或学术研讨会，邀请相关领域的专家学者进行交流和授课，从而拓宽学生的知识视野和思维方式。

4. 跨学科的合作与研究

高校思想政治教育和生态文明教育可以通过跨学科的合作与研究进一步融合。学校可以组织跨学科的教育项目或课程，将不同学科的知识和方法综合运用到教学中。例如，在设计一门课程时，学校可以邀请环境科学、社会学、哲学等多个学科的教师共同参与，从而实现不同学科之间的交流与融合。这种跨学科的合作与研究可以促进学生综合素质的培养，培养他们的综合思考能力和解决问题的能力。

5. 评估与改进

高校思想政治教育和生态文明教育的融合需要进行评估与改进。学校可以制定相关的评估指标，定期对教学效果进行评估，并根据评估结果进行相应的改进和调整。同时，学校还可以邀请第三方机构或专家对教学内容和方法进行评估，提供中立的意见和建议。通过评估与改进，教师可以不断优化教育内容和教学方法，提高教育效果，更好地培养学生正确的价值观。

## 三、高校思想政治教育对生态文明教育的促进作用

（一）知识支持

1. 马克思主义生态观的理论支持

马克思主义生态观是高校思想政治教育为生态文明教育提供科学理论支持的重要内容。马克思主义生态观强调人与自然的和谐共生关系，坚持以人的全面发展为中心，在生产、生活和社会发展中保护和改善环境。通过马克思主义生态观的教育，学生可以更

好地理解环境问题的深层次原因，认识到人类与自然环境的相互依存关系，从而形成正确的环保意识和环保行动。

2. 环境保护与可持续发展的相关知识支持

高校思想政治教育将环境保护和可持续发展的相关知识与生态文明教育有机结合，为学生提供科学的理论支持，可以让学生学习到环境保护的基本概念、原则和方法，了解各种环境问题的危害和解决途径，同时，还可以让学生学习到可持续发展的理念和实践，包括经济、社会和环境3个方面的平衡与协调。这些理论知识的学习可以使学生形成系统的环境保护和可持续发展的思维方式，为他们未来的工作和社会参与提供指导。

3. 生态文明建设的理论指导

高校思想政治教育为生态文明建设提供理论指导，使学生能够深入理解和认识生态文明的内涵和目标，让学生学习到生态文明建设的基本原则和重要内容，包括优化产业结构、推动绿色发展、加强生态环境治理等方面的理论知识。同时，学生还可以了解到中国在生态文明建设中取得的成就和经验，并学习到国际上的生态文明建设实践案例。这些理论指导可以使学生对生态文明建设有更加全面、深入的了解，激发他们积极参与生态文明建设的热情和动力。

4. 环境伦理和生态道德的培养

高校思想政治教育通过马克思主义生态观和相关理论的教育，培养学生的环境伦理和生态道德，让学生了解到人类对自然环境的依赖和责任，认识到自然环境的有限性和脆弱性。通过环境伦理和生态道德的基本原则和价值观教育，学生可以形成保护环境、珍惜资源的行为习惯，提高他们的环保意识和环保行动能力。同时，环境伦理和生态道理教育还可以培养学生对社会公共利益和可持续发展的关注，促使他们在未来的工作和生活中考虑环境影响、追求绿色发展。

5. 学术研究与实践案例的支持

高校思想政治教育可以为生态文明教育提供学术研究和实践案例的支持，让学生可以学习到国内外相关学者的研究成果和学术论文，了解最新的生态文明教育理论和实践动态。同时，学生还可以接触到各种成功的生态文明建设实践案例，如生态城市、生态农业等。通过学习学术研究和实践案例，学生可以拓宽视野，增强知识储备，为将来的学术研究和实践工作做准备。

（二）中华优秀传统文化的弘扬

1. 传统文化对大自然的敬畏之心

中华优秀传统文化中蕴含了对大自然的敬畏之心。高校思想政治教育可以通过传承和弘扬这些传统文化，培养学生对大自然的敬畏之心。学生可以从中学习到尊重自然、顺应自然、保护自然的哲学思想，从而形成保护环境、珍惜资源的行为准则。

2. 传统文化对生态文明的传统智慧

中华优秀传统文化中蕴含了丰富的生态文明的传统智慧，如中医药理论中的平衡观念等。高校思想政治教育可以通过传承和弘扬这些传统文化，培养学生对生态文明的传统智慧。学生可以从中学习到生态平衡、循环利用、节约资源的智慧，从而在实际生活中更好地践行生态文明教育。

3. 传统文化与现代科技的结合

高校思想政治教育可以通过传承和弘扬中华优秀传统文化，将其与现代科技有机结合。传统文化的智慧可以为现代科技的发展提供启示和借鉴，现代科技的应用也可以帮助传统文化更好地传承和弘扬。学生可以通过学习传统文化和现代科技的结合，深刻认识到传统文化的活力和现代科技的应用价值，以及二者共同推动生态文明建设的重要意义。

4. 传统文化的创新与发展

高校思想政治教育可以通过传承和弘扬中华优秀传统文化，培养学生对传统文化的创新意识和创新能力。传统文化作为中华民族的宝贵财富，需要与时俱进、创新发展。学生可以通过学习传统文化并进行创新性的思考和实践，挖掘传统文化的潜力，使传统文化在推动生态文明建设中发挥更大的作用。

5. 传统文化与国际交流与合作

高校思想政治教育可以通过传承和弘扬中华优秀传统文化，促进国际交流与合作。传统文化作为中国的独特符号和软实力，具有很强的吸引力和影响力。学生可以通过学习传统文化并进行国际交流与合作，增进不同文化间的相互理解和尊重，共同推动全球范围内的生态文明建设。同时，学校也可以从国际经验中吸取借鉴，不断提高生态文明教育的质量和水平。

# 第二章　大学生生态观念与价值观培养

## 第一节　大学生对生态环境的认知

大学生对生态环境的认知至关重要，因为他们将成为未来社会的中坚力量。理解和认识生态环境的重要性，能够引导大学生养成正确的环保行为和价值观，为可持续发展贡献力量。

### 一、生态环境的定义和重要性

#### （一）生态环境的概念

生态环境是指地球上的自然环境和生物群落之间相互作用的系统。它包括了生物圈、地球的大气层、水域和土壤。生态环境系统中的生物与非生物要素相互依存、相互作用，形成了一种复杂而稳定的平衡状态。生态环境的基本要素包括自然资源、生物多样性、生态系统功能和生态过程等。

#### （二）生态环境的重要性

1. 维持生命和生存

生态环境提供了人类生存所需的各种资源，包括清洁的空气、可饮用的水、肥沃的土壤、丰富的物种等。同时，生态环境也为人类提供了食品、药物、能源等生活必需品，是维持人类生命的基础。

2. 保护自然资源

生态环境是自然资源的储存和生成地，包括森林、湖泊、河流、海洋等。保护生态环境可以维持自然资源的可持续利用，防止过度开采、过度捕捞等破坏，确保自然资源的丰富和功能的完整。

3. 维护生物多样性

生物多样性是生态环境的核心内容之一。保护生态环境有利于维持各类植物、动物和微生物的多样性，保护珍稀物种和生态系统的完整性。生物多样性的破坏会导致生态系统的崩溃，影响食物链、生态平衡和自然演化过程。

### 4. 减少污染和改善健康

生态环境的污染会对人类健康和生活造成负面影响，例如，空气污染、水污染和土壤污染会导致呼吸道疾病、水源污染和粮食安全问题。因此，保护生态环境是减少环境污染、改善人类健康的重要手段。

### 5. 防止气候变化

生态环境对气候的调节作用非常重要。保护森林等自然生态系统可以吸收二氧化碳，缓解全球气候变暖；湿地等生态系统可以吸收和存储大量的水分，减少洪涝灾害的发生。因此，保护生态环境也是应对气候变化的重要措施。

## 二、大学生对生态环境问题的认知

### （一）空气污染问题

空气污染是当大气中的有害物质达到一定浓度，超过了人体或环境所能承受的限度而造成的现象。大学生对空气污染问题的认知至关重要。他们应该了解以下几个方面。

### 1. 污染物来源

大学生应该了解空气污染的主要来源。工业生产是主要的空气污染源之一，工厂排放的废气中含有大量的有害物质。交通尾气也是重要的空气污染来源，汽车排放的废气中含有一氧化碳、氮氧化物等有害物质。此外，燃煤排放也是造成空气污染的重要原因，燃煤发电厂和工业锅炉排放的废气中含有大量的二氧化硫、颗粒物等。

### 2. 健康影响

大学生需要了解空气污染对健康的危害。空气污染中的细颗粒物和臭氧等有害物质可以直接进入人体呼吸道，引发呼吸系统疾病如支气管炎、哮喘等。人长期暴露在污染的空气中，还会增加心血管疾病、肺癌等患病风险。特别是孕妇、儿童和老年人等易受伤害的群体更应引起大学生的关注。

### 3. 监测与控制

大学生可以了解国家和地方相关部门对空气质量的监测和控制措施。中国已经建立了全国性的大气污染物监测网络，通过监测大气中的PM2.5、PM10、臭氧、二氧化硫、氮氧化物等指标，及时掌握空气质量状况。针对不同地区和行业的需求，国家出台了一系列的大气污染防治政策和法规，如《大气污染防治法》《汽车尾气排放标准》等。大学生可以了解这些政策和法规，并积极参与相关活动，如志愿者服务、科普讲座等，推动环保意识的普及和环境行动的实施。

### （二）水污染问题

水污染是指水体被有害物质污染，破坏了水体的生态平衡和水质的安全性。大学生对水污染问题应有以下认知。

#### 1. 污染物类型

大学生应该了解水污染的主要污染物类型。首先，重金属是常见的水污染物，例如铅、汞、铬等，它们对人体健康具有潜在的危害。其次，有机物是指各种有机化合物，包括化学工业废水中的有机溶剂等。再者，微生物是一类可以导致水源污染和水传播疾病的细菌、病毒和寄生虫等。此外，化学品也是水污染的重要原因之一，如工业生产中使用的化学物质和人类活动中排放的化学废水。

#### 2. 影响因素

大学生需要了解影响水质的主要因素。首先，工业废水的排放是引起水体污染的重要原因之一。许多工厂会产生大量废水，其中含有有害物质。其次，农业面源污染也是水污染的重要因素，包括农业化肥、农药的使用导致的农田径流和农业废弃物的排放。再者，城市污水处理不完善也会导致污水直接排入河流和湖泊中，对水体产生污染影响。此外，个人和社会行为也能使水质受到影响，如乱倒垃圾、乱排污水等不良环境行为。

#### 3. 水资源管理

大学生应该了解国家和地方对水资源管理的政策和法规。中国已经出台了一系列的水资源管理政策和法规，如《水污染防治法》《水资源税收暂行条例》等。大学生可以了解这些政策和法规，并积极参与相关活动，推动水资源管理和保护工作。此外，大学生还可以通过与相关机构合作、参与志愿者活动等方式，宣传水资源管理的重要性，呼吁人们节约用水、保护水源，共同推动水资源的可持续利用和保护。

### （三）土壤退化问题

土壤退化是指由于不合理的农业耕作、过度开垦、化学品使用等导致土壤质量下降和农作物产量减少的现象。大学生应该了解以下几个方面。

#### 1. 耕地保护

大学生应该了解导致土壤退化的主要原因。过度耕作是一种常见的原因，指农业生产中频繁的机械耕作和轮作不当，导致土壤蓬松度降低、结构破坏和有机质流失。水土流失也是土壤退化的重要原因，主要是由于水文条件不良、坡度过大和植被覆盖不足造成的。此外，化学品滥用也会对土壤产生负面影响，如农药和化肥的过度使用导致土壤中毒和营养元素平衡失调。

2. 土壤改良

大学生可以了解土壤改良的方法。有机肥料的使用是改善土壤质量的重要手段之一。有机肥料能够增加土壤有机质含量，提高土壤保水性和团粒结构，增强土壤的肥力和养分供应能力。此外，推广绿色农业也是保护土壤的重要途径。绿色农业注重生态平衡，采用生物防治、有机肥料和合理施肥等方式，减少对土壤的负面影响。

3. 农业实践

大学生可以通过参与农业实践来了解土壤保护和恢复的实际操作。他们可以选择参与农田生态修复项目，学习合理耕作技术和科学灌溉技术，帮助农民减少土壤退化的风险。同时，大学生还可以推广可持续农业模式，如有机农业、精确农业等，以减少耕作对土壤的负面影响。

4. 土壤监测与评估

大学生可以参与土壤监测与评估工作，了解土壤的健康状况和退化程度。通过采集土壤样品进行实验室分析，他们可以掌握土壤的养分含量、pH、有机质含量等指标，为农民提供科学的土壤管理建议，帮助其改善土壤质量。

5. 教育与宣传

大学生可以通过开展讲座、举办宣传活动等方式，提高公众对土壤退化问题的认知。他们可以利用各种媒体渠道，传播土壤保护知识，宣传土壤的重要性以及采取合理的农业措施对土壤进行保护和修复的重要性。此外，大学生还可以参与相关社团或志愿者组织，开展土壤保护的宣传和教育活动，促进公众对土壤保护的关注和参与。

# 第二节　大学生的环保行为与价值观

## 一、节约能源与资源

在当代社会，能源和资源的稀缺性日益凸显，大学生应该意识到自己在能源和资源消耗中的责任，通过节约能源和合理使用资源来保护生态环境。

（一）合理使用电力和水资源

大学生可以从简单的生活习惯入手，通过合理使用电力和水资源来节约能源。首先，大学生要养成及时关闭不使用的电器设备的习惯。电器在待机状态下仍然消耗能源，所以在不使用的时候应该切断电源。另外，大学生要合理安排热水使用时间，避免长时间浪费。对于用水方面，大学生要注意控制用水量，尽量减少冲洗、洗漱等过程中的水量消耗。例如，使用节水花洒、装置龙头节水器等工具来减少用水量。

## （二）推广低碳交通方式

大学生可以选择步行、骑行或使用公共交通工具来替代个人汽车，从而减少个人交通的能源消耗和碳排放。步行和骑行不仅能够锻炼身体，还能减少空气污染和交通拥堵。同时，使用公共交通工具也是一种环保和经济的交通方式，它能够将多个人的出行需求集中在一起，减少能源的浪费。大学生可以通过鼓励和参与相关活动，推广低碳出行的理念和实践。

## （三）避免浪费食物

大学生应该养成合理的饮食习惯，避免食物过量浪费，尽可能减少食物的损耗和排放对环境造成的负担。首先，大学生要学会合理规划自己的饭量，根据自己的需求来选择适量的食物。其次，大学生要合理保存食物，并及时食用剩余食物，可以使用密封袋或保鲜盒来保存食物，以延长其保鲜期。此外，大学生还可以参与相关活动，如食物回收、食物分享等，将未能食用完的食物分享给需要的人，减少食物浪费。

## （四）推广循环利用和回收利用

大学生可以积极参与循环利用和回收利用的活动，通过垃圾分类、废品回收等方式，减少资源的浪费和能源的消耗。例如，将废纸张、塑料瓶等可回收物品分类投放，并参与相关组织开展的废品回收活动。同时，大学生也可以倡导购买可再生、可循环产品，支持循环经济的发展。

## （五）推广节约型生活方式

大学生应该积极宣传普及节约型生活方式，鼓励他人参与到能源和资源的节约行动中来，通过开展讲座、举办宣传活动等方式，提高公众对节约能源和合理使用资源的意识。同时，大学生也要以身作则，坚持节约用电、用水、用物品的习惯，在日常生活中展示出节约资源的良好行为。通过共同努力，大学生可以为保护环境，减少能源和资源消耗做出贡献。

## 二、垃圾分类与资源回收

随着城市化进程的加快，垃圾问题也日益突出。大学生应该积极参与垃圾分类和资源回收活动，减少垃圾污染和资源浪费。

## （一）垃圾分类意识

大学生应该了解垃圾分类的重要性，并将其融入到日常生活中。首先，大学生要了解不同类型垃圾的分类规则，包括可回收垃圾、有害垃圾、湿垃圾和干垃圾等。其次，大学生要学会正确投放垃圾，将不同类型的垃圾放入对应的垃圾桶中。这样做有助于提高垃圾的再利用率，减少垃圾的总量和对环境的影响。大学生可以参与社区、学校或企业组织的垃圾分类宣传活动，提高大众对垃圾分类的认知和参与度。

（二）回收利用资源

大学生可以积极参与废品回收和资源回收的活动。首先，大学生可以将废纸、塑料瓶等可回收物品分类投放到指定的回收垃圾桶中。此外，大学生还可以参与社区或学校组织的废品回收活动，将废纸、废旧电子产品等废品交给专业的回收机构进行加工利用。同时，大学生还可以参与二手物品交换市场，将自己的闲置物品转让给他人，延长物品的使用寿命，减少资源的浪费。通过这些参与行动，大学生可以为资源的回收和再利用做出贡献。

（三）减少一次性用品的使用

大学生应该主动采取措施减少一次性用品的使用。一次性餐具、塑料袋等不可降解材料会导致环境污染和资源浪费。因此，大学生可以选择使用可重复使用的筷子、饭盒等餐具，避免使用一次性餐具。在购物时，大学生可以自备环保袋替代塑料袋。此外，倡导环保意识，与他人分享环保购物袋或环保餐具，共同减少一次性用品的使用。减少一次性用品的消耗，可以有效减少垃圾产生和对环境的负荷。

（四）参与社区垃圾管理

大学生可以积极参与社区垃圾管理工作，可以加入社区志愿者队伍，参与垃圾分类、垃圾清理等活动，此外，还可以与居民、社区组织一起制定并推动垃圾管理方案，提高社区居民的垃圾分类意识和参与度。大学生还可以利用自己的专业知识，提供垃圾管理和资源回收方面的建议，促进社区垃圾管理工作的科学化、规范化。

（五）倡导绿色消费

大学生应该倡导绿色消费观念，选择环保、节能、可持续发展的产品和服务，可以通过了解产品的环保指标、认证以及品牌的环保政策来做消费决策。同时，大学生可以积极参与绿色消费倡导活动，鼓励他人也选择绿色产品，推动企业向环保理念转型。大学生作为消费者群体中的一员，发挥着重要的示范和引领作用，可以通过自己的消费选择，引导市场向环境友好型的方向发展，促进可持续发展的实现。

## 三、绿色消费和环保生活方式

作为消费者，大学生应该积极选择环保产品，推动绿色消费，同时倡导循环经济和低碳生活方式，为可持续发展做出贡献。

## （一）选择环保产品

作为消费者，大学生应该关注产品的环保指标和认证，并选择符合环保要求的产品。首先，他们可以选择使用可再生资源制成的产品，如木质家具、有机棉纺织品等，减少对自然资源的过度开采。其次，大学生应注意选择低碳排放的产品，如节能灯、电动车等，以降低对环境的负面影响。此外，大学生还应该关注产品的包装是否环保、可回收、可降解等，避免选择过度包装和难以降解的产品。

## （二）倡导循环经济

大学生应该关注资源的再利用和循环利用，积极倡导循环经济理念。他们可以选择购买回收再生产品，如回收纸张、回收塑料制成的文具用品等，支持回收产业链的发展，同时，鼓励自己和他人进行废品回收，将废纸、废塑料等投放到指定的回收垃圾桶中，并参与社区或学校组织的废品回收活动。这些行动可以减少资源的浪费，推动循环经济的发展。

## （三）低碳生活方式

为了减少碳排放和节约能源，大学生可以从日常生活的方方面面入手，实现低碳生活。首先，他们可以选择使用公共交通工具出行，减少个人汽车的使用，以降低碳排放量。其次，大学生应注意控制家庭用电和热能的消耗，合理使用空调、暖气等设备，尽量利用自然采光和自然通风，减少对化石能源的依赖。此外，大学生还可以鼓励他人加入低碳生活行动，提倡步行、骑行、用餐不浪费等习惯，共同营造低碳环保的生活氛围。

## （四）环保意识教育

大学生应该积极参与环保意识教育活动，以提高自身以及他人的环保意识。他们可以参与学校或社区组织的环境保护活动，宣传环保知识和行动指南，同时，可以与志同道合的同学组建环保俱乐部或志愿者队伍，开展环境保护主题讲座、影视放映和义务清洁活动等，提高环保意识和环境保护的重要性。此外，大学生可以通过社交媒体平台、校园宣传栏等渠道，分享环保资讯和经验，引导更多人关注和参与环保行动。

# 第三节　大学生的生态文明教育模式

## 一、环境教育课程设置

## （一）增设环境教育专业课程或选修课程

学校可以在课程体系中增设环境教育相关的专业课程或选修课程，以提供更系统和深入的环境知识和理论培养。这些课程可以与环境科学、可持续发展、生态经济等领域相关，覆盖环境保护政策法规、生态系统保护与恢复、环境影响评价、资源循环利用等内容。通过这些课程的学习，学生可以深入了解环境问题的根源和解决方法，同时培养环境保护意识。

（二）开展实践活动

环境教育不应仅停留在课堂上，还应该通过实践活动来加深学生的认识和体验。学校可以组织学生参与生态环境调研、环境监测与评估、自然保护区巡护等实践活动。这些活动可以帮助学生亲身感受环境问题的严重性，并通过亲自参与解决问题的过程，培养学生的环境责任感和行动能力。

（三）建立环境教育实验室

学校可以建立环境教育实验室，提供各类环境科学实验设备和资源，供学生进行环境科学研究和实践操作。实验室可以用于开展环境样品采集与分析、环境污染治理技术研究等活动，为学生提供实践锻炼的机会，加深他们对环境问题的认识。

（四）邀请专家讲座和工作坊

学校可以邀请环境保护领域的专家学者举办讲座和工作坊，向学生传授环境保护的最新知识和技术。这些专家可以分享他们在环境保护领域的研究成果和实践经验，引导学生关注热点问题，提高学生的环保意识和解决问题的能力。

（五）开展环境教育主题活动

学校可以组织各类环境教育主题活动，如环保科技创新大赛、环境节、环保讲座等，以提高学生对环境问题的关注度和参与度。这些活动可以通过学生自发组织、参与和策划，激发他们的环保热情和创造力，培养他们的团队协作和解决问题的能力。

## 二、实践活动和社会参与

（一）组织环境保护实践活动

学校可以组织大学生参与各种环境保护实践活动，如植树造林、湿地保护、垃圾分类等。这些实践活动能够让学生亲身感受到环境问题的现实性和紧迫性，并通过实际行动来使大学生积极参与环境保护工作。例如，学生可以参与植树造林活动，亲手种下一棵绿色的希望，为改善环境贡献自己的力量，还可以参与湿地保护，了解湿地生态系统的重要性，学习如何保护湿地资源。同时，学校也可以组织垃圾分类宣传和实践活动，提高学生的环保意识和行动能力。

### （二）鼓励学生参与环保组织、社团或志愿者活动

学校应该鼓励学生积极参与环保组织、社团或志愿者活动，加入环保团队，亲身体验环保工作，并为环境保护事业尽自己的一份力量。学生可以通过加入环保组织或社团，与同学们一起参与环保项目的策划和实施，共同推动环境保护的进程。此外，学校还可以建立与社会组织、企业等合作的渠道，为学生提供参与相关志愿者活动的机会，让他们参与到真实的环保项目中，通过实践来增强环保意识和行动能力。

### （三）参与环境公益项目

学校可以促进学生参与环境公益项目，如环境调查研究、环保宣传活动等。这些项目可以帮助学生深入了解环境问题的现状和原因，并掌握环保知识和技能。例如，学生可以参与环境调查研究，通过实地调研和数据分析，了解环境问题的具体情况，并提出相应的解决方案，同时，学生还可以参与环保宣传活动，通过组织宣讲、制作宣传资料等方式，向更多人传递环保理念，提高公众对环境保护的认识和参与度。

### （四）培养社会责任感和参与意识

通过实践活动和社会参与，学校可以培养学生的社会责任感和参与意识。学生参与环境保护实践活动和公益项目，能够让他们从实践中认识到自己的责任和作用，增强对环境保护事业的认同感和使命感。同时，学校也应该通过课堂教育、导师指导等方式，引导学生关注社会问题，培养他们的社会责任感和参与意识。

### （五）倡导可持续发展理念

学校还应该倡导可持续发展理念，通过课程设置和宣传教育，让学生了解可持续发展的概念和重要性。学校可以开设相关课程，教授可持续发展的基本原理和方法，引导学生在实践活动中注重经济、社会和环境的协调发展。同时，学校还可以组织可持续发展研讨会和专题讲座，邀请专家学者分享研究成果和经验，培养学生对可持续发展的思考和创新能力。

## 三、跨学科研究与创新

### （一）鼓励跨学科研究的重要性

跨学科研究在生态文明教育中具有重要的意义。环境问题往往是复杂多样的，需要综合多学科的知识和方法来进行全面的分析和解决。鼓励学生进行跨学科研究可以促进他们跨越学科边界，拓宽视野，提高问题解决能力和创新思维。跨学科研究还可以促进学科之间的交流与合作，形成整体化的研究模式，为解决复杂环境问题提供更有效的途径。

### （二）设立跨学科研究项目或科研平台

学校可以设立跨学科研究项目或科研平台，为学生提供进行跨学科研究的机会和支持。这些项目或平台可以是以环境为核心的综合性研究项目，也可以是打破学科壁垒的专门研究领域。学校可以通过建立跨学科研究组织机构、配置跨学科研究导师等方式，为学生提供指导和支持，帮助他们开展跨学科研究，并提供相应的经费和资源支持。

### （三）培养创新思维和问题解决能力

跨学科研究注重整合和创新，需要学生具备良好的创新思维和问题解决能力。学校可以通过开设相关课程、组织创新实践活动等方式，培养学生的创新意识和能力。同时，学校还可以鼓励学生参加学术竞赛和科技创新比赛，提供平台让学生展示和应用他们的创新成果，推动创新成果的产业化和社会化。

### （四）科研经费支持和技术转化

为了鼓励学生进行环保技术创新，并推动其应用和推广，学校应该提供科研经费支持。这些经费可以用于购买实验设备和材料，开展实地调查和实验，激发学生进行创新性的环境科研工作。另外，学校还应该积极推动学生的科研成果转化，与企业、机构等合作，将创新成果转化为实际应用，推动环境保护工作的进展。

### （五）学术交流与知识分享

学校可以组织学术交流活动，邀请专家学者与学生互动交流。通过与专家学者的面对面交流，学生可以了解到前沿的学术动态和研究进展，拓宽学术视野，提高学术素养和创新能力。此外，学校还可以鼓励学生参加学术会议、发表学术论文等，为学生提供展示研究成果和分享经验的机会，促进学术交流与知识分享。

跨学科研究与创新在大学生的生态文明教育中具有重要意义。学校应该鼓励学生跨越学科边界，进行环境相关的跨学科研究，并培养他们的创新思维和问题解决能力。通过设立跨学科研究项目或科研平台、提供科研经费支持、推动技术转化和知识分享，学校可以为学生提供更广阔的发展空间，促进他们将理论知识应用于实践，为推动生态文明建设贡献自己的力量。

## 四、校园环境建设与管理

### （一）加强资源的合理利用和节约措施

学校应该加强对水、电、能源等资源的合理利用和节约措施的宣传与实施，可以通过组织宣讲、制作宣传资料等方式，向师生宣传节约资源的重要性和方法，让他们养成良好的节约习惯。同时，学校还应该引入先进的节能设备和技术，进行能源消耗的监测和管理，推行定期的节能检查和评估，确保资源的有效利用和节约。

（二）推行垃圾分类制度

学校应该推行垃圾分类制度，引导师生正确分类投放垃圾，可以在校园内设置垃圾分类桶，并在显眼的位置标示出不同垃圾的分类要求，以便师生按照要求分类投放垃圾，同时，在学校内开展垃圾分类的宣传教育活动，提高师生对垃圾分类意义和方法的认识，确保垃圾分类制度的有效实施。

（三）鼓励教职员工和学生参与校园环境保护工作

学校应该鼓励教职员工和学生参与校园环境保护工作，形成全员参与的良好氛围，可以组织环境保护志愿者队伍，定期开展环境卫生整治和绿化活动，让师生亲身参与，共同努力改善校园环境。同时，学校还应该加强对环保意识和行为的培养，通过开展主题教育、举办环保知识竞赛等方式，引导师生关注环境问题，增强环保意识和行动能力。

（四）加强校园绿化、生态景观和环境卫生的管理

学校应该加强对校园绿化、生态景观和环境卫生的管理，营造美丽宜居的校园环境，可以制定绿化规划和管理方案，合理布局和植被种植，提高校园的绿化覆盖率，同时，对校园内的花草树木进行科学养护和管理，确保植物健康生长。此外，学校还应该加强校园环境卫生的管理，定期进行清洁、消毒等工作，保持校园环境的整洁和安全。

（五）建立健全校园环保制度和管理机制

学校应该建立健全校园环保制度和管理机制，确保环保工作的有序进行，可以制定环保相关的规章制度，明确各部门和个人的责任和义务，同时，建立环保管理部门或组织，负责环保工作的组织、协调和监督。学校还应该加强环保信息的收集和管理，建立环保数据统计与分析系统，及时掌握校园环境状况，为环保工作提供科学依据。

## 五、培养环保意识与价值观

（一）开展环保主题讲座和论坛

学校可以定期组织环保主题讲座和论坛，邀请相关领域的专家、学者和从业者分享环保知识和经验。这些讲座和论坛可以涵盖气候变化、生态保护、资源循环利用等多个方面的内容，通过专业的讲解和案例分析，帮助大学生深入了解环保问题的现状和挑战。同时，讲座和论坛还可以为学生提供互动交流的平台，促进他们对环保话题的思考和讨论。

（二）引导学生参与环境保护实践活动

学校可以鼓励学生参与环境保护实践活动，通过实际行动增强他们对环保事业的认

同感和责任感，可以组织志愿者队伍，参与城市环境整治、植树造林、垃圾分类等社区环保项目。此外，学校还可以组织或支持学生参加国内外的环保志愿者活动、科研实践等，让他们亲身体验环保工作的重要性和意义。

（三）开设环境课程和选修课程

学校可以开设环境课程和选修课程，提供系统的环境教育。这些课程可以包讲授环境科学、生态学、可持续发展等方面的知识，通过理论教学和实践案例分析，培养学生的环保意识和环境问题解决能力。此外，学校还可以设置跨学科的环境教育课程，让学生通过多个学科的综合研究和思考，加深对环保问题的认识。

（四）建立环保奖励机制

学校可以建立环保奖励机制，鼓励学生参与环保行动，提高其环保责任感和自觉性，可以设立环保先进个人奖、环保先进集体奖等奖项，表彰在环保工作中做出突出贡献的个人和集体。此外，学校还可以设立环保创新项目基金，支持学生开展环保相关的研究和实践活动，激发他们的环保创新能力和创业精神。

（五）营造良好的环保氛围

学校可以通过多种方式营造良好的环保氛围，促使大学生将环保意识融入到日常生活中。学校可以设置环保公告栏，发布环保知识和活动信息；在学校宣传栏、电子屏幕等处展示环保宣传海报和视频；组织主题日、主题周等活动，引导学生进行环保行动。

# 第三章　大学生生态道德与伦理建设

## 第一节　大学生生态伦理观念的培养

### 一、生态伦理的概念和重要性

#### （一）生态伦理概念的解析

生态伦理是指人类与自然环境之间的道德和伦理关系。它强调人类作为地球上生物的一部分，应该与自然和谐相处，应该保护和尊重自然界的生命，以及维护生态系统的健康。生态伦理涉及人类对环境的态度和行为，并探索人类在与自然相互作用中应该遵循的道德准则和伦理原则。

#### （二）生态伦理的重要性

1. 促进可持续发展

生态伦理的关注点之一是推动社会经济的可持续发展。通过倡导资源的合理利用、能源的节约和环境污染的减少，生态伦理可以引导人们建立可持续发展的意识和行动，从而实现社会、经济和环境的协调发展。

2. 保护生态系统的健康

生态伦理强调人类与自然界的相互依存关系，意味着人类的行为会直接或间接影响生态系统的健康。通过遵循生态伦理的原则，如减少能源消耗、减少污染排放、保护生物多样性等，人们可以有效地保护生态系统的稳定和健康。

3. 维护人与自然的平衡关系

生态伦理观念认识到人类与自然之间的相互依存关系，强调人类应该与自然和谐相处。通过尊重自然、保护生态环境和生物多样性，生态伦理可以帮助人们维护人类与自然之间的平衡关系，避免因人类活动对自然环境的过度破坏而导致的不可逆转的后果。

4. 塑造正确的价值观

生态伦理观念强调珍视和尊重自然界的生命，使人们树立正确的价值观，包括尊重生命、关爱自然、追求可持续发展等，从而促进社会的和谐发展。

## 二、环境保护与可持续发展

### （一）环境保护的重要性

环境保护是指保护和改善自然环境，防止环境污染和破坏，维护生态平衡和人类健康的活动。它的重要性体现在以下几个方面。

1. 维护生态系统的稳定和健康

环境保护可以减少污染物和废弃物的排放，保护空气、水和土壤的质量，维护生态系统的稳定和健康。这有助于保护物种多样性，维持生态平衡，维护自然生态系统的功能和服务。

2. 保障人类健康和生活质量

环境污染对人类健康产生严重影响，如空气污染导致呼吸道疾病，水污染引发肠胃疾病等。环境保护可以减少这些污染源，保障人类健康和生活质量。

3. 保护自然资源和生态系统服务

环境保护有助于保护自然资源，如水、土地、森林、矿产等，确保它们能够持续供应，不被过度开发和浪费。此外，环境保护也能维护生态系统服务，如提供清洁水源、气候调节、土壤保持等，对人类的生存和发展至关重要。

4. 预防环境灾难和应对气候变化

环境保护可以减少自然灾害的发生，如森林保护可以减少山洪、滑坡等灾害风险。此外，环境保护也有助于应对气候变化，减少温室气体排放，缓解气候变暖的影响。

### （二）可持续发展的概念

可持续发展是指在满足当代需求的基础上，不损害子孙后代满足其需求的能力。它强调经济、社会和环境之间的相互依赖和协调发展，追求经济增长与资源利用、环境保护、社会公正之间的平衡。可持续发展的目标是实现经济的繁荣、社会的进步和环境的健康。

### （三）可持续发展的原则和措施

1. 经济、社会和环境协调发展

实现可持续发展需要在经济发展的同时，关注社会公正和环境保护，通过制定相应政策和规划，平衡经济增长与资源利用、环境保护、社会发展的关系。

2. 资源的合理利用和循环利用

可持续发展要求人们合理利用自然资源，尽量减少浪费和损耗，通过推动资源的循环利用，如废物回收再利用、能源的节约利用等，实现资源的可持续利用。

3. 生态系统保护和恢复

为了实现可持续发展，人们需要加强生态系统的保护和恢复工作。这包括森林保护、湿地保护、草原保护等，以及生物多样性的保护和恢复。

4. 温室气体排放的减少和应对气候变化

应对气候变化是可持续发展的重要任务之一。人们通过减少温室气体的排放，如发展清洁能源、提高能源效率等措施，应对气候变化的挑战。

### （四）环境保护与可持续发展的关系

环境保护和可持续发展紧密相关，互为条件和支撑。环境保护是实现可持续发展的前提和基础，而可持续发展则是环境保护的目标和指导。环境保护通过减少污染、保护生态系统和资源，为可持续发展创造了良好的自然环境和条件。可持续发展则倡导经济、社会和环境的协调发展，追求长期的可持续性。两者相辅相成，共同促进人类社会的健康发展。

### （五）大学生在环境保护和可持续发展中的作用

大学生作为社会的新生力量，在环境保护和可持续发展中发挥着重要的作用。

1. 传播环保理念和知识

大学生可以充当环保理念和知识的传播者，通过社会媒体、参与公益活动等方式，向更多的人宣传环保知识，提高公众对环境保护的认识和重视程度。

2. 积极参与环保行动

大学生可以通过参与环保组织、志愿者活动等，积极参与各种环保行动，如植树造林、垃圾分类、节能减排等，为环境保护和可持续发展贡献自己的力量。

3. 倡导可持续消费方式

大学生作为消费群体，可以倡导可持续的消费方式，选择环保产品、减少浪费和过度消费，通过自身的行动推动可持续发展。

4. 开展科学研究和创新

大学生可以在环境科学、可持续发展等领域开展科学研究和创新，提出解决环境问题和推动可持续发展的方案和方法，为社会提供科学依据和技术支撑。

## 三、引导学生认识自然与人类的关系

### （一）开展自然科学课程

为了引导学生认识自然与人类的关系，大学可以开设多样化的自然科学课程，包括生物学、地理学、环境科学等，帮助学生了解自然界的基本原理和生物多样性。这些课程可以从宏观和微观的角度，介绍自然界的结构和功能，以及人类对自然界的影响。

通过自然科学课程，学生可以了解自然界的复杂性和脆弱性，从而培养他们对自然的敬畏之情。他们可以学习到生态系统的互动关系、物种的适应能力以及人类活动对自然环境的影响。同时，学校还可以通过实验和实地考察等方式，让学生亲身感受自然的奇妙和伟力，进一步加深对自然的认识。

（二）探索野外自然环境

除了课堂学习，学校可以组织学生参与野外实地考察和探索，让他们近距离接触自然环境。通过观察和研究野外生态系统，学生可以更直观地了解生物多样性、生态平衡等基本概念，以及人类活动对自然环境的影响。

在野外实习中，学生可以体验到大自然的美丽和伟大，感受到生态系统的复杂性和自然界的生机盎然。例如，学校可以组织学生前往森林、湿地、海洋等自然环境，了解不同生态系统之间的相互关系，以及不同物种对生态系统的重要性。通过亲身参与保护和维护自然环境的工作，学生可以深刻地认识到人类与自然的紧密联系。

（三）组织相关讨论活动

为了引导学生思考人类活动对自然资源和生态系统的破坏，并提出保护和修复自然环境的解决方案，学校可以组织相关讨论活动。通过开展小组讨论、专题演讲、辩论赛等活动，学生可以就环境污染、气候变化、物种灭绝等问题进行深入探讨。

在讨论活动中，学生可以从不同角度和领域的知识出发，分析人类活动对自然的影响，并寻求解决问题的方法。他们可以了解到环境污染对人类健康和生态系统的影响，认识到气候变化对全球范围的影响，并思考如何减少碳排放和推动可持续发展。同时，学生还可以了解到保护濒危物种和生物多样性的重要性，以及如何进行有效的保护和修复工作。

（四）加强跨学科教学

为了更全面地引导学生认识自然与人类的关系，学校可以加强跨学科教学的实践，例如，在自然科学课程中，融入人文社会科学的视角，探讨人类的价值观、文化传承和社会制度对自然环境的影响。同时，在人文社会科学课程中，教师也可以引入自然科学的知识，让学生了解人类活动如何改变自然环境，并让他们思考如何与自然共存。

通过跨学科教学，学生可以从不同领域的知识中获取更广阔的视野，深刻认识到自然与人类是紧密相连的。他们可以意识到人类的生活和发展都离不开自然资源和生态系统的支持，进一步形成尊重和保护自然的伦理观念。

### （五）培养实践能力和环保意识

为了让学生更好地认识自然与人类的关系，大学应该注重培养学生的实践能力和环保意识。通过开设相关实践课程和志愿者活动，学生可以参与自然保护和环境治理的实际工作。

例如，学校可以组织学生参与植树造林、湿地保护、野生动植物救助等志愿者活动，让他们亲身体验到保护和修复自然环境的过程和意义。通过实际行动，学生可以深刻体会个人的力量对自然环境的改变，从而形成积极的环境意识和生态伦理观念。

## 四、培养学生珍惜资源、保护环境的意识和行动

### （一）开展环保主题的讲座、展览和比赛

为了提高学生对环境问题的关注度，学校可以组织环保主题的讲座、展览和比赛。讲座可以邀请环保专家、学者和从业人员来校园进行环保知识的普及和传授。他们可以介绍环境问题的现状和危害，并围绕节能减排、资源回收利用、可持续发展等方面提出解决方案。同时，展览可以展示环境问题的实际案例和解决方案，让学生通过视觉和互动的方式更直观地了解环境保护工作的重要性。此外，学校可以组织环保主题比赛，如环保创意设计比赛、环保科技创新竞赛等，鼓励学生积极参与和贡献自己的想法和创意。

### （二）加强环保知识的普及

为了让学生了解环境保护的重要性和相关的具体行动，学校可以加强环保知识的普及，可以在校园内张贴宣传海报、播放环保相关的视频等，通过多种形式向学生传递环保知识。此外，学校可以开设环境科学、可持续发展等专门的课程或选修课，让学生系统学习环保理论和实践知识。在课堂上，教师可以组织学生探讨环境政策、环境法规、可再生能源等话题，引导学生思考如何从个人和社会层面推动环境保护工作。

### （三）鼓励学生参与环保志愿服务活动

为了培养学生实际行动的习惯和责任感，学校可以鼓励学生参与环保志愿服务活动。可以组织校内或校外的环保志愿者团队，让学生有机会亲自参与环保行动。例如，学校可以组织垃圾分类、植树造林、清洁公共场所等志愿者活动，让学生亲身体验环保行动带来的成就感。同时，学校还可以邀请学生参与生态保护、野生动植物保护等实地调研和保护工作，让他们感受到环境保护工作的现实挑战和重要性。

### （四）建立环保意识教育体系

为了深化学生对资源珍惜和环境保护的意识，学校可以建立完善的环保意识教育体系，可以在招生宣传、入学教育中加强对环保意识教育的介绍和培养，让学生在校园生

活的初期就了解到环境保护的重要性。此外，学校可以设置环境保护专题课程或讲座，让学生深入了解环境问题和可持续发展理念，并通过案例分析和小组讨论等方式引导学生思考和解决环境问题的方法，还可以通过线上平台、社交媒体等途径传达环保的观念和行动，鼓励学生在日常生活中采取节能减排、资源回收利用等具体行动。

（五）树立榜样和引领者

为了推动学生珍惜资源、保护环境的意识和行动，大学可以树立榜样和引领者。学校可以邀请环保领域的成功人士、企业家来校园分享他们的经验和成就，让学生从他们身上获取灵感和动力。同时，学校也可以自身做出示范，如建设绿色校园、推动可持续发展实践等，让学生亲眼见证学校在环保方面的努力和成果。通过亲身示范和引领，可以进一步激发学生参与环保行动的积极性和责任感。

# 第二节　大学生的道德责任与行为规范

## 一、大学生道德责任与行为规范的内涵

### （一）尊重他人

1. 大学生要尊重他人的人格与尊严

每个人都有思想、情感和尊严，大学生应该充分尊重他人的人格，不以任何方式侮辱或伤害他人的自尊心。在与他人交流和互动时，大学生要避免使用歧视性的语言和行为，不嘲笑、贬低或恶意攻击他人。

2. 大学生要尊重他人的权益

每个人都享有平等的权利和机会，大学生应尊重他人的权益，不侵犯他人的合法权益。在日常生活中，大学生要遵守法律和规章，不侵犯他人的财产、知识产权等合法权益。

3. 大学生要尊重他人的选择和意见

每个人都有自己的观点和选择，大学生应尊重他人的意见，不强加自己的观点于他人，不嘲笑或贬低他人的选择。在集体讨论和决策中，大学生要积极倾听他人的意见，尊重多元化的观点和意见，共同寻找最佳的解决方案。

4. 大学生要营造和谐的人际关系

大学生的人际关系对其学习和生活都具有重要影响，他们应积极营造和谐、友善的人际关系。在与同学、室友、教师和其他人交往中，大学生要保持良好的沟通和合作态

度，积极解决冲突，尊重和包容他人的不同性格和观点。建立良好的人际关系，可以促进个人的成长和团队的凝聚力。

5. 大学生要保护他人的隐私与权利

每个人都有自己的隐私，大学生应该尊重他人的隐私权。不擅自获取、传播或滥用他人的个人信息，不对他人进行无端的调查和跟踪。另外，大学生还应该保护他人的名誉和声誉，不散布谣言、不中伤他人。要牢记信息安全和个人隐私的重要性，用正确的方式处理他人的信息和隐私。

（二）正直诚信

1. 大学生要遵守学术道德规范

作为学术界未来的一员，大学生应坚守诚实守信的原则，严禁说谎、作弊和抄袭等违反学术规范的行为。他们应该通过自己的努力和智慧去获取知识，积极参与学习，不依赖不正当手段获取成绩或荣誉。

2. 大学生要树立良好的品行和形象

大学生是社会的未来栋梁，应该以正直诚信为核心价值观，不进行欺诈、虚伪的行为。他们要真实地对待自己和他人，言行一致，不以虚假形象他人，同时，还要尊重他人的权益和隐私，遵守公共秩序，不参与任何损害社会公德的活动。

3. 大学生要保持良好的道德品质

正直诚信不仅是一种行为方式，也是一种内在的品质。大学生应该具备积极向上的人格特点，如诚实、正直、守信、谦逊、友善等。他们要用自己的行为和言语来塑造积极的道德形象，成为他人借鉴的榜样。

4. 大学生要树立正确的价值观

大学生应该在思想上保持清晰明确的认识，树立正确的价值观。他们要明白正直诚信是一种道德追求，与个人利益和社会利益密切相关。大学生应该具备正确的判断力和决策能力，不受个人私利、利益驱动而背离道德原则。

5. 大学生要勇于担当社会责任

作为社会成员，大学生要明白自己肩负着社会责任，应积极参与公益活动，关心社会问题，为社会发展做出贡献。同时，大学生也要勇于面对挑战和困难，勇敢地承担自己应尽的责任，不逃避困难和责任。

（三）关爱他人

1. 大学生要积极参与社会公益活动

作为具有专业知识和技能的大学生，他们应该发挥自己的优势，参与到社会公益活动中去，可以选择加入志愿者组织或参与社区服务，为弱势群体提供帮助和支持。大学生应通过关心他人的困难和需求，以实际行动来回报社会。

2. 大学生要倾听他人的疾苦和需求

关爱他人不仅仅是给予物质上的帮助，更重要的是从心灵上给予支持。大学生应该具备爱心和耐心，倾听他人的故事，理解他们的困境和需求。通过耐心倾听，大学生可以让他人感受到关心和关怀，给予他们精神上的支持。

3. 大学生要展现关爱他人的积极态度

关爱他人不仅仅是在特定的场合和时间去行动，更应成为大学生日常生活的一种态度。在与同学、朋友和陌生人的交往中，大学生应该展现出关怀他人的态度，例如，关心朋友的健康和学习情况，主动帮助同学解决问题，关注身边人的生活状况等。这样可以营造一个互相关心、互相关爱的氛围。

4. 大学生要以身作则，成为他人的榜样

作为大学生，自身的言行举止会对身边的人产生影响。因此，大学生应该以积极的行动来展示关爱他人的态度，可以适时关心和询问他人的情况，给予真诚的关怀，或积极参与社团组织、组织活动来关心弱势群体。通过自己的行动，激励他人也去关心和帮助其他人。

5. 大学生要持续关注社会问题，为构建和谐社会贡献力量

除了关心身边的人，大学生还应该保持对社会问题的敏感性，可以关注社会公益活动的信息，积极参与相关议题的讨论和宣传。通过自己的努力，大学生争取社会资源和支持，为弱势群体争取更多的福利和帮助。

（四）爱护环境

1. 大学生要节约资源，避免浪费

资源是有限的，大学生应当认识到资源的珍贵性，并采取相应的措施来减少浪费。在日常生活中，可以从小事做起，如合理使用水、电等能源，尽量少用塑料袋等一次性用品，这些都是节约资源的实际行动。

2. 大学生要重视环境保护，积极参与环保行动

环境保护是每个人的责任，大学生作为年轻一代应该主动行动起来。他们可以参加环保组织或志愿者团队，参与植树造林、清洁河道、种草护绿等活动，同时，也可以通过宣传和教育的方式，提高社会公众对环保问题的认识和重视度。大学生作为环保行动的倡导者和参与者，可以发挥示范效应，引领更多的人参与环保行动。

3. 大学生要重视垃圾分类，实行有效的废物管理

垃圾分类是保护环境的重要举措之一。大学生应该了解垃圾分类的原则和方法，并在日常生活中主动将垃圾进行分类投放。大学生可以参与学校或社区组织的相关活动，推广垃圾分类知识，帮助他人正确理解垃圾分类的重要性。通过垃圾分类的实践，大学生可以有效减少可回收垃圾的浪费和对环境的污染。

4. 大学生要推广绿色生活方式，鼓励身边的人采取环保措施

绿色生活方式是指通过改变个人的生活习惯和行为，减少对环境的负面影响的生活方式。大学生可以积极倡导使用可再生能源、购买环保产品、减少塑料使用等方式，引导身边的人践行绿色生活。此外，大学生还可以通过社交网络、宣传活动等方式，向更多的人传递环保理念，共同倡导绿色、低碳的生活方式。

5. 大学生要关注环保问题的研究和创新

环保工作需要不断的研究和创新，大学生作为具有专业知识和创新能力的人群，可以积极参与环境科学研究和环保技术的开发，可以选择环境科学相关专业，参与相关课题研究，为环保事业贡献自己的智慧和力量。同时，大学生也可以关注环保领域的创新企业和项目，积极参与创业或支持环保科技的发展。

（五）基本法律常识

（1）国家法律法规是指国家制定的用于规范公民行为和维护社会稳定的法律文件。它包括宪法、法律、行政法规、司法解释、部门规章等。大学生作为公民，应该了解国家的法律法规，并遵守法律规定。

（2）大学生在学校的学习和生活中，应该遵守法律规定，不从事任何违法犯罪行为。这包括但不限于不参与抢劫、故意伤害等犯罪行为。同时，他们也应该尊重学校的规章制度，不违反学校的纪律规定。

（3）维护社会公共秩序是每个公民的责任。大学生要懂得维护社会公共秩序的重要性。他们可以积极参与社会治安维护和公共秩序建设的活动，如协助执法人员维持交通秩序、参与社区安全巡逻等。

（4）大学生作为知识分子，应该关注社会问题和公共利益，积极参与社会活动，发挥自己的作用。他们可以通过参与公益活动、关注法律法规的宣传和普及等方式，为社会的发展和进步贡献自己的力量。

（5）在遵守法律法规的前提下，大学生也应该了解自己的权利和义务。他们有权利接受教育、获取知识，并享有人身自由等基本权利。同时，他们也有义务尊重他人的权利和尊严，不侵犯他人的合法权益。

## 二、大学生道德责任与行为规范的重要作用

### (一) 促进个人成长

#### 1. 重塑价值观和世界观

明确的道德责任和行为规范有助于培养大学生正确的世界观、价值观和人生观。这些准则能够引导大学生认识到自己的责任与义务，理解个人行为对社会的影响。通过正确认识和判断事物，大学生能够树立正确的目标，形成积极健康的心态，培养自律和坚韧的品质。

#### 2. 培养道德情操和习惯

道德责任和行为规范是培养大学生高尚道德情操和行为习惯的基础。遵循道德规范可以使大学生形成正确的道德价值观，通过言行表现出尊重、守信、正直、公正等美德。这样的健康道德情操将指导大学生在面对困难和挑战时保持内心的坚守和自律，从而提高他们的综合素质和能力。

#### 3. 培养自我意识和责任感

道德责任和行为规范有助于培养大学生的自我意识和责任感。明确的道德准则要求大学生对自己的行为负责，并意识到个人的行为会对他人和社会产生影响。这种责任感不仅体现在个人行为上，还体现在关心家庭、关心社会、关心环境等方面。培养自我意识和责任感将使大学生主动承担起自己的社会角色，推动个人成长和社会进步。

#### 4. 增强社交能力和团队合作精神

遵守道德规范有助于大学生提升社交能力和培养团队合作精神。通过遵循道德责任和行为规范，大学生能够建立良好的人际关系，增强与他人的沟通能力。同时，遵守道德规范也能够培养大学生的团队合作精神，使他们懂得尊重他人、倾听他人意见、协调各方利益，使他们更好地融入团队、共同完成任务。

#### 5. 培养创新精神和解决问题的能力

道德责任和行为规范有助于鼓励大学生勇于创新、解决问题。秉持正确的道德价值观和行为规范，大学生能够树立正确的人生态度，培养积极乐观的心态，勇于面对和解决各种问题。同时，道德责任和行为规范也要求大学生在创新和问题解决过程中尊重他人权益、维护公共利益，从而推动社会进步、促进个人成长。

### (二) 培养社会责任感

#### 1. 引导大学生认识社会责任

明确的道德责任和行为规范能够帮助大学生认识到自己作为社会一员所承担的责任。教育引导大学生了解社会问题、关注社会发展，让他们认识到自己在社会中的角色

和义务。通过正确认识社会责任，大学生能够树立正确的价值观，理解个人行为对社会的影响，从而激发起积极参与社会实践和公益事业的热情。

2. 培养社会意识和责任意识

道德责任和行为规范有助于培养大学生的社会意识和责任意识。明确的道德准则要求大学生关注社会问题、尊重他人权益，并承担起改善社会现状的责任。通过参与志愿者活动、社会调查研究、实践课程等途径，大学生能够更深入地了解社会问题，增强对社会的认知和洞察力，进而培养出主动承担社会责任的品质和意识。

3. 推动社会进步和发展

道德责任和行为规范要求大学生在社会活动中尊重他人，关注公共利益，积极参与社会实践。大学生通过参与社会实践和公益事业，能够为社会发展做出贡献，例如，参与环保组织、扶贫团队、义教活动等，可以推动环境保护、减贫扶贫、教育公益等方面的进步和发展。这种积极的参与不仅对个人的成长有益，也对社会的进步起到重要作用。

4. 培养公民意识和法治观念

道德责任和行为规范有助于培养大学生的公民意识和法治观念。明确的道德准则要求大学生遵守法律法规，尊重社会规范。通过教育引导，大学生能够了解法治的原则和重要性，树立正确的法治观念。同时，秉持公民意识，大学生也应当积极参与社会和政治生活，为社会的发展进程和法治建设贡献力量。

5. 培养全球视野和文化包容性

道德责任和行为规范应该具有全球视野和文化包容性。大学生作为具有国际化背景的一代，应当更加关注国际社会和全球问题，并树立正确的世界观。培养大学生的全球视野和文化包容性，可以帮助他们理解和尊重不同文化、价值观，从而更好地与不同国家和民族的人交流合作，促进全球的和平与发展。

（三）提升个人竞争力

1. 赢得他人信任

大学生如果具备良好的道德操守和行为规范，将更容易赢得他人的信任。在就业面试中，企业往往会关注候选人的道德品质和行为表现，这被认为是判断一个人是否值得信任的重要指标。同时，在职场中，与同事和领导建立良好的关系也需要依靠道德准则的指引。通过遵守社会规范、尊重他人、诚实守信等行为，大学生能够树立自己的良好形象，赢得他人的信任和支持，从而提升个人竞争力。

2. 提高个人形象和声誉

道德责任和行为规范的遵守有助于提高大学生的个人形象和声誉。良好的道德行为能够给人留下积极的印象，树立个人的良好形象。例如，大学生遵守诚实守信的原则能够在人际交往中树立正直可靠的形象；尊重他人、关爱弱者能够展示出关心他人、善待他人的品质。这些良好的道德形象和行为表现能够增加个人的知名度和声誉，在就业市场中具备更多的竞争优势。

3. 培养卓越的职业素养

道德责任和行为规范是培养卓越职业素养的基础。大学生在遵守社会规范和道德准则的同时，也需要发展自己的职业能力。良好的道德操守能够促使大学生保持职业道德，如诚实、正直、勤奋、尽责等。通过遵守这些职业道德，大学生能够培养出卓越的职业素养，包括专业技能的提升、工作态度的认真、团队合作的能力等。这些素养将使大学生在职场中得到更多认可和赞赏，提升个人竞争力。

4. 增强人际交往能力

道德责任和行为规范的遵守有助于大学生增强人际交往能力，提升个人竞争力。遵循社会规范和道德准则能够帮助大学生建立积极健康的人际关系，与他人建立信任和互动。秉持着尊重他人、关爱弱者、友善待人等原则，大学生能够有效地与不同背景、文化和性格的人进行良好的沟通，并通过合作和协调解决问题。这种良好的人际交往能力将使大学生在职场和社会中更具竞争力。

5. 建立持久的职业发展基础

道德责任和行为规范是建立持久职业发展基础的重要因素。一个人在职场上的成功不仅仅依赖于他的专业能力，也与他的品德和道德水平有关。职场是一个相对封闭的社会群体，个人的道德品质和行为表现往往会对个人的职业发展产生重要影响。良好的道德操守能够让大学生在职场中建立良好的口碑和信誉，增加机会和资源的获取，为个人的职业发展奠定坚实基础。

（四）促进社会和谐稳定

（1）大学生是社会的中坚力量，其道德责任和行为规范对社会和谐稳定具有重要影响。他们作为知识的传承者和社会的未来发展者，应当树立正确的道德观念和行为准则，以良好的榜样引领社会向着正义、公正和公平的方向发展。

（2）大学生秉持正确的道德观念和行为规范，能够树立起良好的社会风尚。他们在学习、生活和社交中都应该秉持诚实守信、友善宽容、尊重他人等道德原则。通过自身的言行举止展现出高尚的品质，大学生能够成为社会的楷模，影响和激励其他群体积极向善、追求真理和美好。

（3）遵守道德规范不仅能够树立起良好的社会形象，还有助于减少社会矛盾和冲突。

当大学生在各个领域都遵循公平公正、互相理解的原则时，社会中的利益分配和资源调配会更加公平合理，不同群体之间的矛盾和冲突将减少。通过道德规范的引导，大学生能够主动维护社会和谐，推动社会秩序的稳定。

（4）大学生在树立正确的道德观念和行为规范的同时，也需要具备批判思维和判断力。他们应当在尊重他人的基础上，对社会现象和价值观进行深入思考和分析。通过正确认识和评判社会现实，大学生能够对不公正、不合理的现象提出批评和建议，促进社会的进步和改革。

（5）大学生在提升自身素质的同时，还应当积极参与社会公益活动和志愿服务。通过关心社会弱势群体、支持社会公益事业，大学生可以以实际行动帮助他人，增强社会凝聚力和向心力。大学生的积极参与将成为社会和谐稳定的重要保障，为社会发展做出积极贡献。

### （五）塑造良好的个人形象

在当今社会，个人的形象和声誉越来越受到重视。无论是在学术领域还是在职业领域，第一印象都至关重要。一个积极、健康、负责任的形象可以带来许多机会，而一个消极、不负责任的形象可能导致机会的丧失。因此，塑造一个良好的个人形象对于大学生来说至关重要。

#### 1. 道德责任与行为规范

道德责任和行为规范是塑造个人形象的基础。大学生应该时刻牢记自己的道德责任，尊重他人，诚实守信，勇于承担责任。行为规范则是指在与他人交往、参与社会活动时，应当遵守的礼仪和规则。遵守行为规范能够展现出一个人的素质和教养，也是塑造良好个人形象的关键。

#### 2. 良好的品质与特质

塑造良好的个人形象需要展现出一些积极的品质和特质。以下是几个重要的方面。

（1）诚实守信：诚实是建立信任的基础，守信则是维护这种信任的关键。大学生应该做到言行一致，遵守承诺，从而赢得他人的信任。

（2）正直勇敢：正直是指坚持原则，不屈服于压力和诱惑；勇敢则是指面对困难和挑战时，不退缩、不畏惧。这样的品质能够让大学生在面对困难和挑战时，保持坚定的立场，克服困难。

（3）友善互助：友善表现出对他人的尊重和关心；互助则是在他人需要帮助时，伸出援手。大学生在人际交往中，展现出友善互助的品质，能够建立良好的人际关系。

3. 个人形象的重要性

塑造良好的个人形象对于大学生来说具有重要意义。首先，良好的个人形象能够赢得他人的尊重和信赖，有助于建立自信和自尊。其次，良好的个人形象能够增加大学生在学业和职业发展中的机会。许多机会并不是直接分配给有才华的人，而是首先给予那些有良好声誉和形象的人。最后，良好的个人形象有助于大学生在社会中建立良好的人际关系网络，对于未来的职业发展和人生发展都有积极的影响。

4. 塑造良好个人形象的实践方法

塑造良好的个人形象需要付出努力和实践。以下是一些建议和方法。

（1）提高自我认知：大学生应了解自己的优点和不足，明确自己的价值观和目标，通过自我反思和反馈，不断改进自己的行为和态度。

（2）遵守行为规范：在与他人交往和社会活动中，大学生应遵守行为规范和礼仪，注意自己的言行举止，避免不良的行为习惯。

（3）建立良好的人际关系：大学生应积极参与社交活动，与他人建立良好的关系，尊重他人，友善待人，展现出积极、真诚、有担当的一面。

（4）不断学习和提高：通过学习和实践，大学生应不断提高自己的素质和能力，保持求知欲和创新精神，使自己在不断成长的过程中树立起良好的形象。

塑造良好的个人形象是大学生活中重要的一部分。通过遵守道德规范和行为规范，展现出诚实守信、正直勇敢、友善互助等良好品质，大学生能够树立起积极向上的个人形象，赢得他人的尊重和信赖。这对于大学生在学业、职业以及未来人生道路上的成功都至关重要。因此，大学生应该注重塑造和维护自己的良好形象，为自己创造更多的机会和发展空间。

## 三、培养大学生的道德责任与行为规范的途径

### （一）课程教育与引导

在大学教育中，课程教育是帮助学生获取知识和技能的重要途径。然而，仅仅依靠传统的知识传授模式，无法满足当今社会对人才的需求。因此，通过开设道德伦理、公民教育等相关课程，对大学生进行价值观和道德观念的引导显得尤为重要。这种教育方式有助于学生树立正确的价值观，培养良好的道德品质，为未来的社会发展和个人成长奠定基础。

1. 道德伦理课程的重要性

道德伦理课程是帮助学生认识和理解道德规范、伦理原则等价值观念的重要途径。

通过这类课程，学生可以了解道德行为的本质和意义，明确自身的责任与义务。同时，教师可以通过案例分析、讨论等方式，引导学生思考和反思生活中的道德问题，培养他们的道德判断力和道德实践能力。这对于学生形成正确的价值观和行为准则具有积极的推动作用。

2. 公民教育课程的必要性

公民教育课程旨在培养学生的公民意识和公民素养。这类课程可以帮助学生了解国家的基本制度、法律常识和社会责任，培养他们的公民责任感和参与意识。通过这类课程的学习，学生可以更好地理解社会现象和问题，积极参与社会实践和公共事务，成为具有社会责任感的新时代公民。

3. 教学方法的多样性

为了更好地引导学生思考和反思，教师可以采用多种教学方法。例如，案例分析可以帮助学生了解现实生活中的道德问题和解决方法；讨论可以鼓励学生表达自己的观点和看法，促进思想的交流与碰撞；实践活动可以让学生在亲身体验中感受和理解道德行为的意义和价值。这些教学方法有助于激发学生的学习兴趣和主动性，提高他们的道德素质和综合能力。

4. 实践活动的价值性

实践活动是课程教育中不可或缺的一部分。通过组织各类实践活动，如社会调查、志愿服务等，学生可以深入了解社会现象和问题，亲身感受道德行为的重要性。实践活动可以培养学生的实践能力和创新精神，帮助他们将所学知识应用于实际生活中，提升道德素质和个人能力。同时，实践活动还可以增强学生的社会责任感和参与意识，为他们成为优秀的公民打下坚实的基础。

通过开设道德伦理、公民教育等相关课程，并进行多样化的教学方法和实践活动，大学生可以树立正确的价值观和道德观念。这种教育方式不仅可以帮助学生获取知识和技能，还能够培养他们的道德素质和社会责任感。在未来的社会发展中，这些学生将发挥重要的作用，为社会的进步和发展做出贡献。因此，大学教育应该注重课程教育与引导的重要性，为学生的全面发展提供有力的支持。

（二）校园文化建设

校园文化建设是大学教育的重要组成部分，它对于营造积极向上、道德风尚良好的校园氛围，引导学生树立正确的价值观和道德观念，对培养具有社会责任感和综合素养的优秀人才具有重要意义。

## 1. 道德模范评选活动

通过举办道德模范评选活动，可以表彰在道德实践中表现突出的学生，以榜样的力量激励其他学生积极向上，形成良好的道德风尚。评选标准应注重学生的道德品质、奉献精神、社会责任等方面，以树立具有时代特征、校园特色的道德标杆。同时，宣传栏、校园网站等渠道可以宣传道德模范的事迹和精神，引导全校师生崇尚道德、践行道德。

## 2. 志愿者服务与社会实践

组织志愿者服务和社会实践活动，可以让学生将所学知识应用于实际生活中，培养他们的社会责任感和奉献精神。通过参与志愿者服务，学生可以在关爱他人、帮助他人的过程中体验道德行为的美好与价值；通过社会实践活动，学生可以深入了解社会现象和问题，培养解决实际问题的能力。这些活动不仅可以丰富学生的校园生活，还有助于培养他们的道德素质和综合能力。

## 3. 道德讲堂与文化沙龙

开设道德讲堂和文化沙龙等活动，可以为学生提供更广泛的学习和交流平台。道德讲堂可以邀请校内外的专家学者为学生传授道德知识、分享人生经验，引导学生树立正确的价值观；文化沙龙可以让学生们在轻松的氛围中交流文化心得、感受文化魅力，培养他们的文化自信和民族自豪感。这些活动不仅可以丰富学生的文化生活，还有助于培养他们的道德素质和人文素养。

校园文化建设是大学教育的重要环节，通过举办道德模范评选活动、志愿者服务和社会实践活动，开设道德讲堂和文化沙龙等形式多样的活动，可以营造积极向上、道德风尚良好的校园氛围。这些活动不仅可以让学生获取知识和技能，更能够培养他们的道德素质和社会责任感。在未来的社会发展中，这些学生将发挥重要的作用，为社会的进步和发展做出贡献。因此，大学教育应该注重校园文化建设的重要性，为学生的全面发展提供有力的支持。

## （三）导师制度与示范引领

在高等教育中，导师制度一直被视为培养学生综合素质和能力的关键环节。通过导师的指导和引领，学生可以更好地适应学术环境，提高自己的专业素养，同时，也可以在人生观、价值观等方面得到全面的提升。

## 1. 导师制度的重要性

导师制度是一种以个别指导为主、集体指导为辅的学生指导制度。导师与学生之间的交流和互动，可以帮助学生解决学习和生活中的问题，提高学生的综合素质和能力。在校园文化建设中，导师制度具有以下重要性。

（1）传递道德理念和行为规范：导师作为学生的引路人，在与学生交流和互动中可以传递正确的道德理念和行为规范。通过言传身教，导师可以引导学生树立正确的人生观和价值观，培养学生的道德责任感和公民意识。

（2）提高学生的学习能力和创新能力：通过个别指导，导师可以针对学生的兴趣和特长，帮助学生明确学习计划和发展目标。同时，通过集体指导，导师可以组织学生进行学术研讨和交流，提高学生的学术素养和创新能力。

（3）增强学生的社会适应能力：通过导师的指导和引领，学生可以更好地了解社会和行业的发展动态，提高自己的社会适应能力。同时，导师也可以为学生提供就业指导和职业规划，帮助学生顺利融入社会。

2. 导师的示范引领作用

在校园文化建设中，导师不仅可以通过指导学生的思想和行为来传递正确的价值观和道德观念，还可以通过自身的示范引领发挥积极作用。具体表现在以下几个方面。

（1）成为学生的榜样：导师作为学生的引路人，可以通过自身的行为和言论成为学生的榜样。如果导师具有高尚的品德、渊博的知识和卓越的能力，就会成为学生崇拜和学习的对象。通过导师的示范引领，学生可以更好地理解和接受正确的价值观和道德观念。

（2）传递正能量：导师可以通过自己的行为和言论传递正能量，激发学生的积极性和创造力。如果导师乐观向上、积极进取，就会感染和带动学生一起进步。通过导师的示范引领，学生可以更加积极地面对学习和生活，提高自己的综合素质和能力。

（3）促进校园文化的传承和发展：导师作为校园文化的重要传承者和发展者，可以通过自身的示范引领促进校园文化的传承和发展。如果导师注重传统文化和现代文化的融合，就可以引导学生更好了解和传承中华优秀传统文化，推动校园文化的创新和发展。

3. 如何发挥导师的示范引领作用

为了更好地发挥导师在校园文化建设中的示范引领作用，需要采取以下措施。

（1）提高导师的素质和能力：导师作为学生的引路人，需要具备高尚的品德、渊博的知识和卓越的能力。学校应该加强对导师的培训和管理，提高导师的素质和能力，确保他们能够胜任自己的工作。

（2）加强导师与学生之间的交流和互动：学校通过加强导师与学生之间的交流和互动，可以增强导师对学生的了解和信任，同时也能够提高学生的综合素质和能力。学校应该建立健全的导师制度，为导师和学生之间的交流和互动提供更多的机会和支持。

（3）建立良好的校园文化氛围：为了更好地发挥导师的示范引领作用，学校应该建立良好的校园文化氛围，通过加强传统文化教育、推广社会主义核心价值观、营造积极向上的校园氛围等方式，可以为学生提供良好的学习和成长环境。

### （四）建立约束机制与规范管理

学校作为高等教育的主体，肩负着培养社会精英的责任。除了传授知识，学校还应注重培养学生的道德素质和行为规范。为了更好地培养学生的道德责任感和行为规范，建立健全的约束机制与规范管理至关重要。

#### 1. 约束机制的重要性

建立健全的约束机制可以有效地规范学生的行为，提高学生的道德素质。通过制定明确的规章制度和行为准则，可以引导学生树立正确的价值观和道德观念，促进校园文化建设。同时，约束机制还可以提高学生的自我约束能力，帮助他们更好地适应社会。

#### 2. 规范管理的作用

规范管理可以确保学生遵守学校的规章制度和行为准则，维护校园秩序和安全。学校通过对学生行为进行监督和管理，可以及时发现和纠正学生的不良行为，防止问题的发生。同时，规范管理还可以提高学生的自我管理能力，帮助他们更好地规划自己的学习和生活。

#### 3. 建立约束机制与规范管理的措施

为了更好地建立约束机制与规范管理，学校可以采取以下措施。

（1）制定明确的规章制度和行为准则：制定明确的规章制度和行为准则可以为学生提供指导和约束，明确学生在学习、生活和社交等方面的行为要求和规范。在制定规章制度和行为准则时，学校应充分听取学生的意见和建议，确保其合理性和可操作性。

（2）加强宣传和教育：加强对学生规章制度的宣传和教育可以提高学生遵守规章制度的自觉性和意识。学校可以通过课堂教育、校园媒体、学生活动等多种形式进行宣传和教育，让学生了解规章制度的内容和意义，提高他们的道德素质和自我约束能力。

（3）设立学生管理机构：设立学生管理机构可以加强对学生行为的监督和管理，及时发现和纠正学生的不良行为。学生管理机构可以由学生干部组成，通过定期开展学生会议、活动等形式，及时了解学生的需求和问题，为他们提供帮助和支持。

（4）加强惩处力度：对于违反规章制度的行为，学校应加强惩处力度，让其意识到违反道德规范将受到相应的制裁和影响，同时，也要注重保护学生的合法权益和人格尊严，避免因惩处不当而对学生造成不必要的伤害。

建立健全的约束机制与规范管理是提高学生道德素质和行为规范的重要手段。学校通过制定明确的规章制度和行为准则、加强宣传和教育、设立学生管理机构以及加强惩处力度等措施的实施，可以有效地规范学生的行为和提高他们的道德素质。这将有助于培养具有社会责任感、良好行为规范和道德素质的人才，为社会发展做出积极贡献。

### （五）道德教育资源的整合与利用

道德教育是高等教育的重要组成部分，对于培养学生的道德素质和社会责任感具有重要意义。然而，传统的道德教育方式往往只注重理论知识的传授，而忽略了实践操作和社会资源的整合利用。因此，为了提高道德教育的效果和质量，必须充分发挥社会资源的作用，整合各类道德教育资源，提供多样化的学习和实践机会。

#### 1. 道德教育资源的整合

道德教育资源的整合是提高道德教育效果的关键。各类道德教育资源包括但不限于学校内部的德育课程、学生活动、校园文化等，还包括社会上的各种资源，如社区、企事业单位、文化机构等。这些资源各有特点，各有优势，需要加以整合，以实现优势互补。

学校内部的各种德育资源需要进行整合。学校可以建立德育课程体系，将德育课程与专业课程相互渗透，形成协同效应。同时，学校还可以通过开展学生活动、加强校园文化建设等方式，营造良好的道德氛围。

社会上的各种资源也需要加以整合。社会上的道德教育资源丰富多样，包括文化机构、社区、企事业单位等。这些机构和单位拥有丰富的教育资源和平台，可以为学校提供多样化的学习和实践机会。

#### 2. 道德教育资源的利用

在整合各类道德教育资源的基础上，学校需要充分利用这些资源，为学生提供多样化的学习和实践机会。

学校可以邀请道德学者、心理专家、社会工作者等专业人士来校园开展道德教育讲座、培训和指导活动。这些专业人士具有丰富的理论知识和实践经验，可以引导学生树立正确的价值观和道德观念，提高学生的道德认知和思维能力。

学校可以与社会组织、企事业单位合作，共同建设道德实践基地。道德实践基地可以为学生提供实践机会，让他们在实际中学习和实践道德责任与行为规范。例如，学校可以与社区合作，开展社区服务、敬老爱幼等活动；与企事业单位合作，开展职业规划、职业道德教育等活动。

此外，学校还可以利用网络资源开展道德教育。网络具有便捷性、即时性和互动性等特点，可以为学校提供更加灵活的教育方式。例如，学校可以通过建立微信公众号、在线课程等方式，传播道德教育的知识和信息，引导学生进行自我学习和自我教育。

3. 发挥社会资源的作用

除了学校内部的德育资源和社会的道德教育资源外，社会资源在道德教育中也具有重要作用。社会资源包括各类公益组织、志愿者团体、媒体机构等。这些组织机构拥有广泛的社会网络和丰富的实践经验，可以为学校提供多样化的学习和实践机会。

例如，志愿者团体可以为学生提供参与志愿服务的机会，让他们在实践中学习关爱他人，培养奉献社会的精神；媒体机构可以为学生提供了解社会热点问题和参与公共事务的机会，让他们在实践中学习关注社会发展和民生改善。

整合各类道德教育资源并充分利用这些资源是提高道德教育效果和质量的关键。整合学校内部的德育资源和社会的道德教育资源以及发挥社会资源的作用，可以为学生提供多样化的学习和实践机会，提高学生对道德知识的掌握和运用能力，培养他们的社会责任感和良好行为习惯，为他们的未来发展打下坚实的基础。

# 第三节　大学生生态道德的评价与提升

## 一、大学生生态道德评价

大学生生态道德评价是指对大学生在日常生活和学习中表现出的生态道德行为和态度进行评估。这种评价不仅有助于了解大学生的生态道德水平，还可以为提升他们的生态道德观念提供指导。

（一）评价内容

1. 环保意识

大学生作为社会未来的中坚力量，是否具有环保意识并能否在日常生活中关注环境保护，对整个社会的可持续发展至关重要。对于大学生的环保意识，学校应从以下几个方面进行评价。

（1）节约资源：评价大学生在日常生活中是否具有节约资源的意识，如节约用水、用电、用纸等。他们是否能在不需要时关闭水龙头、电器，或是在打印文件时选择双面打印，以减少对资源的浪费。

（2）减少污染：评价大学生在日常生活中是否注意减少污染，如垃圾分类、减少使用一次性用品等。他们是否了解并按照垃圾分类的标准进行投放，是否尽可能地减少使用一次性塑料制品等。

（3）关注环境问题：评价大学生是否关注环境问题，如全球气候变化、环境污染等。他们是否了解这些问题的严重性，并愿意为此付出努力。

2. 生态知识

生态道德的实践需要以生态知识为基础。对于大学生对生态学知识的了解程度，学校应从以下几个方面进行评价。

（1）生态系统及其平衡：评价大学生是否了解生态系统及其平衡的概念。他们是否了解生态系统中的生物群落、非生物环境以及它们之间的相互作用，是否了解生态系统平衡的重要性以及如何维护这种平衡。

（2）物种多样性：评价大学生是否了解物种多样性的概念及其重要性。他们是否了解物种多样性的价值以及保护物种多样性的必要性。

（3）环境保护的基本原理：评价大学生是否了解环境保护的基本原理，如可持续发展、生态修复等。他们是否了解这些原理在环境保护中的实际应用。

3. 行为习惯

大学生的行为习惯直接影响到他们的生态道德实践。对于大学生在日常生活中是否注重生态道德，学校应从以下几个方面进行评价。

（1）节约用水：评价大学生在日常生活中是否注意节约用水。他们是否在用水时注意关闭水龙头，避免长时间放水，以减少水资源的浪费。

（2）节约用电：评价大学生在日常生活中是否注意节约用电。他们是否在不需要时关闭电器，如电脑、手机等，以减少电能的浪费。

（3）减少一次性用品的使用：评价大学生是否注意减少一次性用品的使用。他们是否尽可能地使用可重复使用的物品，如购物袋、水杯等，以减少对环境的污染。

（4）积极参与环保活动：评价大学生是否积极参与环保活动，如植树造林、垃圾分类等。他们是否愿意为此付出时间、精力，并为此做出贡献。

4. 价值观念

价值观念是决定大学生生态道德实践的关键因素。对于大学生是否具有生态道德观念，学校应从以下几个方面进行评价。

（1）人类与自然和谐相处：评价大学生是否认识到人类与自然和谐相处的重要性。他们是否理解到人类的发展必须与自然的持续和谐为前提，是否有意识地在自己的行为中贯彻这一原则。

（2）尊重自然、保护环境：评价大学生是否具有尊重自然、保护环境的意识。他们是否认识到自然环境的重要性，是否有意识地采取行动来保护环境，并在面对环境问题时采取积极的态度和行动。

## （二）评价方法

### 1. 问卷调查

问卷调查是一种常用的评价方法，通过制作问卷，设置问题，了解被评价者的生态道德状况。在针对大学生生态道德评价时，问卷调查可以包括诸如对生态环境的态度、对环保行为的支持程度、对生态道德规范的认识等方面的问题。

问卷调查可以采用多种题型，如选择题、判断题、填空题等，以便全面了解大学生在生态道德方面的认知和行为表现。此外，为了提高问卷的可靠性和有效性，问卷调查需要确保问题的清晰明了，避免歧义和误解。

### 2. 观察法

观察法是通过观察大学生的日常生活和学习中的实际表现，了解其生态道德状况的一种方法。这种方法可以观察到大学生在非测试环境下的真实行为和态度，能够更准确地反映其生态道德水平。

在观察过程中，观察者可以通过观察大学生的行为表现、对环境的态度和对待环保行动的积极性等方面进行评价。同时，观察者还可以记录下大学生在日常生活中与生态环境相关的活动，如垃圾分类、节约用水等，以更全面地了解其生态道德状况。

### 3. 访谈法

访谈法是通过与大学生进行面对面的交流，深入了解他们对生态道德的认识和态度的一种方法。这种方法可以通过开放性问题，引导大学生表达自己对生态道德的理解和看法，同时也可以了解他们在面对生态环境问题时的情感和动机。

在访谈过程中，访谈者可以设置一些开放性问题，如对生态环境的看法、对环保行动的感受等，以便大学生能够充分表达自己的观点和感受。此外，访谈者还可以通过追问和引导，深入了解大学生在生态道德方面的内心世界和价值观。

### 4. 综合评价方法

综合评价方法是将多种评价方法结合起来，以全面了解大学生的生态道德状况。这种方法可以包括问卷调查、观察法和访谈法等多种方法，以便从多个角度了解大学生的生态道德状况。

综合评价方法可以根据实际情况进行组合和调整，如可以先进行问卷调查了解大体的生态道德状况，然后再通过观察法和访谈法深入了解具体的情况。同时，综合评价方法还可以根据评价目的和要求进行优化和改进，以更准确地反映大学生的生态道德水平。

5. 量化评价与质性评价结合

量化评价是通过数量化的方式对大学生的生态道德状况进行评价的一种方法。这种方法可以通过统计和分析问卷调查的结果、观察记录的数据等进行评价。量化评价具有客观性和可比较性强的特点，可以用来衡量大学生在生态道德方面的普遍水平和趋势。

质性评价是通过分析和描述的方式对大学生的生态道德状况进行评价的一种方法。这种方法可以通过对观察记录的整理、对访谈内容的整理和分析等进行评价。质性评价具有具体性和深入性的特点，可以用来详细描述大学生在生态道德方面的具体表现和态度。

评价大学生的生态道德状况，可以将量化评价和质性评价结合起来，以更全面地了解其生态道德状况，例如，可以通过统计和分析问卷调查的结果来了解大学生在生态道德方面的普遍水平和趋势，同时也可以通过观察法和访谈法深入了解个别大学生在生态道德方面的具体表现和态度，此外，还可以将量化评价和质性评价的结果进行比较和分析，以更准确地了解大学生生态道德的真实状况和发展趋势。

## 二、大学生生态道德的提升策略

### （一）加强生态道德教育

1. 增强生态道德意识

生态道德教育的主要目标是增强大学生的生态道德意识，使他们能够认识到人类与自然环境之间的相互关系，理解保护环境和生态系统的必要性，以及遵循生态道德规范的重要性。通过生态道德教育，大学生可以了解生态系统的基本原理和生态平衡的概念，认识到人类活动对自然环境的影响，以及如何采取积极行动来保护环境。

2. 培养环保行为习惯

生态道德教育不仅需要让大学生认识到环保的重要性，更重要的是培养他们良好的环保行为习惯。通过教育引导，大学生可以形成对环保行为的积极态度和正确价值观，从而自觉地采取环保行为。例如，学校可以引导大学生养成垃圾分类，节约用水和能源，减少使用一次性塑料制品等的习惯。

3. 推广生态道德观念

高校可以发挥大学生的作用，通过他们向更广泛的人群传播生态道德观念和环保意识。大学生可以参与环保社团、志愿者组织等，通过实践活动向社会推广生态道德观念和环保知识。同时，高校也可以组织各种形式的环保竞赛和活动，鼓励大学生发挥创意和实践能力，为环保事业贡献力量。

### 4. 强化生态道德教育内容

为了提高生态道德教育的效果，高校可以不断强化生态道德教育的内容和形式。首先，高校可以开设更加系统和全面的生态道德教育课程，将生态学、环境保护、可持续发展等内容融入教学之中。其次，高校可以邀请专家学者进行讲座和交流，让学生了解最新的环保理念和技术。此外，高校可以通过实践教育的方式，组织大学生参与环保实践活动，亲身体验和感受环保行动的意义和价值。

### 5. 建立生态道德教育评价体系

为了确保生态道德教育的质量和效果，高校可以建立相应的评价体系。该评价体系应该包括对大学生的生态道德观念、环保行为表现等方面的评价，以及对生态道德教育课程和活动的评价。通过评价结果的分析和反馈，高校可以及时发现并改进生态道德教育中存在的问题和不足之处，不断提高教育质量和效果。

## （二）培养良好的行为习惯

### 1. 制定相关规定和制度

制定相关规定和制度是培养大学生生态道德的重要措施。高校可以制定一系列规定和制度，鼓励大学生在日常生活中注重节约资源、减少污染，如节约用水、用电，减少一次性用品的使用等。这些规定和制度可以包括对生态环境的保护、垃圾分类、植树造林等方面的要求，以引导大学生在日常生活中养成环保的行为习惯。

### 2. 宣传教育

宣传教育是培养大学生生态道德的重要手段。高校可以通过课堂教育、校园广播、宣传栏、网络平台等多种渠道，向大学生普及生态环保知识，提高他们的环保意识和责任感。同时，高校可以通过举办环保主题的讲座、展览、演讲比赛等活动，让大学生更加深入地了解环保知识，培养他们的生态道德观念。

### 3. 实践体验

实践体验是培养大学生生态道德的重要途径。高校可以引导大学生积极参与环保活动，如植树造林、垃圾分类、环保志愿者活动等，让他们在实践中感受到环保的重要性，培养他们的环保意识和责任感。同时，高校可以组织大学生参观环保企业、生态保护区等，让他们亲身感受到生态环境对人类生存的重要性，进一步增强他们的生态道德观念。

### 4. 营造氛围

营造氛围是培养大学生生态道德的重要方法。高校可以通过校园文化建设、生态环境建设等多种手段，营造出浓厚的环保氛围，让大学生在潜移默化中受到影响。例如，高校可以在校园内设置环保标语、垃圾分类标识等，让大学生时刻感受到环保的重要性；

可以在校园内建设花园、草坪等生态环境，让大学生感受到大自然的美好；可以在校园内开展绿色出行、低碳生活等活动，让大学生养成环保的生活方式。

5. 强化监督

强化监督是培养大学生生态道德的重要保障。高校可以建立完善的监督机制，对大学生的行为进行监督和约束，确保他们能够遵守相关规定和制度，例如：可以设置垃圾分类督导员、用电用水管理员等职位，对大学生的行为进行监督和管理；可以定期开展环保巡查活动，对大学生的环保行为进行检查和评估；可以建立奖惩机制，对表现优秀的大学生给予奖励和表彰，对违反规定的行为进行批评和惩罚。通过强化监督机制，高校可以让大学生更加自觉地遵守相关规定和制度，养成良好的行为习惯。

（三）发挥社会实践的作用

社会实践是提升大学生生态道德的重要途径之一。通过参与环保实践活动，大学生可以亲身感受到环境保护的重要性，增强环保意识和责任感。下面将探讨社会实践对大学生生态道德的提升作用及其途径。

1. 组织环保实践活动

组织环保实践活动是提升大学生生态道德的重要途径之一。通过参与环保实践活动，大学生可以亲身感受到环境保护的重要性，增强环保意识和责任感。因此，高校应该积极组织各种形式的环保实践活动，如义务清理河道、参与空气质量监测等，让大学生在实践中学习生态知识、培养环保意识、提升生态道德水平。

2. 邀请环保专家和学者进行讲座和交流

邀请环保专家和学者来校进行讲座和交流也是提升大学生生态道德的重要途径之一。通过听取环保专家和学者的讲座和交流，大学生可以了解到最新的环保动态和研究成果，拓展环保视野和知识面。同时，与专家和学者的交流也可以激发大学生的环保热情和创造力，提高他们的环保意识和责任感。

3. 拓展大学生的环保视野和知识面

除了组织环保实践活动、邀请环保专家和学者进行讲座、交流之外，高校还可以通过其他途径来拓展大学生的环保视野和知识面，例如，可以组织大学生参观环保展览、观看环保影片等活动，让他们了解到更多的环保知识和案例。同时，还可以鼓励大学生参加各种形式的环保比赛和活动，如"地球一小时"等活动，让他们在参与中学习生态知识、培养环保意识、提升生态道德水平。

4. 发挥社会实践的长期作用

社会实践对大学生生态道德的提升作用是长期的。通过参与环保实践活动和拓展环保视野和知识面，大学生的环保意识和责任感得到了提高。然而，生态道德的提升不是一蹴而就的，需要长期的积累和坚持。因此，高校应该将社会实践纳入到大学生培养方案中，建立长效机制，让大学生能够持续参与到环保实践活动中来，同时，还可以通过建立社会实践基地、与地方政府合作等方式来拓展社会实践的领域和深度，让大学生在实践中更好地提升生态道德水平。

### （四）营造良好的校园文化氛围

#### 1. 营造良好的校园文化氛围的重要性

营造良好的校园文化氛围是提升大学生生态道德的重要措施之一。校园文化是高校教育的重要组成部分，它不仅影响着大学生的思想观念和行为方式，还对他们的生态道德素质有着深远的影响。良好的校园文化氛围可以引导大学生树立正确的生态观念，增强他们的环保意识和责任感，促进他们积极参与环境保护活动。

#### 2. 建设绿色校园

建设绿色校园是营造良好校园文化氛围的重要手段之一。高校可以加强校园绿化建设，提高校园环境的绿化率和美化度，让大学生在清新、优美的环境中学习、生活，同时，可以加强校园水资源的管理和保护，推广节能减排的绿色生活方式，让大学生在实践中学习生态知识、培养环保意识、提升生态道德水平。

#### 3. 加强校园环境管理

加强校园环境管理也是营造良好校园文化氛围的重要手段之一。高校可以建立健全的校园环境管理制度，加强校园环境的卫生整治和环保监管，让大学生在整洁、卫生的环境中生活和学习，同时，可以加强对校园内各种环保设施的维护和管理，提高环保设施的使用效率，为大学生提供更加便捷的环保服务。

#### 4. 组织宣传环保理念的活动

组织各种形式的文艺演出、知识竞赛等宣传环保理念的活动，也是营造良好校园文化氛围的有效途径之一。通过这些活动，高校可以让大学生更加深入地了解环保知识，增强他们的环保意识和责任感，例如，可以组织环保主题的演讲比赛、摄影比赛、文艺演出等活动，让大学生在参与中学习生态知识、培养环保意识、提升生态道德水平。

#### 5. 发挥教师和学生的作用

教师和学生是高校中最重要的人力资源，他们对于营造良好的校园文化氛围有着至关重要的作用。教师可以通过课堂教学、科研实践等方式来引导学生树立正确的生态观念，培养他们的环保意识和责任感。同时，学生也可以通过参与各种环保活动、组建环保社团等方式来积极宣传环保理念、推动校园环保事业的发展。

# 第四章 大学生生态文明教育课程设计

## 第一节 生态文明教育课程的设计原则

### 一、全面性原则

生态文明教育是当前社会关注的热点之一，其目的是培养人们的生态文明意识，促进人类与自然环境的和谐发展。然而，生态文明教育在实践过程中面临着许多挑战，其中之一就是如何全面地涵盖生态文明教育的各个方面。

#### （一）生态知识是基础

生态知识是生态文明教育的基础，它包括自然环境的基本规律和特点，生态系统中各要素之间的关系，以及人类活动对环境的影响等方面的知识。在生态文明教育中，应该注重生态知识的传授，让学生了解自然环境的本质和特点，掌握生态系统中各要素之间的相互关系和影响，以及人类活动对环境的影响和后果。

为了更好地传授生态知识，学校应该加强生态学相关课程的建设，完善教材内容，注重理论与实践相结合，让学生通过实际案例和实践操作来加深对生态知识的理解和掌握。同时，还可以通过开展各种形式的科普活动、讲座、展览等，让学生更加深入地了解生态知识，提高他们的环保意识和素养。

#### （二）环保技能是关键

环保技能是生态文明教育的关键，它包括如何保护环境、改善生态的实践技能，以及如何提高资源利用效率、减少环境污染的技能等。生态文明教育应该注重环保技能的培养，让学生掌握实践操作技能，使他们能够在日常生活中实现环保行为，提高他们的环保意识和素养。

为了更好地培养学生的环保技能，学校应该加强实验和实践课程的建设，提供更多的实践机会和实践场所，让学生通过实际操作来掌握环保技能，同时，还可以通过开展各种形式的实践活动、志愿者活动等，让学生更加深入地了解环保技能的应用和实践意义。

### （三）价值观是核心

价值观是生态文明教育的核心，它包括尊重自然、保护环境、节约资源等方面的价值观。生态文明教育应该注重价值观的培养，让学生树立正确的生态观念和环保意识，形成尊重自然、保护环境的价值观。

为了更好地培养学生的价值观，学校应该在课程设置中注重价值观教育的内容，通过课堂教学、主题班会、德育等多种形式，引导学生树立正确的生态观念和环保意识，同时，还可以通过开展各种形式的宣传活动、志愿服务活动等，让学生更加深入地了解价值观的内涵和实践意义。

## 二、实践性原则

实践性原则在生态文明教育课程中扮演着至关重要的角色。它强调学生通过实践操作和体验学习，掌握生态知识和环保技能，从而能够更好地应对现实生活中的环境问题。

### （一）实践操作是掌握知识的关键

实践操作是生态文明教育课程中掌握生态知识的重要手段。通过实地考察、实验操作、项目实施等实践方式，学生可以深入了解自然环境和生态系统的运作机制，掌握生态知识中的核心内容。例如，通过参与植被调查、水质监测等实践活动，学生可以深刻理解生态系统中的生物多样性、生态平衡等概念，并能够运用所学知识解决实际问题。

### （二）实践操作提高技能应用能力

实践操作是生态文明教育课程中培养学生环保技能的重要途径。学生可以通过实践操作能够深入了解环保技能的实际应用，提高解决实际环境问题的能力。例如，学生可以通过参与环保志愿活动、垃圾分类等实践活动，锻炼自己的环保技能，提高解决环境问题的能力。同时，实践操作还可以增强学生的感性认识和理性思考，激发他们的学习兴趣和创造力。

### （三）实践操作增强学生的责任感和参与意识

实践操作是生态文明教育课程中增强学生责任感和参与意识的重要手段。通过参与实践活动，学生可以深入了解环境保护的重要性，认识到自己在环境保护中的责任和使命。同时，实践操作还可以培养学生的参与意识，让他们意识到自己可以通过实际行动参与到环境保护中来。例如，通过参与环保宣传活动、公益募捐等实践活动，学生可以增强自己的环保意识和责任感。

### 三、互动性原则

互动性原则在生态文明教育课程中的重要性不容忽视。它鼓励学生参与课堂讨论和小组合作，增强师生之间的互动和学生的团队合作能力，从而在轻松愉快的氛围中学习知识、提高技能、发展能力。

（一）互动性原则可以激发学生的学习兴趣和积极性

通过课堂讨论和小组合作，学生可以在生态文明教育课程中发挥自己的主观能动性，积极参与课堂互动。这种互动性可以激发学生的学习兴趣和积极性，让他们更加主动地参与到学习中来。同时，互动性原则还可以促进学生的思考和交流，让他们在互相探讨中不断拓展自己的思路和视野。

（二）互动性原则可以培养学生的团队合作和沟通能力

小组合作是互动性原则的一个重要体现，它可以让学生在小组中扮演不同的角色，共同完成一项任务。通过小组合作，学生可以学会如何与他人合作、如何沟通协调，从而培养出团队合作和沟通能力。同时，小组合作还可以增强学生的集体意识和协作精神，让他们在团队合作中感受到集体的力量和协作的重要性。

（三）互动性原则可以促进师生之间的交流和互动

在生态文明教育课程中，师生之间的交流和互动是至关重要的。通过课堂讨论和小组合作，教师可以更好地了解学生的需求和问题，从而有针对性地开展教学工作。同时，师生之间的互动还可以增强学生与教师之间的信任和感情，让学生更加愿意参与到学习中来。

（四）互动性原则可以提高学生的思考能力和创新能力

课堂讨论可以鼓励学生发表自己的观点和看法，让他们在互相交流中拓展自己的思维空间。同时，小组合作也可以让学生在团队中发挥自己的特长和创新能力，从而不断探索新的思路和方法。这些都可以提高学生的思考能力和创新能力，让他们在未来的学习和工作中更加具备创新意识和创新能力。

### 四、创新性原则

创新性原则在生态文明教育课程中扮演着至关重要的角色。随着社会的不断发展和进步，传统的教学方法已经无法满足现代教育的需求。因此，引入新的教学方法和手段，如案例分析、角色扮演、互动游戏等，可以激发学生的学习兴趣和创造力，提高他们的学习效果和理解能力，同时还可以促进学生的思考和创新，激发他们的创造力和想象力。

（一）创新性原则可以激发学生的学习兴趣和创造力

在生态文明教育课程中，引入新的教学方法和手段可以让学生更加深入地了解生态文明的相关知识。例如，通过案例分析，学生可以更加清晰地了解生态文明在不同领域的应用和实践，从而更加深入地理解生态文明的意义和价值。同时，角色扮演和互动游戏等方法也可以让学生更加积极地参与到学习中来，激发他们的学习兴趣和创造力。

（二）创新性原则可以提高学生的学习效果和理解能力

新的教学方法和手段可以让学生更加生动、形象地了解生态文明的相关知识。例如，通过互动游戏，学生可以更加深入地了解生态文明的内涵和意义，从而更加深入地理解生态文明的重要性。同时，角色扮演和案例分析等方法也可以让学生更加清晰地了解生态文明在不同领域的应用和实践，从而提高他们的学习效果和理解能力。

（三）创新性原则可以促进学生的思考和创新

新的教学方法和手段可以让学生更加主动地参与到学习中来，促进他们的思考和创新。例如，通过小组讨论和案例分析，学生可以更加深入地探讨生态文明的相关问题、总结实践经验，从而更加深入地思考生态文明的未来发展方向和实践路径。同时，角色扮演和互动游戏等方法也可以让学生在游戏中体验到生态文明的内涵和意义，从而激发他们的创造力和想象力。

（四）创新性原则可以培养学生的综合素质和能力水平

新的教学方法和手段可以让学生在学习的过程中更加积极主动，提高他们的综合素质和能力水平。例如，通过小组讨论和角色扮演等方法，学生可以学会如何与他人合作、如何沟通协调，从而培养出团队合作和沟通能力。同时，通过案例分析和互动游戏等方法，学生也可以培养出独立思考和创新的能力，从而更好地应对未来的学习和工作挑战。

## 五、综合性原则

综合性原则在生态文明教育课程中扮演着至关重要的角色。生态文明教育不仅涉及环境科学，还涉及社会科学、人文科学等多个领域。因此，生态文明教育课程应该结合多种学科知识，以培养学生的综合素质和全面发展。

（一）综合性原则可以让学生更加全面、系统地了解生态文明的相关知识

生态文明教育课程应该结合多种学科知识，包括环境科学、社会科学、人文科学等。环境科学是生态文明教育的基础学科，学习环境科学可以让学生了解自然环境的规律和特点；社会科学是生态文明教育的应用学科，学习社会科学可以让学生掌握社会发展的规律和特点；人文科学是生态文明教育的拓展学科，学习人文科学可以让学生了解人类

文化的传承和发展。综合性原则的实施，可以让学生在学习过程中更加全面、系统地了解生态文明的相关知识，提高他们的综合素质和能力水平。

（二）综合性原则可以培养学生的综合素质和全面发展

生态文明教育课程应该注重培养学生的综合素质和全面发展。通过结合多种学科知识，学生可以在学习过程中更加全面地了解生态文明的相关知识，从而培养出学生的综合素质和能力水平。例如，通过环境科学的学习，学生可以了解自然环境的规律和特点，培养出环保意识和环保能力；通过社会科学的学习，学生可以掌握社会发展的规律和特点，培养出社会责任感和参与社会实践的能力；通过人文科学的学习，学生可以了解人类文化的传承和发展，培养出文化自觉和文化认同感。

（三）综合性原则可以提高教师的教学水平和教学质量

综合性原则的实施也对教师提出了更高的要求。教师需要具备跨学科的知识和综合能力，能够将多种学科知识融合在一起，引导学生进行全面、系统的学习。同时，教师还需要不断更新自己的知识储备和教学方法，以适应不断变化的社会需求和学生需求。通过综合性原则的实施，教师可以提高教学水平和教学质量，从而更好地满足学生的学习需求和社会需求。

# 第二节　生态文明教育课程的实施与评估

## 一、生态文明教育课程的实施

生态文明教育课程的实施是培养学生环保意识和综合素质的关键环节。为了提高教学效果和质量，需要采取多种教学方式，包括课堂教学、实践教学、网络教学等。

（一）课堂教学

课堂教学是生态文明教育课程的主要教学方式之一。在课堂教学中，教师可以通过讲授、课堂讨论、案例分析等方式，让学生了解生态文明的相关知识，掌握环保技能和价值观。

1. 讲授

讲授是课堂教学的基本方式之一。教师可以通过深入浅出的方式，将复杂的生态文明知识传授给学生。在讲授过程中，教师应该注重启发式教学，引导学生主动思考和探索问题，培养学生的创新能力和综合素质。

### 2. 课堂讨论

课堂讨论是促进学生学习和思考的重要方式之一。教师可以组织学生进行课堂讨论，围绕某一主题展开讨论，让学生发表自己的观点和看法，培养学生的语言表达和交流能力。

### 3. 案例分析

案例分析是帮助学生将理论知识应用于实践的重要方式之一。教师可以选取典型的生态环境案例，让学生进行分析和讨论，引导学生找出解决方案，培养学生的实践能力和环保意识。

## （二）实践教学

实践教学是生态文明教育课程的重要教学方式之一。通过实地考察、实验操作、社会实践等方式，教师可以让学生亲身感受生态环境的问题和解决方案，培养学生的实践能力和环保意识。

### 1. 实地考察

实地考察是让学生亲身感受生态环境问题的重要方式之一。教师可以组织学生前往环保企业、生态保护区等进行实地考察，让学生了解环保工作的实际运作和管理方法。

### 2. 实验操作

实验操作是帮助学生掌握环保技能的重要方式之一。教师可以安排学生进行实验操作，如环境监测、污染治理等实验，让学生通过实验掌握环保技能和理论知识。

### 3. 社会实践

社会实践是让学生将理论知识应用于实践的重要方式之一。教师可以组织学生进行社会实践，如环保志愿者活动、生态保护宣传等，让学生通过实践增强环保意识和综合素质。

## （三）网络教学

网络教学是生态文明教育课程的辅助教学方式之一。通过在线课程、网络资源、社交媒体等方式，教师可以让学生随时随地学习生态文明的相关知识，增强学生的学习体验和自主学习能力。

### 1. 在线课程

在线课程是一种方便快捷的学习方式。教师可以制作在线课程，将生态文明知识以视频、音频、图片等形式呈现给学生。学生可以通过在线课程随时随地学习生态文明知识，提高学习效果和质量。

2. 网络资源

网络资源是一种丰富多样的学习方式。教师可以提供一些有关生态文明的网站、论坛等资源链接，让学生自主选择学习内容和学习方式，同时，也可以鼓励学生利用网络资源进行自主学习和研究。

3. 社交媒体

社交媒体是一种互动交流的学习方式。教师可以利用社交媒体平台（如微信、微博等）与学生进行互动交流，及时回答学生的问题并给予指导和帮助，同时也可以分享一些有关生态文明的知识和资讯，让学生了解最新的发展动态和趋势，从而更好地进行自主学习和研究。

## 二、生态文明教育课程的教学内容

生态文明教育课程的教学内容是培养学生环保意识和综合素质的关键环节。为了达到教学目标和大纲要求，教学内容应该根据学生的实际情况和学科特点进行选择和安排，包括生态知识、环保技能、价值观等方面的内容。

### （一）生态知识

生态知识是生态文明教育课程的基础内容之一。教师应该介绍自然环境的规律和特点，包括生态系统、气候变化、生物多样性等方面的知识，让学生了解生态环境的结构和功能，认识到生态环境的重要性。

1. 生态系统

生态系统是自然环境的基本单位，包括生物群落和无机环境。教师应该让学生了解生态系统的组成、结构和功能，理解生态系统内部各要素之间的相互关系和影响。

2. 气候变化

气候变化是当前全球环境面临的重要问题之一。教师应该让学生了解气候变化的背景、原因和影响，了解全球气候变化的趋势和应对措施。

3. 生物多样性

生物多样性是地球上所有生命存在的基础。教师应该让学生了解生物多样性的概念、组成和价值，使学生理解生物多样性保护的重要性和措施。

### （二）环保技能

环保技能是生态文明教育课程的重要内容之一。教师应该教授学生环保技能和方法，包括节能减排、垃圾分类、水资源保护等方面的技能，让学生掌握环保的基本方法和实际操作技能。

1. 节能减排

节能减排是环境保护的重要措施之一。教师应该让学生了解节能减排的意义和方法，掌握节能减排的实践技能，如能源节约、减少废弃物等。

2. 垃圾分类

垃圾分类是环境保护的重要环节之一。教师应该让学生了解垃圾分类的意义和方法，掌握垃圾分类的实践技能，如垃圾分类投放、废品回收等。

3. 水资源保护

水资源是地球上宝贵的资源之一，水资源保护是环境保护的重要内容之一。教师应该让学生了解水资源保护的意义和方法，掌握水资源保护的实践技能，如节约用水、水污染防治等方面的技能。

（三）价值观

价值观是生态文明教育课程的灵魂内容之一。教师应该培养学生的环保意识和价值观，让学生认识到人类与自然的关系，树立可持续发展的理念和环保意识。

1. 人与自然的关系

人类与自然是相互依存的关系，人类应该尊重自然、保护自然。教师应该让学生认识到人类与自然的关系，理解可持续发展的理念，树立人与自然和谐相处的意识。

2. 环保意识

环保意识是人们对环境保护的认识和觉悟。教师应该培养学生的环保意识，让学生认识到环境保护的重要性，自觉地参与到环境保护中来。

3. 可持续发展理念

可持续发展理念是当代社会的重要发展理念之一，强调经济、社会和环境的协调发展。教师应该让学生了解可持续发展的理念和原则、可持续发展的实践路径和方法，树立可持续发展的意识。

## 三、生态文明教育课程的反馈与改进

生态文明教育课程是培养学生环保意识和生态观念的重要途径。然而，在课程实施过程中，教师需要不断关注学生的学习情况，及时调整教学内容和方法，以提高教学质量和效果。下面将从教学评估、学生反馈、教学内容和方法、实践教学、持续改进等方面探讨生态文明教育课程的反馈与改进。

（一）教学评估

教学评估是了解学生学习情况、反馈教师教学效果的重要手段。在生态文明教育课程中，教师可以通过以下方式进行评估。

（1）考试成绩分析：通过对学生的考试成绩进行分析，了解学生对课程内容的掌握情况，找出学生的薄弱点和不足之处。

（2）平时作业：布置平时作业，了解学生对课程内容的理解和应用能力，及时发现学生的学习困难和问题。

（3）课堂表现：观察学生在课堂上的表现，了解学生对课程内容的兴趣和专注度，发现学生的学习特点和问题。

通过对教学评估结果进行分析，教师可以找出学生的薄弱点和不足之处，为后续的教学提供参考和改进方向。

## （二）学生反馈

学生反馈是了解学生对教学内容、教学方法的意见和建议的重要途径。在生态文明教育课程中，教师可以通过以下方式获取学生反馈。

（1）课堂提问：在课堂上提问学生，了解学生对课程内容的理解和掌握情况，收集学生的反馈意见和建议。

（2）课后交流：在课后与学生进行交流，了解学生对课程内容的兴趣和需求，收集学生的反馈意见和建议。

（3）学生评教：通过学生评教系统，了解学生对教师的教学态度、教学方法、教学效果等方面的评价，收集学生的反馈意见和建议。

根据学生反馈，教师可以了解学生的学习需求和困难，及时调整教学内容和方法，提高教学质量和效果。

## （三）教学内容和方法

教学内容和方法是影响教学质量和效果的关键因素。在生态文明教育课程中，教师应该注重以下几点。

（1）注重实效性：教学内容应该紧密结合实际，注重实效性，让学生了解生态文明建设的实际问题和解决方案。

（2）注重针对性：教学内容应该针对学生的不同背景和需求进行设计，注重针对性，让学生能够更好地理解和应用课程内容。

（3）采用多种教学方法：如案例分析、互动式教学、探究式教学等，让学生更好地参与到课程中来，提高教学效果和质量。

（4）更新教学资源：如教材、课件、案例等，让学生能够接触到最新的生态文明建设信息和知识。

### （四）实践教学

实践教学是培养学生实践能力和环保意识的重要途径。在生态文明教育课程中，教师应该注重以下几点。

（1）提供实践机会：如实地考察、社会调查等，让学生亲身感受生态环境的问题和解决方案。

（2）设计实践内容：如环保项目设计、生态旅游规划等，让学生通过实践掌握课程内容和实践技能。

（3）加强实践指导：帮助学生解决实践中的问题和困难，提高学生的实践能力和解决问题的能力。

通过实践教学环节，教师可以让学生亲身感受生态环境的问题和解决方案，培养学生的实践能力和环保意识。

### （五）持续改进

持续改进是提高教学质量和效果的重要环节。在生态文明教育课程中，教师应该注重以下几点。

（1）开展教学研究：探索新的教学方法和手段，提高教学质量和效果。

（2）进行学术交流：了解最新的生态文明建设信息和知识，更新教学资源和方法。

# 第三节　生态文明教育课程的改革与创新

## 一、生态文明教育课程的改革

生态文明教育课程作为培养学生环保意识和综合素质的重要途径，需要不断进行改革和创新，以适应时代的发展和学生的需求。针对当前生态文明教育课程存在的问题和不足，学校可以从以下几个方面进行改革。

### （一）更新教学内容

随着社会的不断发展和技术的不断进步，传统的教学方法已经不能满足现代教学的需求。为了提高教学效果和学生的学习体验，学校需要引入新的教学方法和技术，以增强教学的趣味性和实效性。下面将探讨现代教学需要探索的一些新的教学方法。

1. 线上线下相结合的教学方式

线上线下相结合的教学方式是一种新兴的现代教学方式，它结合了传统课堂教学和在线教学的优势，通过互联网平台和数字化工具，为学生提供更加灵活、丰富、互动的学习体验。这种教学方式不仅可以满足不同学生的学习需求，提高教学效果，还可以促进师生之间的交流和互动，增强学生的学习动力和兴趣。

（1）线上线下相结合的教学方式的特点。

灵活的学习方式：线上线下相结合的教学方式可以让学生自主选择学习时间和地点，不受时间和空间的限制。学生可以在家中、学校、图书馆等任何地方进行学习，同时也可以根据自己的学习进度和需求进行个性化的学习和安排。

丰富的教学资源：通过互联网平台和数字化工具，教师可以发布各种形式的教学资源，如文本、图片、音频、视频等，让学生更加全面地了解课程内容和学习要点。同时，教师还可以为学生提供一些拓展性的学习资料和资源，如课外读物、研究论文、网站等，以拓宽学生的视野和知识面。

互动的教学过程：线上线下相结合的教学方式可以促进师生之间的交流和互动。在线上，教师可以利用网络平台进行在线测试、答疑解惑、讨论交流等活动，及时了解学生的学习情况和反馈，以便调整教学策略。在线下，教师可以组织学生进行案例分析、小组讨论、角色扮演等教学活动，激发学生的学习兴趣和参与度，提高教学效果。

个性化的学习体验：教师可以根据学生的学习特点和需求，采用不同的教学内容和方法，以满足学生的个性化需求。同时，教师还可以为学生提供一些针对性的学习建议和指导，帮助学生更好地掌握知识和技能。

（2）线上线下相结合的教学方式的实施步骤。

课程设计和准备：教师需要根据课程内容和学习目标进行课程设计和准备，包括确定教学内容、准备教学资源、制订教学计划等。在这个过程中，教师可以利用一些在线课程设计和开发工具，如 Course Builder、Blackboard 等，提高课程设计和准备的效率和质量。

发布教学资源：教师可以将课程资料、教学视频、案例分析等内容发布到互联网平台上，以便学生随时随地地进行学习。同时，教师还可以为学生提供一些拓展性的学习资料和资源，如课外读物、研究论文、网站等。

组织线下教学活动：教师可以根据学生的学习特点和需求，组织一些线下教学活动，如案例分析、小组讨论、角色扮演等。这些活动可以激发学生的学习兴趣和参与度，提高教学效果。

进行线上交流和互动：教师可以通过网络平台进行在线测试、答疑解惑、讨论交流等活动，及时了解学生的学习情况和反馈，以便调整教学策略。同时，教师还可以为学生提供一些针对性的学习建议和指导，帮助学生更好地掌握知识和技能。

评估和反馈：教师可以通过线上测试、线下考试等方式对学生的掌握情况进行评估和反馈。同时，教师还可以听取学生的意见和建议，及时调整教学策略和方法，以提高教学效果和质量。

（3）线上线下相结合的教学方式的优点。

提高教学效果：线上线下相结合的教学方式可以让学生更加全面地了解课程内容和学习要点，提高教学效果和质量。同时，这种教学方式还可以让学生更加主动地参与到教学中来，激发学生的学习兴趣和动力。

增强师生互动：线上线下相结合的教学方式可以促进师生之间的交流和互动。在线上，教师可以及时回答学生的问题、了解学生的学习情况；在线下，教师可以组织学生进行案例分析、小组讨论等教学活动，激发学生的学习兴趣和参与度。这种教学方式可以增强师生之间的信任感和默契度，有助于提高学生的学习效果和满意度。

适应不同学生的需求：线上线下相结合的教学方式可以满足不同学生的学习需求。在线上，学生可以根据自己的学习进度和需求进行个性化的学习；在线下，教师可以根据学生的学习特点和需求采用不同的教学内容和方法。这种教学方式可以更好地适应不同学生的需求和学习风格，提高学生的学习效果和兴趣。

2. 引入多元化的教学方式

引入多元化的教学方式可以为学生提供更加丰富、生动的学习体验，促进他们的全面发展。以下是一些可能适用的多元化教学方式。

（1）引入多元化的教学方式的意义。

适应不同学科和学生的需求：不同的学科和学生有不同的学习需求和学习风格，多元化的教学方式可以更好地适应不同学科和学生的需求，提高教学效果和质量。

增强学生的学习兴趣和动力：多元化的教学方式可以让学生更加主动地参与到教学中来，增强他们的学习兴趣和动力。同时，不同的教学方式可以刺激学生的不同感官和思维模式，促进他们的全面发展。

培养学生的创新思维和实践能力：多元化的教学方式可以引导学生自主探究和学习，促进他们的自主学习和独立思考能力的发展。同时，这些教学方式也可以培养学生的创新思维和实践能力，提高他们的综合素质和竞争力。

（2）如何引入多元化的教学方式。

根据学科和学生特点制订教学计划：教师在制订教学计划时应该充分考虑学科和学生特点，针对不同的学科和学生制订不同的教学计划和教学方法，例如，对于实践性较强的学科可以采用案例分析教学法或角色扮演教学法；对于理论性较强的学科可以采用小组讨论教学法或研究性学习教学法。

结合线上线下教学优势：多元化的教学方式可以结合线上线下教学的优势，以实现教学效果的最大化。例如，教师可以利用线上教学资源进行预习和复习，同时也可以利用线下教学资源进行实践教学和互动教学。

引入多种教学方法：教师可以根据教学内容和目标引入多种教学方法，以适应不同学生的学习需求和学习风格，例如，可以采用案例分析教学法、小组讨论教学法、角色扮演教学法、研究性学习教学法等多种教学方法相结合的方式进行教学。

增强实践教学环节：教师可以根据学科特点和学生需求增强实践教学环节，让学生更加深入地了解知识的实际应用场景和应用方式，例如，可以组织学生进行实地考察、实习、实验等活动，以提高他们的实践能力和综合素质。

引导学生自主学习和独立思考：教师可以引导学生自主学习和独立思考，以提高他们的自主学习能力和独立思考能力，例如，可以为学生提供一些拓展性的学习资料和资源，鼓励他们自主探究和学习，同时，也可以为他们提供一些具有挑战性和实际意义的研究课题或项目，让他们自主进行探究和学习。

（3）多元化教学方式的实施步骤。

确定教学目标：教师需要根据学科和学生特点确定教学目标，包括知识目标、能力目标、情感目标等。

设计教学方式：教师需要根据教学目标和教学内容设计教学方式，包括线上线下教学资源的准备、实践教学环节的组织、教学方法的选择等。

实施教学计划：教师需要根据教学计划进行实际教学，包括预习、复习、实践教学、互动教学等环节。

评估教学效果：教师需要对教学效果进行评估和反馈，包括学生掌握情况、教学质量、教学方法的有效性等。同时，教师也应该听取学生的意见和建议，及时调整教学策略和方法，以提高教学效果和质量。

总结反思：教师需要对教学过程进行总结反思，包括总结经验教训、改进教学方法、优化教学资源等。同时，教师也应该关注学科前沿和发展趋势，不断更新教学内容和教学方法，以适应时代发展的需要。

3. 注重学生的个体差异

注重学生的个体差异是教育教学的重要原则之一。每个学生都有其独特的背景、能力、兴趣和需求，教师在教学过程中应该充分了解和尊重学生的个体差异，采取个性化的教学方式和方法，以促进每个学生都能在最适合自己的环境中获得最大的发展。

学生的个体差异包括学习基础、学习能力、学习兴趣、学习风格等方面的差异。教师在教学过程中应该关注学生的个体差异，了解每个学生的特点和需求，根据学生的实际情况制订个性化的教学计划和教学方法。

针对学生的个体差异，教师可以采用个性化的教学方式和方法。例如，对于学习基础较差的学生，教师可以采用更为简单易懂的教学内容和方法，注重基础知识的掌握和巩固，帮助他们建立学习的信心和兴趣。对于学习基础较好的学生，教师可以引入更为深入和复杂的内容和方法，注重培养学生的思维能力和创新能力，激发他们的学习热情和动力。

除了个性化的教学方式和方法外，教师还可以根据学生的兴趣爱好和特长设计一些具有针对性的教学活动和任务。这些教学活动和任务应该与学生的实际生活联系紧密，具有趣味性和挑战性，能够激发学生的学习热情和动力。例如，对于喜欢音乐的学生，教师可以设计一些与音乐相关的活动和任务，例如听音乐写作文、创作自己的音乐作品等。对于喜欢运动的学生，教师可以设计一些与运动相关的活动和任务，例如组织体育比赛、制订健身计划等。

4. 加强实践教学

实践教学是高等教育中非常重要的一部分，它是培养学生实际应用能力和动手能力的重要途径。通过实践教学，学生可以亲身体验知识的实际应用场景，将理论知识转化为实践操作，从而更好地理解和掌握所学知识。同时，实践教学还可以培养学生的团队协作能力和创新意识，提高学生的综合素质。因此，教师在教学过程中应该注重实践教学的重要性，采取多种途径加强实践教学。

（1）设计具有实际意义的实验、实训、课程设计等活动。

实践教学的一个重要环节是实验、实训和课程设计等活动。这些活动可以帮助学生将理论知识应用于实际，提高他们的实际操作能力。因此，教师应该在课程设计中注重实际应用场景的模拟，设计一些具有实际意义和价值的实验和实训项目。例如，教师可以引入一些企业或行业的真实案例，让学生进行分析和解决，这样既可以让学生更好地理解和掌握知识，又可以提高他们的实际应用能力。

（2）加强校企合作，为学生提供真实的实践环境。

校企合作是一种非常有效的实践教学途径。通过校企合作，学生可以在企业或行业中亲身体验知识的实际应用场景，了解企业和行业的需求和发展趋势，从而更好地将理论知识应用到实践中。同时，校企合作还可以为学生提供更为真实的实践环境和机会，让他们更好地了解企业和行业的运作模式和流程，提高他们的实际操作能力和综合素质。

（3）加强校外实习基地建设，为学生提供更为全面的实践机会。

校外实习基地是实践教学的重要组成部分。通过校外实习基地的建设，学生可以深入企业和行业中，了解企业和行业的运作模式和流程，掌握实际操作技能。因此，教师应该积极联系企业和行业，建立校外实习基地，为学生提供更为全面的实践机会。同时，教师还应该与企业或行业中的专业人士保持密切联系，邀请他们来学校进行讲座或培训，让学生更好地了解企业和行业的最新动态和需求。

（4）注重实践教学的综合性和创新性。

实践教学不仅仅是简单的操作和技能训练，更重要的是培养学生的创新意识和综合能力。因此，教师在实践教学中应该注重综合性和创新性的培养。例如，教师可以引入一些综合性实验或课程设计项目，让学生进行自由发挥和创新尝试；教师可以引导学生进行自主探究和实践，激发他们的学习兴趣和创新意识；教师还可以组织一些创新性的实践活动或竞赛，让学生进行团队合作和创新实践。

（5）加强实践教学的评估和反馈机制。

实践教学的评估和反馈机制是提高实践教学质量的重要保障。教师应该建立完善的评估和反馈机制，对实践教学进行全程监控和管理。例如，教师可以制定实验、实训和课程设计的标准和规范，明确评估方法和标准；教师可以组织学生进行实践教学的反馈和评价，听取学生的意见和建议；教师还可以定期对实践教学进行总结和分析，发现问题并及时进行改进和完善。

5. 加强情感教育

情感教育在现代教学体系中扮演着越来越重要的角色。它不仅是一种教学方法，更是一种教育理念。情感教育强调在教学过程中关注学生的情感、态度和价值观，帮助学生建立积极的学习态度和健康的人格。

（1）情感教育的重要性。

增强学生学习动力：情感教育能够有效地增强学生的学习动力。当学生感到受到尊重、关心和信任时，他们会更加积极地投入到学习中去，更加愿意接受教师的指导和建议。良好的情感关系可以激发学生的学习兴趣和动力，使他们更加主动地参与到学习中来。

培养学生健康人格：情感教育有助于培养学生健康的人格。在情感教育的过程中，教师关注学生的情感需求，帮助他们建立积极的人际关系，提高他们的自信心和自尊心。这种关注和支持有助于学生形成积极向上的心态和健康的情感，为他们的未来发展打下坚实的基础。

促进师生互动与合作：情感教育有助于建立良好的师生互动和合作关系。当教师与学生之间建立了信任和尊重的关系时，学生更愿意与教师进行沟通和合作。这种互动和合作有助于提高教学效果，同时也有利于学生的全面发展和教师的专业成长。

（2）加强情感教育的策略。

关心学生的生活和学习情况：教师可以通过关心学生的生活和学习情况来建立良好的师生关系。了解学生的家庭背景、兴趣爱好和学习困难等，有助于教师更好地理解学生，为他们提供更有针对性的教学支持。同时，教师还可以通过了解学生的生活习惯和生活方式，帮助他们更好地适应学校生活。

及时给予反馈和帮助：在教学过程中，教师需要及时给予学生反馈和帮助。当学生取得进步时，教师应该及时给予肯定和鼓励，帮助他们树立自信心和积极性。当学生遇到困难时，教师应该及时给予指导和帮助，让他们感受到教师的关心和支持。这种及时的反馈和帮助有助于提高学生的学习效果和自信心。

尊重学生的个性和差异：每个学生都是独一无二的个体，他们有着不同的兴趣、爱好和学习能力。在情感教育中，教师需要尊重学生的个性和差异，因材施教，帮助他们发挥自己的优势和潜力。对于不同类型的学生，教师需要采用不同的教学方法和策略，以满足他们的学习需求和期望。

鼓励学生勇于尝试和创新：情感教育应该鼓励学生勇于尝试和创新。在教学过程中，教师可以设置一些开放性的任务和问题，让学生自主探索和解决。同时，教师还可以引导学生发现问题、提出问题和解决问题，培养他们的创新意识和实践能力。这种鼓励和引导有助于激发学生的学习兴趣和创新精神，为他们的未来发展奠定坚实的基础。

帮助学生树立正确的人生观和价值观：情感教育应该帮助学生树立正确的人生观和价值观。在教学过程中，教师可以引入一些具有启发性的案例和故事，让学生了解积极向上的人生态度和价值观的重要性。同时，教师还可以引导学生思考自己的未来发展和人生目标，帮助他们树立正确的人生观和价值观。这种引导和教育有助于学生形成积极向上的人生态度和健康的人格，为他们的未来发展打下坚实的基础。

## （二）探索新的教学方法

### 1. 案例分析教学法

案例分析教学法是一种以实际案例为基础的教学方法，通过引导学生对案例进行分析和研究，培养学生的实际操作能力和问题解决能力。在生态文明教育中，教师可以选取具有代表性的生态保护案例，让学生了解生态保护的重要性和方法措施，并通过案例分析培养学生的思维能力和实践能力。

### 2. 小组讨论教学法

小组讨论教学法是一种以小组为单位的教学方法，通过小组内的讨论和交流，激发学生的学习兴趣和参与度，培养学生的合作精神和沟通能力。在生态文明教育中，教师可以组织学生进行小组讨论，让学生自由发表意见和看法，互相交流学习心得和经验，促进知识的吸收和共享。

### 3. 角色扮演教学法

角色扮演教学法是一种以角色扮演为主要形式的教学方法，通过让学生扮演不同的角色，体验不同情境下的情感和行为，培养学生的实际操作能力和人际交往能力。在生态文明教育中，教师可以设置不同的生态保护场景，让学生扮演不同的角色，如政府官员、企业家、环保志愿者等，通过角色扮演让学生了解不同立场下的生态保护措施和合作方式，培养学生的综合思维能力和实际操作能力。

探索新的教学方法是提高生态文明教育实效性和趣味性的重要途径。采用线上线下相结合的教学方式、案例分析教学法、小组讨论教学法和角色扮演教学法等新的教学方法和技术，可以将生态文明教育与实际生活相结合，增强学生的参与度和实际操作能力培养学生的生态意识和生态素养，同时，也可以提高教学效果和教育质量，为推进生态文明建设和培养优秀人才做出积极贡献。

### （三）加强实践教学

在生态文明教育中，实践教学是提高学生实际操作能力和生态素养的重要环节。通过实践，学生可以更好地理解和掌握生态文明相关的理论知识，培养独立思考和解决问题的能力。

### 1. 加强实践教学的意义

实践教学能够让学生亲身参与和体验生态文明建设的过程，培养实践能力和创新精神。通过实践，学生可以了解环保工作的实际操作和运行机制，掌握环保技能和应用知识，提高对生态文明建设的认识和理解。同时，实践教学还可以培养学生的团队协作和沟通能力，增强社会责任感和环保意识。

### 2. 实践教学的形式和方法

（1）组织环保活动：学校可以与环保组织合作，组织学生参与各类环保活动，如垃圾分类、植树造林、水资源保护等。学生通过亲身参与可以了解环保工作的实际操作和环保的重要性，培养环保意识和责任感。

（2）参观环保企业：学校可以安排学生参观环保企业，了解企业的环保措施和运行机制。通过实地考察和学习，让学生了解环保产业的发展趋势和技术应用，增强对环保产业的认知和理解。

（3）开展环保实验：学校可以设立环保实验室或实验项目，让学生进行环保实验和研究。通过实验，学生可以了解环保工作的科学性和技术性，培养实验操作能力和科学素养。

（4）案例分析和讨论：教师可以选取具有代表性的环保案例，组织学生进行案例分析和讨论。通过引导学生对案例进行深入剖析和研究，学生可以了解环保工作的实际问题和挑战，培养分析和解决问题的能力。

3. 实践教学的影响和效果

实践教学能够增强学生的实际操作能力和生态素养，提高对生态文明建设的认识和理解。通过实践，学生可以更好地掌握环保技能和应用知识，培养独立思考和解决问题的能力。同时，实践教学还可以培养学生的团队协作和沟通能力，增强社会责任感和环保意识。实践教学的开展可以有效地提高生态文明教育的实效性和趣味性，促进学生的全面发展。

在生态文明教育中，实践教学是不可或缺的重要环节。通过加强与环保组织的合作，开展实践教学活动，学生可以在实践中掌握环保技能和应用知识，可以有效地提高生态文明教育的实效性和趣味性。同时，实践教学还可以培养学生的实际操作能力和生态素养，为推进生态文明建设和培养优秀人才做出积极贡献。因此，学校应该重视实践教学的地位和作用，不断探索和创新实践教学的形式和方法，为培养具有创新精神和实践能力的优秀人才而努力。

## 二、生态文明教育课程创新

为了提高生态文明教育课程的教学质量和效果，除了进行改革之外，学校还需要积极进行创新。以下是几个具体的创新方向。

### （一）培养师资队伍

在生态文明教育中，师资队伍的培养是提高教学质量和效果的关键因素。教师作为教育的引领者和实施者，其教学水平和专业素养对于学生的成长和发展具有至关重要的影响。因此，学校应该加强对教师的培训和学习，提高教师的教学水平和专业素养，以推动生态文明教育的持续发展。

1. 加强师资队伍培养的重要性

教师的教学水平和专业素养直接影响学生的学习效果和认知发展。在生态文明教育中，教师需要具备扎实的理论基础和专业知识，同时也需要具备实践能力和创新精神。

只有高素质的教师才能更好地引导学生掌握生态文明知识，培养其独立思考和解决问题的能力，从而为推进生态文明建设做出贡献。

2. 师资队伍培养的途径和方法

（1）组织教师参加学术会议和研究项目：学校可以定期组织教师参加生态文明相关的学术会议和研究项目，让教师了解最新的学术动态和研究成果，掌握最新的教学方法和技术。通过参与研究项目，教师可以提高自身的专业素养和研究能力，为教学工作提供更丰富的素材和案例。

（2）加强教师培训和学习：学校可以定期开展教师培训和学习活动，包括生态文明理论知识、实践技能、教学方法等方面。通过培训和学习，教师可以更新自身的知识和技能，提高教学水平和专业素养。同时，学校还可以鼓励教师参加各类进修课程和学术交流活动，拓宽教师的视野和思路。

（3）邀请专家学者进行授课或讲座：学校可以邀请生态文明领域的专家学者进行授课或讲座，让教师和学生了解最新的学术动态和技术应用。通过与专家学者的交流和学习，教师可以获得新的思路和视角，提高教学质量和效果。

（4）建立教师团队和合作机制：学校可以建立生态文明教育的教师团队，鼓励不同学科背景的教师进行合作和交流。通过团队合作，教师可以共享资源和经验，共同探讨教学方法和策略，提高整体教学水平和效果。

3. 师资队伍培养的影响和效果

加强师资队伍培养可以有效地提高教师的教学水平和专业素养，提高教学质量和效果。同时，培养高素质的教师队伍还可以增强学校的综合实力和竞争力，推动生态文明教育的持续发展。经过培养，教师可以更好地发挥自身的引导作用，激发学生的学习兴趣和热情，培养学生的创新思维和实践能力，为推进生态文明建设做出积极贡献。

（二）开展科研活动

在生态文明教育课程中，开展科研活动是培养学生科研能力和创新精神的重要途径。通过引导学生参与科研项目和实践活动，可以激发他们的学习兴趣和热情，提高其独立思考和解决问题的能力，从而为推动生态文明领域的发展和创新做出贡献。

1. 科研活动的重要性

科研活动是培养学生创新能力和实践能力的重要手段。在科研项目中，学生可以接触到学科前沿的知识和研究动态，通过参与课题研究和实验操作，可以培养其独立思考和解决问题的能力。同时，科研活动还可以促进理论与实践的结合，帮助学生将所学知识应用到实际问题的解决中。

2. 科研活动的开展方式

（1）引导学生参与科研项目：学校可以组织学生参与相关的科研项目，如环境监测、生态保护、气候变化等课题的研究。学生可以通过参与项目的设计、实施和总结，深入了解科研工作的流程和方法，同时也可以培养团队协作和沟通能力。

（2）组织学生开展社会调查：学校可以组织学生开展社会调查，了解社会中存在的环境问题和生态保护情况。学生可以通过调查研究和数据分析，发现问题并提出解决方案。这种实践活动可以培养学生的实践能力和创新精神。

（3）组织学生设计实验：学校可以组织学生设计实验，探究环境问题产生的原因和解决方法。学生可以通过实验设计和操作，掌握科学的研究方法，同时，也可以培养科学思维和创新能力。

（4）鼓励学生参加学术会议和研讨会：学校可以鼓励学生参加相关的学术会议和研讨会，让学生了解最新的学术动态和技术应用。通过与专家学者的交流和学习，学生可以获得新的思路和视角，为未来的科研工作打下坚实的基础。

3. 科研活动的影响和效果

开展科研活动可以有效地提高学生的科研能力和创新精神，提高其综合素质和能力水平。同时，科研活动和实践活动的开展，可以促进理论与实践的结合，推动生态文明领域的发展和创新。具体来说，科研活动的影响和效果包括以下几个方面。

（1）提高学生的综合素质和能力水平：通过参与科研项目和实践活动，学生可以接触到实际问题和复杂情境，从而培养其独立思考和解决问题的能力。同时，科研活动还可以培养学生的团队协作、沟通协调和领导力等方面的能力。这些能力的提升有助于学生在未来的学习和工作中更好地适应和发挥自己的作用。

（2）促进理论与实践的结合：科研活动可以让学生将所学的理论知识应用于实际问题的解决，从而促进理论与实践的结合。通过实验设计、社会调查等实践活动，学生可以深入了解环境问题的产生原因和解决方法，从而更好地理解和掌握生态文明知识。这种理论与实践的结合有助于推动生态文明的发展和创新。

（3）增强学生的社会责任感和环保意识：通过科研项目和实践活动，学生可以深入了解环境问题的严重性和生态保护的重要性。这有助于增强学生的社会责任感和环保意识，培养其关注环境和生态的意识和习惯。

（4）提高学生的学术水平和职业发展前景：参与科研项目和实践活动可以提高学生的学术水平和职业发展前景。在科研项目中，学生可以接触到学科前沿的知识和研究动态，掌握最新的研究方法和技能。这有助于提高学生的学术水平和研究能力，为未来的学术研究和职业发展打下坚实的基础。

在生态文明教育课程中，开展科研活动是培养学生科研能力和创新精神的重要途径。通过引导学生参与科研项目、组织社会调查、设计实验等活动，学校可以提高学生的综合素质和能力水平，促进理论与实践的结合，增强学生的社会责任感和环保意识，提高其学术水平和职业发展前景，为推动生态文明领域的发展和创新做出贡献。因此，学校应该重视科研活动的地位和作用，积极探索和创新培养途径和方法，为培养具有高素质的科研人才而努力。

（三）建立多元评价体系

在大学生生态文明教育中，建立多元评价体系是提高教育质量、培养大学生综合素质和创新能力的重要手段。传统的单一评价方式往往只注重学生的知识掌握情况，而忽略了其他方面的发展，已经不能满足现代教学的需求。因此，学校需要采用多种评价方式相结合的方式，全面了解学生的学习情况和综合素质。

1. 多元评价体系的构建原则

（1）全面性原则：多元评价体系要全面覆盖学生的知识、技能、态度、情感等多个方面，从多个角度对学生进行全面评价，以充分了解学生的学习情况和综合素质。

（2）多样性原则：多元评价体系要采用多种评价方式相结合的方式，包括考试、作品评价、实践报告等，以全面了解学生的学习情况和综合素质。

（3）互动性原则：多元评价体系要注重学生的参与和互动，引入学生自评、互评等评价方式，让学生更加主动地参与到评价中，更好地发现自身的优势和不足之处。

（4）发展性原则：多元评价体系要以学生的发展为导向，注重评价的过程性和反馈性，及时发现学生的优点和不足之处，为其提供有针对性的指导和帮助。

2. 多元评价体系的实施方法

（1）考试评价：考试是一种常用的评价方式，可以用来评价学生对知识的掌握情况。在生态文明教育中，教师可以采用闭卷考试、开卷考试、论文答辩等形式进行考试评价。

（2）作品评价：作品评价是一种能够体现学生创新能力和实践能力的评价方式。在生态文明教育中，教师可以要求学生完成一些具有创新性和实践性的作品，如环保方案设计、生态项目规划等，以评价学生的创新能力和实践能力。

（3）实践报告评价：实践报告是一种能够体现学生实践能力和文字表达能力的评价方式。在生态文明教育中，教师可以要求学生完成一些实践项目，并提交实践报告，以评价学生的实践能力和文字表达能力。

（4）学生自评和互评：学生自评和互评是一种能够体现学生主动性和互动性的评价

方式。在生态文明教育中，教师可以要求学生进行自我评价和互相评价，以更好地发现自身的优势和不足之处，同时也能够促进生生之间的互动交流、共同进步。

3. 多元评价体系的效果和影响

多元评价体系的应用可以带来多方面的影响和效果。首先，多元评价体系可以更加全面地了解学生的学习情况和综合素质，有利于发现学生的优点和不足之处，为其提供有针对性的指导和帮助。其次，多元评价体系可以提高学生的主动性和参与度，有利于激发学生的学习兴趣和热情，促进生生之间的互动交流共同进步。最后，多元评价体系可以为教师提供更加准确的教学反馈信息，有利于教师更好地了解学生的学习情况和需求，进而优化教学内容和方法提高教学质量和效果。

在大学生生态文明教育中，建立多元评价体系是十分必要和有意义的。通过采用多种评价方式相结合的方式，教师可以更加全面地了解学生的学习情况和综合素质，发现学生的优点和不足之处，为其提供有针对性的指导和帮助，激发学生的学习兴趣和热情，促进生生之间的互动交流、共同进步，为培养大学生的综合素质和创新能力提供有力的支持和保障，同时也为提高教学质量和效果提供了重要的保障。因此，学校应该重视多元评价体系的构建和应用积极探索和创新评价方式和手段，为培养具有高素质的综合性人才而努力。

（四）加强国际合作与交流

在面对全球环境问题和生态危机的背景下，大学生生态文明教育的重要性日益凸显。这不仅是中国高等教育的重要任务，也是全球高等教育共同关注的领域。加强国际合作与交流，是推动大学生生态文明教育发展的重要途径之一。通过与其他国家和地区的大学开展合作与交流，可以促进相互学习、分享经验，共同应对全球环境问题和生态危机。

1. 加强国际合作与交流的必要性

（1）促进相互学习，共同进步：通过与其他国家和地区的大学开展合作与交流，学校可以让更多的学生和教师了解不同国家和地区的生态文明教育现状和发展趋势。这不仅可以拓宽师生的视野，还可以促进相互学习、共同进步，提高生态文明教育的质量和水平。

（2）应对全球环境问题和生态危机：全球环境问题和生态危机是各国共同面临的挑战。国际合作与交流可以加强各国之间的信息共享和经验交流，使各国共同研究解决当前面临的生态环境问题。这不仅可以提高解决问题的效率和质量，还可以为推动全球生态文明建设做出贡献。

（3）推动高等教育国际化：随着全球化的不断深入，高等教育国际化已经成为一种趋势，通过与其他国家和地区的大学开展合作与交流，可以推动大学生态文明教育的国际化发展，提高中国高等教育的国际影响力和竞争力。

2. 加强国际合作与交流的途径和方法

（1）互派学生和教师交流访问：互派学生和教师交流访问，可以加强与其他国家和地区的大学之间的联系和沟通。学生和教师可以相互学习、交流经验，了解不同国家和地区的生态文明教育现状和发展趋势。

（2）开展跨国合作项目：通过开展跨国合作项目，各国可以共同研究解决当前面临的生态环境问题。这不仅可以加强各国之间的合作和交流，还可以提高解决问题的效率和质量。跨国合作项目可以由多个国家和地区共同参与，共同贡献智慧和力量。

（3）参加国际会议和研讨会：学校参加国际会议和研讨会，可以了解最新的国际发展趋势和动态，分享经验和观点。通过与其他国家和地区的专家学者进行交流和讨论，我国学者可以与其他国家的学者相互了解和学习，与他们共同探讨生态文明教育的发展方向和路径。

（4）建立国际合作伙伴关系：通过建立国际合作伙伴关系，学校可以加强与其他国家和地区的大学的联系和合作。这不仅可以促进相互学习和交流，还可以开展更多的跨国合作项目和研究，共同推动全球生态文明建设。

## （五）拓展课程资源

在大学生生态文明教育中，拓展课程资源是提高教学质量和效果的关键环节之一。随着教育信息化的不断推进，传统的教材已经无法满足学生的多样化需求，因此，需要开发新的课程资源来提高教学效果。

1. 在线课程的开发

在线课程是一种灵活且便捷的教学方式，可以满足不同学生的学习需求。通过在线课程，学生可以在适合自己的时间和地点进行学习，同时还可以享受优质的教学资源。在开发在线课程时，学校需要注意以下几点。

2. 课程内容的选取

在线课程的内容应该具有针对性和实用性，能够满足学生的实际需求。在选取课程内容时，学校应该结合生态文明教育的特点和大学生的实际情况，选取适合的课程内容。

（1）课程形式的设计：在线课程的形式应该多样化，避免单一的讲授形式，可以通过视频、音频、图片等多种形式来呈现课程内容，以吸引学生的注意力。

（2）互动环节的设置：在线课程中应该设置互动环节，让学生能够参与到课程中来，可以通过讨论区、在线测试等方式来增加互动环节，以提高学生的参与度和学习效果。

### 3. 数字资源库的建设

数字资源库是一种集成了多种数字资源的教学平台，可以为学生提供全面的学习支持。在建设数字资源库时，需要注意以下几点。

（1）资源种类的多样性：数字资源库中的资源种类应该多样化，包括电子书籍、研究论文、教学视频、图片等多种形式。这些资源应该与生态文明教育相关，能够满足学生的学习需求。

（2）资源的更新和维护：数字资源库中的资源应该及时更新和维护，以保证资源的时效性和准确性，同时，还需要对数字资源库进行定期备份和安全防护，以保证资源的安全性。

（3）资源的整合与分类：数字资源库中的资源应该进行整合和分类，以便学生能够快速地找到自己需要的资源，可以通过建立资源导航的方式来方便学生查找资源，同时，还可以设置关键词搜索等功能来提高学生的查找效率。

### 4. 案例库的构建

案例库是一种以案例为基础的教学资源库，可以为学生提供真实、生动的案例，加深对生态文明知识的理解。在构建案例库时，学校需要注意以下几点。

（1）案例的选取与编写：案例库中的案例应该具有代表性和针对性，能够反映生态文明教育的核心问题，同时，还需要对案例进行适当的编写和整理，以方便学生进行学习和分析。

（2）案例的分析与讨论：学生可以通过对案例进行分析和讨论，深入了解生态文明知识的应用和实践。同时，教师还可以通过案例来引导学生进行思考和创新，提高学生的综合素质和能力。

（3）案例的更新与维护：案例库中的案例应该及时更新和维护，以保证案例的时效性和准确性。同时，学校还需要对案例进行分类和整理，以便学生能够快速地找到自己需要的案例。

拓展课程资源是提高大学生生态文明教育质量和效果的重要途径之一。开发在线课程、建设数字资源库和构建案例库等措施，可以满足不同学生的学习需求和提高教学效果。然而这些工作需要教师投入大量的时间和精力来进行开发和整理，因此，需要加强教师之间的协作和交流，以提高工作效率和质量，同时，还需要不断更新和维护课程资源以保证其时效性和准确性，为大学生生态文明教育提供更好的支持和服务。

# 第五章　大学生生态文明教育实践教学组织与管理

## 第一节　生态文明教育实践教学的组织原则

### 一、目的性原则

在组织生态文明教育实践教学时，目的性原则是非常重要的。明确实践教学的目的和预期效果是确保实践教学活动有效开展的关键。通过明确目的，学校可以制订出具有针对性的教学计划和活动内容，从而有效地达到预期的教学效果。同时，学校还需要对实践教学的效果进行评估，以检验教学活动是否达到了预期的目的。

（一）明确实践教学的目的

生态文明教育实践教学的目的是培养学生的生态文明观念、知识和技能，帮助他们更好地适应和促进生态文明建设。具体而言，通过实践教学活动，学生可以深入了解生态环境的现状和问题，掌握解决生态环境问题的技能和方法，提高他们的环保意识和责任感。

在实践教学中，学生可以通过实地考察、实验分析、方案设计等多种方式，亲身体验和了解生态环境的复杂性和重要性。通过观察、分析和解决问题，学生可以更加深入地理解生态文明建设的必要性和紧迫性。同时，实践教学还可以帮助学生将理论知识转化为实践操作，提高他们的动手能力和解决问题的能力。

此外，实践教学还可以培养学生的团队协作和沟通能力。在实践活动中，学生需要与同学、老师、专家等多方合作，共同解决问题。通过这种方式，学生可以锻炼自己的沟通技巧和团队协作能力，为未来的学习和工作打下坚实的基础。

为了确保实践教学的质量和效果，教师需要制订针对性的教学计划和活动内容。首先，教师要根据学生的特点和需求，制订符合他们实际情况的教学计划。其次，教师要选择适合的实践活动，如实地考察、环保志愿活动、案例分析等，以帮助学生更好地了解和掌握生态文明知识。最后，教师要对实践活动进行有效的组织和监督，确保活动的安全和有效性。

在实践教学中，教师扮演着重要的角色。他们需要具备相关的专业知识和实践经验，能够有效地引导学生进行实践活动。同时，教师还需要具备良好的组织和管理能力，以确保实践活动的顺利进行。因此，学校需要对教师进行专业的培训和考核，提高他们的教学水平和能力。

（二）制订有针对性的教学计划和活动内容

针对不同的学习阶段和学习需求，制订有针对性的教学计划和活动内容是确保实践教学有效性的关键。以下是对制订有针对性的教学计划和活动内容的一些建议。

1. 了解学生的学习阶段和需求

在制订教学计划和活动内容之前，学校需要了解学生的学习阶段和需求。例如，针对低年级学生，可以安排一些基础性的生态环境教育活动，如环保志愿服务、生态旅游等；针对高年级学生，可以安排一些更具挑战性的实践活动，如环境监测、环保项目设计等。

2. 制订针对性的教学计划

根据学生的学习阶段和需求，学校制订有针对性的教学计划。教学计划应该包括教学目标、教学内容、教学方法、教学资源等方面的内容。同时，教学计划应该具有可操作性和可评估性，以确保实践教学活动的有效实施。

3. 选择适合的实践活动

选择适合的实践活动是实践教学的重要环节。在选择实践活动时，需要考虑以下几点：活动内容与学生的学习阶段和需求相符合；活动能够帮助学生更好地了解和掌握生态文明知识；活动能够提高学生的环保意识和责任感；活动能够培养学生的团队协作和沟通能力。

4. 制定活动内容细则

针对不同的实践活动，学校需要制定具体的活动内容细则。活动内容细则应该包括活动目的、活动时间、活动地点、活动内容、活动方式等方面的内容。同时，活动内容细则应该具有可操作性和可评估性，以确保实践活动的有效实施。

5. 对教师进行专业的培训和考核

教师是实践教学的关键因素。为了确保实践教学的质量和效果，需要对教师进行专业的培训和考核。培训内容包括相关专业的知识、实践经验、教学技巧等方面的内容。同时，学校需要对教师进行定期的考核，以确保他们的教学水平和能力符合实践教学的要求。

（三）评估实践教学的效果

实践教学是教育过程中一个非常重要的环节，其效果直接影响到学生的学习成果和未来发展。因此，对实践教学的效果进行评估是十分必要的。以下建议可以帮助评估实践教学的效果。

1. 设定明确的目标和预期成果

在实践教学开始之前，学校需要设定明确的目标和预期成果。这些目标应该与学生的学习阶段和需求相符合，并且具有可衡量性。通过设定明确的目标和预期成果，学校可以确保实践教学活动的针对性和有效性。

2. 制定评估标准和评估方法

制定评估标准和评估方法是评估实践教学效果的关键。评估标准应该包括学生在实践活动中的表现、学习成果等方面，并且应该与预期成果相符合。评估方法可以是多种多样的，如观察、问卷调查、个人或小组反思报告、实践成果展示等。

3. 及时收集反馈和数据

在实践教学活动进行过程中，学校需要及时收集学生和教师的反馈和数据。这些反馈和数据可以包括学生在实践活动中的表现、学习成果、教师对实践教学的评估等。通过及时收集反馈和数据，学校可以了解实践教学的进展情况，及时调整教学计划和方法。

4. 分析评估结果并制定改进措施

根据评估标准和评估方法，学校对收集到的反馈和数据进行深入分析。通过分析评估结果，学校可以了解实践教学的优点和不足之处，并根据实际情况制定相应的改进措施。这些改进措施可以是教学方法的改进、教学资源的变化等方面的内容。

5. 持续跟进和评估改进措施的效果

在制定改进措施后，学校需要持续跟进和评估其效果。这可以通过定期的评估和反馈机制来实现。通过持续跟进和评估改进措施的效果，学校可以确保实践教学质量的不断提高。

## 二、主体性原则

生态文明教育是当前社会关注的热点之一，而实践教学是生态文明教育中的重要环节。在生态文明教育的实践教学过程中，教师需要遵循主体性原则，即以学生为主体，鼓励他们主动参与和探索，充分发挥他们的积极性和主动性。

（一）尊重学生的主体地位

尊重学生的主体地位在生态文明教育的实践教学中具有非常重要的意义。以下从5个方面进行阐述。

1. 有利于提高学生的学习兴趣和动力

在生态文明教育实践教学中，学生是学习的主体，他们的学习兴趣和动力对于学习效果具有至关重要的影响。如果教师能够尊重学生的主体地位，关注他们的学习需求和兴趣爱好，采用适合学生特点的教学方法和手段，鼓励学生主动参与实践教学活动，将有助于激发学生的学习兴趣和动力，提高他们的学习效果和实践能力。

2. 有利于培养学生的创新意识和创新能力

在生态文明教育实践教学中，学生不仅需要掌握相关的知识和技能，还需要在实践中发挥自己的创造力和想象力，探究生态环境问题的原因和解决方法。如果教师能够尊重学生的主体地位，积极引导学生发挥自己的想象力和创造力，将有助于培养学生的创新意识和创新能力，为培养具有创新精神和实践能力的高素质人才做出贡献。

3. 有利于促进学生的个体差异和个性化发展

每个学生都有自己独特的兴趣、爱好和优势，在生态文明教育实践教学中，教师应关注学生的个体差异和需求，制订个性化的教学方案，帮助他们更好地发挥自己的潜力和特长。只有尊重学生的主体地位，关注学生的个体差异和需求，才能更好地满足学生的学习需求和促进他们的个性化发展。

4. 有利于建立良好的师生关系和营造和谐的学习氛围

在生态文明教育实践教学中，教师应尊重学生的主体地位，关注他们的学习需求和兴趣爱好，与学生建立良好的关系。只有建立良好的师生关系，才能更好地了解学生的学习情况和生活状态，及时调整教学方案和策略，帮助学生解决学习和生活中的问题。同时，只有尊重学生的主体地位，才能营造和谐的学习氛围，鼓励学生积极参与实践教学活动，提高他们的学习效果和实践能力。

5. 有利于培养学生的可持续发展意识和社会责任感

在生态文明教育实践教学中，教师应注重培养学生的可持续发展意识和社会责任感。只有尊重学生的主体地位，关注他们的学习需求和兴趣爱好，才能更好地引导学生关注环境问题、了解生态系统的运作和平衡、探索可持续发展的路径和方法等。同时，只有尊重学生的主体地位，才能更好地组织学生参与环保活动、开展绿色行动等，进一步增强学生的可持续发展意识和社会责任感。

### （二）提供多样化的学习方式和机会

提供多样化的学习方式和机会在生态文明教育实践教学中具有非常重要的意义。以下从 5 个方面进行阐述。

1. 有利于提高学生的学习效果和兴趣

由于生态文明教育涉及的内容非常广泛，如果教师只采用传统的教学方式进行授课，容易让学生感到枯燥乏味，缺乏学习的兴趣和动力。而通过采用多种学习方式和手段，例如案例分析、小组讨论、实地考察、专题讲座等，可以让学生从多个角度理解和掌握生态文明知识，提高他们的学习效果和兴趣。

2. 有利于促进学生的自主学习和个性化发展

多样化的学习方式和机会可以为学生提供更多的选择和自主权，让他们根据自己的兴趣、爱好和学习需求进行选择。这样可以更好地促进学生的自主学习和个性化发展，让他们在学习的过程中更好地发挥自己的优势和潜力。

3. 有利于培养学生的创新意识和实践能力

通过提供多样化的学习资源和机会，可以为学生提供更多的实践机会和平台，例如环保志愿服务、生态旅游、环保项目设计等。这些活动可以让学生更加深入地了解生态环境问题，提高他们的实践能力和创新意识。同时，通过多样化的学习方式和机会，也可以培养学生的团队协作能力和社会责任感。

4. 有利于促进教师教学水平的提高

多样化的学习方式和机会需要教师具备更高的教学水平和能力。教师需要不断探索新的教学方式和手段，并根据学生的需求和学习情况进行调整和完善。这样可以促进教师不断更新自己的知识结构，提高自己的教学水平和能力。

5. 有利于实现教育公平和提高教育质量

通过提供多样化的学习方式和机会，可以让不同背景、不同层次的学生都有机会参与学习和实践。这样可以更好地实现教育公平和提高教育质量。同时，多样化的学习方式和机会也可以促进学校与社区、企业之间的合作和交流，为学生提供更多的实践机会和社会资源。

### （三）引导学生主动思考和解决问题

引导学生主动思考和解决问题在生态文明教育实践教学中具有非常重要的意义。以下从 5 个方面进行阐述。

1. 有利于提高学生对生态环境问题的认识和理解

生态文明教育的主要目的是帮助学生认识和理解生态环境问题，以及如何解决这些问题。通过引导学生主动思考和解决问题，可以让他们更加深入地了解生态环境问题的本质和原因，从而更好地掌握解决问题的方法和途径。

2. 有利于培养学生的创新能力和实践能力

引导学生主动思考和解决问题需要学生具备一定的创新能力和实践能力。通过分析具体的生态环境问题，学生可以了解不同领域的知识和技能，并尝试提出新颖的解决方案。这样可以培养学生的创新能力和实践能力，提高他们的综合素质。

3. 有利于促进学生的自主学习和个性化发展

引导学生主动思考和解决问题需要学生具备一定的自主学习能力。教师可以通过提出问题、引导学生分析案例、组织小组讨论等方式来激发学生的学习兴趣和动力，促进他们的自主学习和个性化发展。

4. 有利于培养学生的团队协作能力和社会责任感

引导学生主动思考和解决问题需要学生具备一定的团队协作能力和社会责任感。通过小组讨论、合作实践等方式，可以培养学生的团队协作能力和社会责任感，让他们更好地了解自己与社会的关系，并积极为社会做出贡献。

5. 有利于提高教师的教学水平和能力

引导学生主动思考和解决问题需要教师具备更高的教学水平和能力。教师需要灵活运用多种教学方式和手段来激发学生的学习兴趣和动力，引导他们深入思考和理解生态环境问题。这样可以促进教师不断更新自己的知识结构，提高自己的教学水平和能力。

### （四）注重实践教学的多元化和个性化

注重实践教学的多元化和个性化在生态文明教育实践中具有非常重要的意义。以下从 5 个方面进行阐述。

1. 有利于提高学生的学习兴趣和动力

不同学生的兴趣和能力是不同的，因此，教师应该根据学生的特点制订个性化的教学计划。这样可以更好地满足学生的需求，提高他们的学习兴趣和动力。例如，对于喜欢动手的学生，教师可以安排更多的实验和实践活动，让他们在实践中感受生态环境问题的严重性和解决这些问题的必要性；对于善于思考的学生，教师可以安排更多的理论学习和研究，让他们深入思考和理解生态环境问题。

2. 有利于培养学生的创新能力和实践能力

实践教学应该注重多元化和个性化，这样可以更好地培养学生的创新能力和实践能力。通过组织不同类型的实践活动，如实验、调查、研究等，教师可以让学生更加深入地了解生态环境问题，并尝试提出新颖的解决方案。同时，教师还可以通过安排一些个性化的学习任务，如小论文、案例分析等，来促进学生的自主学习和个性化发展。

3. 有利于提高实践教学的效果和质量

实践教学应该注重多元化和个性化，这样可以更好地提高实践教学的效果和质量。通过安排不同类型的实践活动和学习任务，教师可以让学生更加全面地了解生态环境问题，掌握更多的知识和技能。同时，教师还可以通过组织一些小组讨论、合作实践等方式来促进学生的团队协作能力和社会责任感的培养。

4. 有利于促进学生的自主学习和个性化发展

实践教学应该注重多元化和个性化，这样可以更好地促进学生的自主学习和个性化发展。通过安排不同类型的实践活动和学习任务，教师可以让学生更加自主地选择自己感兴趣的领域和方向，并尝试提出个性化的解决方案。这样可以激发学生的学习兴趣和动力，促进他们的自主学习和个性化发展。

5. 有利于提高教师的教学水平和能力

实践教学应该注重多元化和个性化，这样可以更好地提高教师的教学水平和能力。教师需要灵活运用多种教学方式和手段来满足不同学生的需求和学习情况，并尝试提出个性化的解决方案。这样可以促进教师不断更新自己的知识结构，提高自己的教学水平和能力。同时，教师还可以通过与其他教师的交流和合作来分享经验和资源，进一步提高自己的教学水平和能力。

（五）鼓励学生进行自我评估和反思

鼓励学生进行自我评估和反思在生态文明教育实践教学中具有非常重要的意义。以下从 5 个方面进行阐述。

1. 促进学生自我认知和反思能力的发展

自我评估和反思是一种有效的学习方式，它可以帮助学生更好地了解自己的学习情况和不足之处，从而制订更加有效的学习计划。在生态文明教育实践教学中，教师应该鼓励学生进行自我评估和反思，让学生了解自己在生态文明知识、技能和态度等方面的表现，并思考如何改进和提高。这样可以促进学生自我认知和反思能力的发展，提高他们的学习效果和学习能力。

2. 及时反馈实践教学情况，调整教学计划和方法

通过学生的自我评估和反思，教师可以及时了解实践教学的效果和学生的反馈，从而及时调整教学计划和方法。学生可以通过书面报告、口头表达、小组讨论等方式向教师反馈实践教学的效果和自己的学习情况，教师则可以根据学生的反馈及时调整教学计划和方法，提高实践教学的效果和质量。

### 3. 增强学生的自主学习能力和责任感

自我评估和反思可以增强学生的自主学习能力和责任感。通过自我评估，学生可以自主制订学习计划并确立目标，并对自己的学习进度和效果进行监督和调整。同时，通过反思自己的学习过程和结果，学生可以更好地认识自己的优点和不足，并积极寻求改进和提高的方法。这不仅可以增强学生的自主学习能力，还可以提高他们的责任感和学习动力。

### 4. 促进生生交流和合作学习

教师还可以组织学生进行小组讨论和交流，让他们分享自己的经验和教训，从而促进生生交流和合作学习。通过小组讨论和交流，学生可以相互了解彼此的学习情况和经验，并互相学习和借鉴。这不仅可以促进生生之间的交流和合作，还可以让学生从其他同学的优点和不足中获得启示和帮助。

### 5. 提高教师的教学水平和能力

通过学生的自我评估和反思，教师可以更好地了解学生的学习情况和需求，从而更好地调整教学计划和方法。同时，教师还可以通过观察和评估学生的表现和实践结果，了解学生在生态文明知识、技能和态度等方面的表现和发展趋势，从而为进一步的教学提供参考依据。这些反馈信息可以帮助教师更好地了解学生的学习情况和需求，从而更好地调整教学计划和方法，提高教学效果和质量，同时，也可以帮助教师了解自己在实践教学中的优点和不足，从而进一步提高自己的教学水平和能力。

## 三、综合性原则

生态文明教育实践教学是为了提高学生的生态文明素质，培养他们的创新能力和实践能力，从而帮助他们更好地适应社会发展的需要。在实践教学中，综合性原则是非常重要的，它要求教师在教学过程中注重多种学科知识的融合和贯通，以便学生能够全面、系统地理解和掌握生态文明知识。

### （一）多种学科知识的融合和贯通

多种学科知识的融合和贯通在生态文明教育实践教学中具有非常重要的意义。以下从 5 个方面进行阐述。

### 1. 拓展学生的知识视野，提高综合素养

生态文明教育涉及多个学科领域，包括生态学、环境科学、社会学、经济学等。在实践教学中，教师注重多种学科知识的融合和贯通，可以帮助学生拓展知识视野，了解不同学科领域之间的联系和交叉点，从而提高学生的综合素养。通过融合和贯通不同学

科的知识,教师可以让学生更好地了解生态文明系统中各个要素之间的相互作用和影响,从而更好地分析和解决生态环境问题。

2. 增强学生的分析能力和判断力

多种学科知识的融合和贯通可以增强学生的分析能力和判断力。在面对复杂的生态环境问题时,学生可以运用不同学科的知识进行分析和判断,从而更加全面地了解问题的本质和根源。例如,在分析生态环境问题时,教师可以结合环境科学的知识来解释问题的产生和发展,同时,也可以运用社会学的知识来分析人们对环境问题的态度和行为。通过这种方式,教师可以帮助学生更好地理解和解决生态环境问题。

3. 培养学生的创新思维和实践能力

多种学科知识的融合和贯通可以培养学生的创新思维和实践能力。通过不同学科知识的交叉和融合,教师可以激发学生的创新思维和灵感,从而发现新的问题和提出新的解决方案。同时,通过实践教学的锻炼,学生可以运用所学知识解决实际问题,提高实践能力,为未来的工作和研究打下坚实的基础。

4. 提高教师的教育教学水平

多种学科知识的融合和贯通对教师提出了更高的要求。教师需要具备广博的知识储备和跨学科的视野,同时还需要具备引导学生进行交叉学科学习和研究的能力。因此,通过实践教学中的多种学科知识融合和贯通,教师可以不断提高自己的教育教学水平和专业素养。通过与其他学科教师的交流和学习,教师可以拓宽自己的视野和知识面,同时也可以提高自己的教学能力和研究能力。

5. 推动生态文明教育的创新和发展

多种学科知识的融合和贯通可以推动生态文明教育的创新和发展。在传统的生态文明教育中,往往只注重单一学科领域的知识传授和能力培养,而忽视不同学科之间的联系和交叉。而随着生态文明建设的不断深入和发展,社会需要具备综合知识和能力的人才来应对复杂的生态环境问题。因此,通过多种学科知识的融合和贯通,教师可以创新教学方式和方法,培养出更多具备综合知识和能力的人才,为生态文明建设做出更大的贡献。

(二) 多种教学方式的综合运用

多种教学方式的综合运用在实践教学中具有非常重要的意义。以下从 5 个方面进行阐述。

1. 增强学生的参与度和主动性

多种教学方式的综合运用可以增强学生的参与度和主动性。传统的讲授式教学往往以教师为中心，学生处于被动接受的状态。而教师通过案例分析、小组讨论、实地考察、专题讲座等多种教学方式的运用，可以让学生更加主动地参与到学习中来，激发学生的学习兴趣和热情，提高学生的参与度和主动性。例如，在小组讨论中，学生可以自由发表自己的观点和看法，与其他同学进行交流和讨论，从而更好地理解和掌握知识。

2. 帮助学生深入理解和掌握知识

多种教学方式的综合运用可以帮助学生深入理解和掌握知识。不同的教学方式有着不同的特点和优势，教师可以根据不同的教学内容和教学目标选择合适的教学方式。例如，通过案例分析的方式，教师可以让学生了解具体生态环境问题的背景、原因和解决方法，帮助学生深入理解和掌握相关知识；通过小组讨论的方式，教师可以让学生共同探讨某个环境问题的解决方案，并互相交流和学习，加深对知识的理解和掌握；通过实地考察的方式，教师可以让学生亲身体验生态环境问题的现状和问题，从而更好地理解和掌握相关知识。

3. 培养学生的创新思维和实践能力

多种教学方式的综合运用可以培养学生的创新思维和实践能力。不同的教学方式可以激发学生的不同思维方式和灵感，从而培养学生的创新思维和实践能力。例如，通过案例分析的方式，教师可以引导学生运用所学知识分析实际环境问题，提出解决方案；通过小组讨论的方式，教师可以培养学生的团队协作能力和沟通能力；通过实地考察的方式，可以培养学生的观察能力和实践能力；通过专题讲座的方式，教师可以引导学生了解相关领域的最新研究成果和发展趋势，激发他们的学习兴趣和创新意识。

4. 提高教师的教学效果和质量

多种教学方式的综合运用可以提高教师的教学效果和质量。不同的教学方式需要教师具备不同的教学技能和知识储备，从而更好地满足学生的学习需求和提高教学效果。例如，案例分析的方式，需要教师具备筛选、分析和解读实际案例的能力；小组讨论的方式，需要教师具备引导学生进行讨论和交流的能力；实地考察的方式，需要教师具备组织和管理学生的能力；专题讲座的方式，需要教师具备深入浅出地讲解相关领域最新研究成果和发展趋势的能力。通过综合运用多种教学方式，教师可以不断提高自己的教学技能和知识储备，提高教学效果和质量。

5. 推动教育教学的改革和创新

多种教学方式的综合运用可以推动教育教学的改革和创新。不同的教学方式有着不同的优缺点和适用范围，需要根据实际情况进行选择和运用。通过对不同教学方式的探索和实践，教师可以不断优化教学方式和方法，推动教育教学的改革和创新，同时，也可以促进不同学科之间的交流和合作，推动跨学科的教育教学和研究。

### （三）注重培养学生的综合素质

注重培养学生的综合素质是实践教学中的重要任务之一。除了知识传授之外，教师还需要关注学生的能力、素质和价值观等方面的培养，以帮助他们成为具备全面素质的人才。以下从5个方面进行阐述。

#### 1. 培养学生的实践能力和创新意识

实践教学是提高学生实践能力和创新意识的重要途径之一。教师可以安排一些具有挑战性的任务和活动，如环境调研、环保方案设计等，来帮助学生将所学知识应用于实际情境中，并培养他们的创新意识和解决问题的能力。例如，教师可以让学生针对某个环境问题设计出解决方案，并让他们在小组讨论中分享思路和经验，从而提高学生的实践能力和创新意识。

#### 2. 培养学生的社会责任感和参与意识

实践教学还可以培养学生的社会责任感和参与意识。教师可以组织一些志愿服务、环保宣传等活动，让学生亲身参与到环境保护的实践中，并意识到自己的责任和义务。例如，教师可以组织学生参与当地的环保行动，如清理河流、保护野生动物等，让学生意识到环境保护的重要性，并培养他们的社会责任感和参与意识。

#### 3. 培养学生的独立思考能力和判断力

实践教学还可以培养学生的独立思考能力和判断力。教师可以引导学生关注环境保护的最新动态和趋势，并鼓励他们积极参与相关讨论和交流活动，以培养他们的独立思考能力和判断力。例如，教师可以组织学生进行环保主题的辩论赛或讨论会，让学生自主搜集和分析信息，并提出自己的观点和看法，从而提高学生的独立思考能力和判断力。

#### 4. 培养学生的团队合作精神和沟通能力

实践教学还可以培养学生的团队合作精神和沟通能力。教师可以安排一些小组合作的任务或活动，如小组讨论、团队游戏等，来帮助学生学会与他人合作、沟通和协调，并培养他们的团队合作精神和沟通能力。例如，教师可以组织学生进行团队建设活动，如接力比赛、团队拔河等，让学生在游戏中学会合作、沟通和协调，从而提高学生的团队合作精神和沟通能力。

#### 5. 培养学生的文化素养和人文精神

实践教学还可以培养学生的文化素养和人文精神。教师可以利用实践教学的机会，引导学生关注环境保护的历史和文化背景，并了解不同地区的环境问题和解决方法。例如，教师可以组织学生参观历史文化遗址或博物馆等场所，让学生了解环境保护的历史和文化背景，并培养他们的文化素养和人文精神。同时，教师还可以安排一些具有文化内涵的任务或活动，如文化节策划、传统文化展示等，来帮助学生了解和传承传统文化，并培养他们的文化素养和人文精神。

### （四）实践教学与理论教学的有机结合

实践教学与理论教学的有机结合是提高教学质量和效果的关键之一。下面从 5 个方面进行阐述。

#### 1. 实践教学是理论教学的巩固和深化

实践教学是巩固和深化理论教学的重要环节。通过实践教学，学生可以将所学的理论知识应用于实际情境中，从而更好地理解和掌握相关知识。同时，实践教学还可以帮助学生发现和解决理论教学中难以遇到的问题和挑战，提高他们的实践能力和解决问题的能力。例如，在环境工程实践教学中，学生可以通过实际操作来巩固和深化理论教学中所学的化学反应原理、污染治理技术等方面的知识。

#### 2. 理论教学是实践教学的指导和支撑

理论教学是实践教学的指导和支撑。在实践教学中，学生需要具备相关的理论基础和知识才能更好地完成相关任务和活动。因此，理论教学是实践教学的基础和前提。同时，理论教学还可以为实践教学提供指导和支持，帮助学生更好地理解和掌握实践技能和方法。例如，在环境监测实践教学中，学生需要具备相关的环境监测原理、方法和数据分析等方面的理论知识，才能更好地完成实际监测任务并取得准确结果。

#### 3. 实践教学与理论教学相辅相成

实践教学与理论教学是相辅相成的两个环节。只有将两者有机结合起来，才能更好地实现教学目标和提高教学质量。在实践教学中，学生可以通过实际操作来巩固和深化所学的理论知识；在理论教学中，学生可以通过对实际问题的探讨和分析来加深对相关理论知识的理解和掌握。例如，在环境影响评价实践教学中，学生可以通过实际评价项目来巩固和深化所学的环境影响评价理论知识和方法；在环境影响评价理论教学中，学生可以通过对实际评价项目的分析和讨论来加深对相关理论知识的理解和掌握。

#### 4. 实践教学与理论教学的结合方式

实践教学与理论教学的结合方式多种多样，教师可以根据实际情况进行选择和安排，例如，可以在理论教学中穿插实践案例的讲解和分析；也可以在实践教学中安排相关的理论知识和原理的讲解和分析；还可以在实践教学中引导学生探讨实际问题的解决方法和实践途径等。在环境工程理论教学中，教师可以穿插一些环境污染治理工程案例的讲解和分析；在环境监测实践教学中，教师可以安排相关的环境监测原理和方法的讲解和分析；在环境影响评价实践教学中，教师可以引导学生探讨实际评价项目的解决方法和实践途径等。

5. 实践教学与理论教学的质量保障

实践教学与理论教学的质量保障是提高教学质量和效果的关键之一。教师需要注重对实践教学的安排和管理，同时，还需要注重对实践教学的评估和反馈。例如，教师可以制订实践教学计划和方案，建立实践教学评估指标体系，及时收集和分析学生的反馈意见等措施来保障实践教学的质量和效果。同时，教师还需要注重对理论教学的管理，例如制订理论教学计划和方案，采用对相关课程的教学质量评估和反馈等措施来保障理论教学的质量和效果。

**（五）评估和反馈机制的建立和完善**

1. 建立评估机制

在生态文明教育实践教学中，评估机制的建立和完善是至关重要的。评估不仅可以帮助教师了解学生的学习情况和需求，以制订更加针对性的教学计划，还可以帮助学生了解自己的学习成果和不足之处，从而调整学习策略，提高学习效果。具体包括以下几个方面。

（1）设定评估目标：在制定评估机制时，教师首先要明确评估的目标。评估的目标应该与教学目标相一致，同时要关注学生的知识掌握、技能运用、情感态度等多个方面。通过评估目标的设定，教师可以更好地指导教学计划的制订和实施。

（2）制定评估标准：评估标准的制定是评估机制的核心内容。评估标准应该包括知识掌握、技能运用、情感态度等多个方面，同时，要注重标准的具体化和可操作性。通过评估标准的制定，教师可以更好地了解学生的学习情况和需求，同时，也可以更好地指导学生的学习和成长。

（3）实施评估：在实践教学中，评估可以通过多种方式进行实施。例如，教师可以组织学生进行小组讨论、案例分析、实际操作等，通过多种形式的评估，可以更全面地了解学生的学习情况和需求。同时，教师还可以定期进行笔试、面试、作业等多种形式的考核，以便更好地了解学生的学习情况和需求。

2. 完善反馈机制

反馈是教学中非常重要的一环。通过反馈，学生可以了解自己的学习成果和不足之处，从而调整学习策略，提高学习效果；教师也可以通过反馈了解学生的学习情况和需求，从而调整教学策略，提高教学效果。因此，完善反馈机制是提高实践教学质量的重要措施之一。具体包括以下方面。

（1）及时反馈：及时反馈是反馈机制的核心内容之一。教师应该在第一时间将学生的学习情况反馈给学生，以便学生能够及时调整学习策略，提高学习效果。同时，教师还应该定期进行总结和反思，以便更好地了解学生的学习情况和需求，为后续的教学提供参考和依据。

（2）具体反馈：具体反馈是指将学生的不足之处具体化和明确化。教师不应该只是简单地告诉学生"你做错了"，而应该具体地告诉学生错在哪里、为什么错了、应该如何改正等。通过具体反馈，教师可以更好地帮助学生了解自己的不足之处和提高自己的学习效果。

（3）建设性反馈：建设性反馈是指教师给予学生的反馈应该具有建设性和指导性。教师不仅应该告诉学生错在哪里、为什么错了、应该如何改正等，还应该根据学生的学习情况给予具体的建议和指导，以便学生能够更好地提高自己的学习效果和成绩。

3. 结合多种教学方法

在实践教学中，单一的教学方法往往难以达到理想的教学效果。因此，教师应该结合多种教学方法进行教学，以便更好地提高实践教学的效果和质量。例如，教师可以结合案例教学和项目式教学等方法进行教学，以便更好地帮助学生了解实际问题和解决实际问题；教师也可以结合线上教学和线下教学等方法进行教学，以便更好地帮助学生掌握知识和技能。

4. 加强与学生的沟通和交流

在实践教学中，沟通和交流是非常重要的环节。教师应该加强与学生的沟通和交流，以便更好地了解学生的学习情况和需求；学生也应该加强与教师的沟通和交流，以便更好地了解自己的学习成果和不足之处。通过加强沟通和交流，教师可以更好地促进教与学的互动和提高实践教学的效果和质量。

5. 不断改进和提高

实践教学是一个不断改进和提高的过程。教师应该不断总结经验教训、提高自己的教学水平；学生也应该不断总结经验教训、提高自己的学习效果。通过不断改进和提高实践教学，教师可以更好地提高实践教学的效果和质量并为培养具备全面素质的人才做出贡献。

## 四、开放性原则

生态文明教育的实践教学是为了提高学生的生态文明素质，培养他们的创新能力和实践能力，从而帮助他们更好地适应社会发展的需要。在实践教学中，开放性原则是非常重要的，它鼓励学生跨学科、跨领域的学习和思考，培养他们的综合素质和创新能力。

## （一）鼓励学生进行跨学科、跨领域的学习和思考

实践教学是鼓励学生进行跨学科、跨领域学习和思考的重要途径。以下是一些具体的方法。

### 1. 小组讨论

教师可以组织学生进行小组讨论，让他们针对某一环境问题展开讨论。学生可以来自不同的学科背景，这样可以鼓励他们从不同的角度看待问题，提出创新的解决方案。

### 2. 实地考察

教师可以带领学生参观环境现场，让他们了解环境问题的实际情况。同时，学生可以通过实地考察，学习到不同学科的知识和方法，提高他们的实践能力。

### 3. 专题讲座

教师可以邀请不同学科领域的专家和学者为学生进行专题讲座，让学生了解最新的研究成果和观点。这样可以拓展学生的视野和思路，激发他们的学习兴趣。

## （二）关注现实生活中的生态环境问题

在当今社会，生态环境问题已成为人们关注的焦点。环境污染、气候变化、生物多样性丧失等问题的存在，对人类的生存和发展带来了巨大的挑战。面对这些问题，生态文明教育的重要性日益凸显。然而，要想更好地推进生态文明教育，教师需要关注现实生活中的生态环境问题，并将其引入到实践教学中，引导学生分析和思考。

为了在实践教学中关注现实生活中的生态环境问题，教师可以采取以下具体方法。

### 1. 结合课程内容设计案例

教师可以结合课程内容，设计关注现实生活中的生态环境问题的案例。例如，针对大气污染问题，教师可以设计相关的案例，引导学生分析污染的原因、影响及解决方案。通过这种方式，教师可以帮助学生更好地理解和解决实际问题。

### 2. 组织实地考察和调研

教师可以组织学生进行实地考察和调研，了解当地的环境问题和生态保护情况。例如，教师可以带领学生参观垃圾处理厂、污水处理厂等地方，让学生了解环境污染的治理情况和措施。通过这种方式，教师可以增强学生的感性认识和参与意识。

### 3. 开展社会实践项目

教师可以引导学生开展社会实践项目，解决现实生活中的生态环境问题。例如，针对当地的水污染问题，教师可以组织学生开展水质检测和治理的社会实践项目。通过这种方式，教师可以提高学生的实践能力和社会责任感。

### （三）运用所学知识解决实际问题

运用所学知识解决实际问题，是实践教学的重要目标之一。为了实现这一目标，教师可以采取以下措施。

1. 安排实际项目或案例

教师可以安排一些实际项目或案例，让学生运用所学知识进行方案设计、施工和管理等工作。例如，针对环境保护问题，教师可以安排学生设计一个垃圾分类处理方案，并让他们在实践中实施和优化方案。通过这种方式，教师可以提高学生的实践能力和创新意识，同时也可以让他们更好地了解环境保护的重要性。

2. 加强实践操作训练

教师可以通过实践操作训练，帮助学生掌握实际操作技能。例如，教师可以安排一些实验课程，让学生进行实验操作，使他们掌握实验技能和方法，同时，教师也可以安排一些实习课程，让学生在实际工作岗位上锻炼和成长。通过这种方式，教师可以提高学生的实践能力和职业素养。

3. 促进校内外合作与交流

教师可以促进校内外合作与交流，让学生更好地了解社会发展的需要和实际工作环境。例如，教师可以安排一些校企合作项目，让学生参与到企业的实际工作中，了解企业的运营模式和管理方法，同时，也可以邀请企业人士到学校进行讲座或培训，让学生更好地了解行业动态和职业规划。通过这种方式，教师可以让学生更好地适应社会发展的需要，提高他们的就业竞争力。

4. 培养学生的自主学习能力

自主学习能力是运用所学知识解决实际问题的关键。因此，教师可以培养学生的自主学习能力，让他们更好地掌握知识和技能。例如，教师可以安排一些探究性学习任务，让学生自主探究、发现问题和解决问题，也可以提供一些学习资源和学习工具，让学生自主选择和学习。通过这种方式，教师可以提高学生的自主学习能力和解决问题的能力。

### （四）强调学生的主体地位和教师的引导作用

实践教学应该强调学生的主体地位和教师的引导作用。以下是一些具体的方法和措施。

1. 尊重学生的个性和兴趣爱好

每个学生都有自己独特的个性和兴趣爱好。因此，教师应该尊重学生的个性和兴趣爱好，鼓励他们自主选择学习内容和方式。例如，教师可以安排一些多样化的实践活动，让学生自主选择参与。同时，教师也可以根据学生的兴趣爱好和特长，为他们提供个性化的学习方案和指导。通过这种方式，教师可以激发学生的学习兴趣和动力，让他们更加主动地参与到实践教学中。

2. 帮助学生明确学习目标

在实践教学开始之前，教师应该帮助学生明确学习目标。具体来说，教师应该根据学生的实际情况和需求，确立切实可行的学习目标，并让学生了解这些目标的意义和作用。同时，教师也应该根据学习目标的要求，为学生提供相应的学习资源和指导方案。通过这种方式，教师可以让学生有目的地学习，提高学习效率和质量。

3. 掌握学习方法

掌握正确的学习方法是提高学习效率和质量的关键。因此，在实践教学中，教师应该注重教授学生正确的学习方法。例如，教师可以安排一些学习策略和方法训练，让学生掌握高效的学习方法。同时，教师也可以通过个别辅导或小组讨论等方式，为学生提供针对性的指导和帮助。通过这种方式，教师可以让学生更加高效地学习，提高他们的学习能力和成绩。

4. 提高学习效率和质量

提高学习效率和质量是实践教学的最终目标之一。因此，在实践教学中，教师应该注重提高学生的学习效率和质量。例如，教师可以安排一些检测和反馈机制，让学生及时了解自己的学习情况和不足之处，也可以安排一些拓展性和延伸性的实践活动，让学生进一步巩固和应用所学知识。通过这种方式，教师可以让学生更加高效地学习，提高他们的学习效率和质量，同时也可以培养他们的自主学习能力和创新意识，让他们更好地适应社会发展的需要。

（五）建立良好的评估和反馈机制

建立良好的评估和反馈机制是实践教学成功的关键之一。以下建议和方法可以帮助教师建立科学的评估和反馈机制。

1. 制定科学的评价标准和方法

制定科学的评价标准和方法是建立良好评估机制的基础。教师应该根据实践教学的目标和要求，制定全面、客观、公正的评价标准和方法。这些标准和方法应该能够涵盖学生的知识、技能、态度和表现等多个方面，并能够反映学生的实际水平和进步。此外，评价标准和方法应该具有可操作性和可量化性，以便于教师进行评估和比较。

2. 注重形成性评估和终结性评估的结合

形成性评估和终结性评估是两种不同的评估方式。形成性评估主要关注学生的学习过程和表现，而终结性评估则主要关注学生的学习成果和成绩。在实践教学中，教师应该注重将形成性评估和终结性评估相结合，以更好地了解学生的学习情况和进步。例如，教师可以安排一些平时作业、小测验、小组讨论、实验报告等形式的形成性评估，以了解学生在学习过程中的表现和进步。同时，教师也可以安排期末考试、作品评定、技能考核等形式的终结性评估，以了解学生的学习成果和成绩。

3. 及时反馈学生的学习成果和不足之处

反馈是实践教学的重要环节之一。教师应该及时反馈学生的学习成果和不足之处，让学生了解自己的学习情况和进步。同时，教师也应该给予学生必要的指导和帮助，让他们更好地改进自己的不足之处。例如，教师可以定期安排一些学习辅导、小组讨论、个别辅导等形式的反馈活动，让学生了解自己的学习情况和不足之处，并给予他们必要的指导和帮助。

4. 鼓励学生参与评估和反馈过程

学生是实践教学的主体，让他们参与评估和反馈过程可以更好地体现他们的主体地位和主动性。因此，教师应该鼓励学生参与评估和反馈过程，让他们积极评价自己的学习情况和进步，并提出改进意见和建议。例如，教师可以安排一些学生自评、互评、座谈会等形式的活动，让学生参与评估和反馈过程，让他们积极评价自己的学习情况和进步，并提出改进意见和建议。

5. 建立电子档案等形式的跟踪评估机制

跟踪评估机制可以更好地了解学生的学习情况和进步。因此，教师应该建立电子档案等形式的跟踪评估机制，记录学生的平时表现、作业、测验、考试等信息，以便更好地了解学生的学习情况和进步。同时，教师也可以根据跟踪评估机制的结果，及时调整自己的教学策略和方法，以更好地满足学生的需求和提高教学质量。

## 五、可持续性原则

生态文明教育的实践教学过程是一个长期的教育过程，需要注重长远影响和持续发展。在实践教学中，可持续性原则是非常重要的，它强调教育与实践的协调统一，以实现教育的长远影响和持续发展为目标。

### （一）注重实践教学的长远影响和持续发展

1. 制订科学合理的实践教学计划和方案

制订科学合理的实践教学计划和方案是确保实践教学长远影响和持续发展的基础。教师应该根据学生的实际情况和需求，结合实践教学的目标和要求，制订科学合理的计划和方案。这些计划和方案应该包括明确的教学目标、教学内容、教学方法、评估标准和方法等，并能够体现实践教学的特点和创新性。同时，教师也应该根据学生的实际情况和反馈，及时调整和优化实践教学计划和方案，确保教学质量和效果。

2. 明确实践教学的目标和要求

明确实践教学的目标和要求是确保教学质量和效果的关键之一。教师应该根据实践教学的实际情况和需求，制定明确的教学目标和要求，并能够体现实践教学的特点和创新性。同时，教师也应该根据学生的实际情况和反馈，及时调整和优化教学目标和要求，确保教学质量和效果。

3. 关注学生的个体差异和需求

学生是实践教学的主体，他们的个体差异和需求是影响教学质量和效果的重要因素之一。因此，教师应该关注学生的个体差异和需求，制订个性化的教学方案，帮助他们更好地发挥自己的潜力和特长。例如，教师可以根据学生的实际情况和兴趣爱好，制订个性化的教学方案，提供个性化的指导和帮助，让他们更好地发挥自己的潜力和特长。

4. 培养学生的创新意识和创新能力

实践教学的重要目的之一是培养学生的创新意识和创新能力。因此，教师应该注重培养学生的创新意识和创新能力，鼓励他们积极探索和实践新的想法和方法。例如，教师可以安排一些创新性实验、课题研究、小组讨论等形式的活动，让学生积极探索和实践新的想法和方法，并给予他们必要的指导和帮助。

5. 加强实践教学与理论教学的联系与衔接

实践教学与理论教学是相互联系、相互衔接的两个重要环节。因此，教师应该加强实践教学与理论教学的联系与衔接，让两者相互促进、相互补充。例如，教师可以安排一些理论与实践相结合的课程，让学生更好地理解理论知识的实际应用。同时，教师也可以安排一些实践性的作业和项目，让学生更好地将理论知识应用于实践中。

6. 建立实践教学评价体系和反馈机制

建立实践教学评价体系和反馈机制是促进实践教学持续发展的重要手段之一。因此，教师应该建立实践教学评价体系和反馈机制，对实践教学效果进行全面、客观、公正的评价。同时，教师也应该通过反馈机制及时了解学生的学习情况和反馈意见和建议，并给予必要的指导和帮助。此外，教师也应该定期对实践教学进行总结和反思，及时发现和解决问题，不断提高实践教学的质量和效果。

7. 加强实践教学师资队伍的建设

实践教学师资队伍的素质和能力是影响实践教学质量和效果的重要因素之一。因此，教师应该加强实践教学师资队伍的建设，提高他们的素质和能力。例如，教师可以参加相关的培训和学习活动，提高自己的专业素养和实践能力。同时，教师也可以与其他教师进行交流和合作，分享经验和资源，共同提高实践教学的质量和效果。

（二）注重教学内容的时代性和前瞻性

1. 及时更新教学资源和技术手段

随着社会的发展和科技的进步，教学资源和技术手段也在不断更新换代。因此，在实践教学中，教师应该及时更新教学资源和技术手段，运用现代化的教学设备和手段，如互联网、多媒体、虚拟仿真等技术，提高教学效果和质量。同时，教师也应该关注当代生态文明建设的最新动态和成果，将其融入到教学中，让学生及时了解和掌握最新的理论和实践经验。

2. 关注当代生态文明建设的最新动态和成果

当代生态文明建设是一个不断发展和演进的领域，不断有新的理论和实践成果涌现。因此，在实践教学中，教师应该关注当代生态文明建设的最新动态和成果，将其融入教学中，让学生及时了解和掌握最新的理论和实践经验。例如，教师可以安排一些专题讲座、案例分析、实地考察等形式的活动，让学生深入了解当代生态文明建设的最新动态和成果。

3. 将最新的理论和实践经验融入教学中

将最新的理论和实践经验融入教学中是促进教学内容时代性和前瞻性的重要手段之一。因此，教师应该将最新的理论和实践经验融入到教学中，让学生及时了解和掌握最新的理论和实践经验。例如，教师可以安排一些与当代生态文明建设相关的课程和课题研究，让学生深入了解最新的理论和实践经验。同时，教师也可以邀请一些专家学者进行讲座和交流，让学生了解最新的理论和实践经验。

4. 培养学生的前瞻意识和创新思维

教学内容的时代性和前瞻性不仅要求学生及时了解和掌握最新的理论和实践经验，还要求学生具备一定的前瞻意识和创新思维。因此，教师应该注重培养学生的前瞻意识和创新思维。例如，教师可以安排一些创新性实验、课题研究、小组讨论等形式的活动，让学生积极探索和实践新的想法和方法，并给予他们必要的指导和帮助。同时，教师也可以安排一些跨学科的课程和课题研究，让学生了解不同学科之间的联系和融合，培养他们的综合思维能力和创新能力。

5. 加强实践教学与科研的结合

实践教学与科研是相互促进、相互补充的两个重要环节。因此，教师应该加强实践教学与科研的结合，将科研成果转化为实践教学内容，将实践教学与科研相结合，提高实践教学的质量和效果。例如，教师可以安排一些与当代生态文明建设相关的课题研究，让学生积极参与科研活动，了解科研的流程和方法，并给予他们必要的指导和帮助。同时，教师也可以将科研成果转化为实践教学内容，让学生了解最新的科研成果和实践经验。

6. 建立实践教学反馈机制和评价体系

建立实践教学反馈机制和评价体系是促进教学内容时代性和前瞻性的重要手段之一。因此，教师应该建立实践教学反馈机制和评价体系，对实践教学效果进行全面、客观、公正的评价。同时，教师也应该通过反馈机制及时了解学生的学习情况和反馈意见和建议，并给予必要的指导和帮助。此外，教师也应该定期对实践教学进行总结和反思，及时发现和解决问题，不断提高实践教学的质量和效果。

7. 加强实践教学师资队伍的建设

实践教学师资队伍的素质和能力是影响实践教学质量和效果的重要因素之一。因此，教师应该加强实践教学师资队伍的建设，提高他们的素质和能力。例如，教师可以参加相关的培训和学习活动，提高自己的专业素养和实践能力。同时，教师也可以与其他教师进行交流和合作，分享经验和资源，共同提高实践教学的质量和效果。

（三）建立起完善的实践教学体系

1. 确立实践教学的目标

实践教学的目标是指通过实践教学活动所要达到的目标，是整个实践教学体系的基础。因此，在建立实践教学体系时，教师首先要明确实践教学的目标，即通过实践教学活动，让学生掌握哪些实践技能和知识，并培养学生的哪些能力和素质。只有明确了实践教学的目标，才能更好地开展实践教学活动。

2. 制订实践教学的计划

实践教学计划是实现实践教学目标的重要保障。因此，在建立实践教学体系时，教师要制订好实践教学计划，明确实践教学的时间、内容、方法等，并根据实际情况及时进行调整和修改。同时，教师还要制定好实践教学的考核标准和方法，确保实践教学活动的质量和效果。

3. 丰富实践教学内容

实践教学内容是实现实践教学计划的重要手段。因此，在建立实践教学体系时，教师要注重丰富实践教学内容，包括实验、实习、社会实践、课程设计等多种形式，并不断更新和改进实践教学内容，确保实践教学活动的时代性和前瞻性。同时，教师还要注重跨学科的实践教学效果，让学生能够全面、系统地掌握知识和技能。

#### 4. 创新实践教学方法

实践教学方法是实现实践教学计划的重要途径。因此，在建立实践教学体系时，教师要注重创新实践教学方法，采用多种形式的教学手段和工具，如互联网、多媒体、虚拟仿真等，提高实践教学的效果和质量，同时，还要注重培养学生的创新思维和实践能力，采用探究式、讨论式、案例式等教学方法，让学生积极参与实践教学活动。

#### 5. 完善实践教学评价体系

实践教学评价体系是检验实践教学成果的重要手段。因此，在建立实践教学体系时，教师要完善实践教学评价体系，采用多种评价方式和方法，如学生自评、互评、教师评价等，对实践教学进行评价和反馈，同时，还要注重对实践教学中出现的问题进行分析和总结，及时调整和改进实践教学计划和方法。

#### 6. 加强实践教学师资队伍建设

实践教学师资队伍是保障实践教学质量和效果的重要力量。因此，在建立实践教学体系时，学校要加强实践教学师资队伍建设，提高教师的专业素养和实践能力，同时，还要鼓励教师积极参与实践教学活动，发挥他们的主体作用和创新能力，推动实践教学的不断发展和进步。

#### 7. 构建实践教学信息化平台

随着信息技术的发展和应用，构建实践教学信息化平台已成为推动实践教学发展的重要手段之一。实践教学信息化平台可以实现实践教学资源的共享、实践教学过程的在线管理、实践教学成果的展示等功能，提高实践教学的效率和质量。因此，在建立实践教学体系时，学校要注重构建实践教学信息化平台，促进信息技术与实践教学的深度融合和创新发展。

#### （四）积极开展实践教学研究，探索和创新适合当代大学生特点的实践教学方法和模式

#### 1. 实践教学研究的重要性

实践教学研究是推动实践教学发展的重要手段之一。通过实践教学研究，教师可以深入探讨实践教学的规律、特点和方法，总结实践教学的经验和教训，为实践教学提供指导和借鉴。同时，实践教学研究还可以为实践教学体系的建设和完善提供理论支持和实践经验，为提高实践教学的质量和效果提供有力保障。

#### 2. 适合当代大学生特点的实践教学方法和模式

（1）案例教学：案例教学是一种以案例为基础的教学方法，通过引导学生分析和解决问题，培养他们的实践能力和创新思维。在案例教学中，教师可以根据课程内容和学

生实际情况选择合适的案例，引导学生积极参与、思考和讨论，从而提高学生的分析能力、判断能力和解决问题的能力。

（2）情景模拟：情景模拟是一种模拟真实场景的教学方法，通过模拟真实的职业场景和工作过程，让学生在实际操作中学习和掌握知识和技能。在情景模拟中，教师可以根据课程内容和职业要求设计模拟场景和任务，引导学生积极参与、操作和实践，从而提高学生的实际操作能力和职业素养。

（3）小组讨论：小组讨论是一种以小组为单位的教学方法，通过小组内的讨论和交流，引导学生主动思考、交流和分享知识。在小组讨论中，教师可以根据课程内容和学生实际情况划分小组，设计讨论主题和任务，引导学生积极参与、讨论和交流，从而提高学生的沟通能力、协作能力和综合素质。

（4）项目式实践：项目式实践是一种以项目为主线的教学方法，通过引导学生参与项目的设计、实施和管理，培养他们的实践能力和创新思维。在项目式实践中，教师可以根据课程内容和学生实际情况选择合适的项目，引导学生积极参与、实践和探索，从而提高学生的实践能力、团队协作能力和综合素质。

（5）反转课堂：反转课堂是一种将传统的教学方式进行反转的新型教学模式，通过课前预习、课中讲解、课后反馈的方式，让学生更加主动地参与学习。在反转课堂中，教师可以提前将课程的相关资料和视频上传至网络平台，让学生在课前进行预习和自学，然后在课堂中进行讲解和讨论，最后通过学生的反馈来不断完善教学内容和方法。反转课堂可以提高学生的自主学习能力和学习效果，同时也可以促进教师不断提高自身的专业素养和实践能力。

## （五）培养学生的可持续发展意识

在当今社会，可持续发展已经成为全球共同的目标和追求。面对资源短缺、环境污染、生态破坏等问题，人们越来越意识到可持续发展的重要性。因此，培养学生的可持续发展意识是教育工作的重要任务之一。下面将探讨如何在实践教学中培养学生的可持续发展意识。

### 1. 培养学生的环保意识

在实践教学中，教师可以引导学生关注环境问题，了解环境问题的严重性和紧迫性。例如，教师可以组织学生参加环保活动，如清理河流边的垃圾、保护野生动物等，让学生在实践中认识到环境保护的重要性。同时，教师也可以通过课堂讲解、案例分析等方式，让学生了解环境问题的根源和解决方法，从而培养学生的环保意识和可持续发展的价值观。

2. 了解生态系统的运作和平衡

实践教学是让学生通过观察、实验、探究等方式了解自然界的运作和平衡。教师可以引导学生了解生态系统的构成、功能和平衡，让学生认识到生态系统是人类生存的基础。同时，教师也可以通过实践活动，如野外实习、生态旅游等，让学生亲身感受生态系统的美丽和珍贵，从而培养学生的生态意识和环境保护意识。

3. 探索可持续发展的路径和方法

实践教学是让学生通过实践探索可持续发展的路径和方法。教师可以引导学生了解可持续发展的概念、原则和实践，让学生认识到可持续发展是实现人类社会长期稳定和繁荣的重要途径。同时，教师也可以通过实践活动，如社会调查、社区服务等，让学生了解可持续发展的实际应用和推广方法，从而培养学生的可持续发展意识和实践能力。

4. 增强学生的社会责任感

实践教学是让学生通过实践增强社会责任感和使命感。教师可以引导学生了解社会问题的严重性和紧迫性，让学生认识到自己作为社会成员的责任和使命。同时，教师也可以通过实践活动，如志愿服务、公益活动等，让学生亲身感受到自己的力量和价值，从而培养学生的社会责任感和使命感。

培养学生的可持续发展意识是教育工作的重要任务之一。实践教学是培养学生可持续发展意识的重要途径之一。通过引导学生关注环境问题、了解生态系统的运作和平衡、探索可持续发展的路径和方法等方式，学校可以培养学生的环保意识和可持续发展的价值观。同时，通过组织学生参与环保活动、开展绿色行动等方式，学校可以进一步增强学生的可持续发展意识和社会责任感。这些意识和责任感的增强将有助于学生成为具有高度社会责任感和环保意识的公民，从而为建设可持续发展的社会做出积极的贡献。

# 第二节　生态文明教育实践教学的参与与效果评估

## 一、教师的作用

在生态文明教育实践教学中，教师的作用至关重要。他们不仅是知识的传授者，也是引导学生参与实践活动、促进学生自主学习和监督学生学习成果的关键角色。以下是教师在生态文明教育实践教学中发挥的主要作用。

1. 制定明确的教学目标

教师首先要根据课程大纲和学生的实际情况，制定明确的教学目标。这些目标应与生态文明教育的总体目标相一致，并能够通过实践教学活动得以实现。例如，教师可以设定关于提高学生环保意识、培养解决问题能力等方面的具体目标，然后围绕这些目标设计实践教学活动。

2. 设计合适的实践教学活动

教师需要根据教学目标和学生需求，设计合适的实践教学活动。这些活动应具有实际操作性，能够让学生在实践中学习和体验生态文明的重要性。例如，教师可以组织学生进行环保志愿活动、参观生态保护区或者开展环保项目等。

3. 指导学生的实践活动

在实践教学活动中，教师需要发挥指导作用，帮助学生解决遇到的问题和困难。他们可以提供必要的理论指导，引导学生运用所学知识解决实际问题，同时也可以提供实际的帮助和支持，例如为学生提供必要的设备和工具等。

4. 监督学生的参与情况和学习成果

教师还需要对学生的参与情况进行监督，确保每个学生都能积极参与实践活动，并及时发现和纠正学生的不良行为和习惯。同时，他们还需要对学生的实践成果进行评估，了解学生的学习进展和收获，以便及时调整教学策略和方法。

5. 及时反馈与调整实践教学策略

教师需要收集学生和同事的反馈意见和建议，及时发现和纠正实践教学中存在的问题和不足。同时，他们还需要根据学生的实际情况和需求，不断调整和优化实践教学策略和方法，以提高教学效果和质量。

## 二、学生的角色

在大学生生态文明教育实践教学中，学生作为学习的主体，扮演着积极的参与者、自主的学习者以及团队合作者的角色。以下是学生在实践教学中的主要作用。

1. 积极参与实践教学活动

学生是实践教学的核心参与者，他们的积极参与是实践教学取得成功的关键。在生态文明教育实践教学中，学生需要认真对待教师布置的任务和要求，积极参与各种实践教学活动。例如，学生可以主动参加环保志愿者活动、参观生态保护区、参与环保项目等，通过亲身参与来增强对生态文明的理解和认识。

2. 自主思考和学习

在实践教学中，学生需要发挥自主性，积极思考和学习。学生可以通过自主学习，掌握生态文明的基本理论和实践技能，形成独立思考和解决问题的能力。例如，学生可以在教师的指导下，自主搜集和整理关于生态文明的相关资料，通过分析和归纳，形成自己的观点和见解。

### 3. 团队合作和交流

实践教学中往往需要学生进行团队合作和交流。学生可以组成小组，共同完成教师布置的任务，通过相互协作、互相帮助，提高团队合作能力和凝聚力。同时，学生还可以与其他同学、教师进行交流和讨论，分享自己的见解和经验，通过相互学习和启发，促进共同进步。

### 4. 自我管理和自我发展

在实践教学中，学生还需要学会自我管理和自我发展。学生需要制定自己的学习计划和目标，合理安排时间，掌握自己的学习进度和方向。同时，学生还需要通过反思和评估，不断改进自己的学习方法和策略，提高学习效果和质量。通过自我管理和自我发展，学生能够更好地适应实践教学的学习要求，提升自身的综合素质和能力。

### 5. 参与反馈和改进实践教学

学生作为实践教学的参与者和受益者，他们的学习效果和质量具有重要的反馈作用。学生可以积极提供对实践教学的意见和建议，帮助教师不断改进和优化实践教学的内容和方式。同时，学生还可以通过参与评价机制，对其他同学的学习表现和成绩进行评价和反馈，促进大家共同进步。

## 三、效果评估标准

为了准确评估大学生生态文明教育实践教学的效果和质量，学校需要制定一套科学、合理的评估标准。以下是一些建议的评估指标和标准。

### 1. 学生参与度

（1）参与度：学生是否积极参与实践教学活动，主动参与讨论、提问和分享经验。

（2）准备情况：学生是否提前预习、准备相关资料，对实践活动有充分的了解和认识。

（3）专注度：学生在实践教学过程中是否保持专注，是否认真听取教师讲解和指导。

### 2. 学习成果

（1）知识掌握情况：学生是否掌握生态文明的基本理论和实践技能，能否运用所学知识分析和解决实际问题。

（2）学习质量：学生完成作业、测试或项目的质量，是否达到预期的学习目标。

（3）技能提升：学生在实践过程中是否具备良好的观察能力、思考能力和解决问题的能力，能否在实践中不断提升自己的技能和能力。

3. 情感态度

（1）兴趣和热情：学生对生态文明教育是否具有浓厚的兴趣和热情，能否主动参与相关活动。

（2）合作精神：学生是否具备良好的合作意识和团队精神，能否与他人协作完成任务。

（3）责任感：学生对自己的学习任务和责任是否具有清晰的认识，能否积极主动地承担责任。

4. 教学反馈

（1）教师评价：教师对学生的表现进行评价，包括学习态度、学习效果、合作精神等方面。

（2）学生自评：学生对自己的学习过程和学习成果进行评价，反思自己的不足之处，提出改进措施。

（3）同伴互评：学生之间进行相互评价，互相学习和借鉴，共同提高。

5. 实践教学改进

（1）教学计划和内容的适宜性：实践教学计划和内容是否符合学生的学习需求和实际情况，能否帮助学生更好地掌握生态文明知识。

（2）教学策略的有效性：教师所采用的教学策略是否有助于激发学生的学习兴趣、提高学习效果，能否培养学生的自主学习能力和团队合作精神。

（3）教学设施的完备性：实践教学设施是否完善，包括场地、设备、材料等，能否满足学生的学习需求和实践教学要求。

6. 社会影响力

（1）学生参与社会环保活动的积极性：学生是否积极参与社会环保活动，将所学知识应用于实践中，发挥自己的作用。

（2）社会对实践教学的认可度：社会对实践教学的认可度和评价如何，实践教学是否得到了社会的支持和肯定。

（3）实践教学对社会的影响力：实践教学是否能够产生积极的社会影响力，如提高学生的环保意识、推动社会的可持续发展等。

## 四、反馈机制

在大学生生态文明教育实践教学中，反馈机制的建立至关重要。有效的反馈机制能够及时获取学生和教师的反馈意见和建议，帮助改进实践教学，提高其质量和效果。以下是一些建议的反馈机制。

1. 建立多渠道反馈途径

（1）匿名调查问卷：通过定期发放匿名调查问卷，教师让学生能够自由表达对实践教学的看法和建议。调查问卷可以包括对教学内容、教学方法、教学设施等方面的评价。

（2）面对面交流：教师可以定期安排与学生面对面的交流，了解学生在实践教学过程中的感受和困惑，及时发现问题并采取措施进行改进。

（3）集体讨论：在教学过程中，教师可以安排集体讨论环节，让学生们共同探讨实践教学中出现的问题和困难，引导学生积极提出解决方案，促进实践教学的发展。

（4）经验分享：定期组织学生进行经验分享，让学生分享自己在实践教学中的收获和体会，同时也可以分享自己在实践中遇到的问题及解决方法。

2. 教师反馈机制

（1）课堂观察：教师可以通过课堂观察，了解学生在实践教学中的表现和学习情况，判断学生的学习需求和问题，及时调整教学策略。

（2）学生作业：教师通过批改学生作业，了解学生对实践教学内容的掌握情况，发现问题并及时进行针对性的指导。

（3）教学反思：教师需要及时进行教学反思，总结实践教学的经验和教训，不断优化教学方法和策略，提高实践教学水平。

3. 建立反馈处理机制

（1）及时处理：对于收集到的反馈意见和建议，教师需要及时进行处理和回应，对于能够解决的问题，应立即采取措施进行解决；对于无法立即解决的问题，应向学生解释原因并说明解决方案。

（2）跟踪问效：对于已经采取措施进行改进的反馈意见和建议，教师应进行跟踪问效，确保改进措施的有效性和实施效果。同时，教师也要关注改进措施是否具有可持续性效果，确保实践教学质量的持续提升。

（3）定期总结：对于收集到的反馈意见和建议，教师应定期进行总结和分析，发现共性问题并制订相应的解决方案。同时，教师也要对实践教学中的成功经验和做法进行总结和提炼，为今后的教学提供参考和借鉴。

4. 建立反馈激励机制

（1）鼓励表达：教师应鼓励学生积极表达对实践教学的看法和建议，对于提出有益改进措施的学生应给予肯定和鼓励。这可以增强学生的参与感和归属感，提高其积极性。

（2）表彰优秀：对于在实践教学中表现优秀的学生，教师应给予表彰和奖励，树立榜样作用。这可以激励其他学生向优秀学生看齐，共同提高实践教学的效果和质量。

（3）责任追究：对于在实践教学中出现的问题和困难，教师应追究相关人员的责任并督促其采取措施进行改进。这可以增强教师和管理人员的责任感和紧迫感，推动实践教学的发展。

5. 加强沟通与协作

（1）教师之间沟通：教师之间应加强沟通和协作，共同探讨实践教学中遇到的问题和困难。这可以促进教师之间的互相学习，帮助他们互相借鉴经验，提高教学效果。

（2）学生之间协作：学生之间应加强协作与配合，共同完成实践教学任务。这可以培养学生的团队合作精神和协调能力，同时也可以提高实践教学的效果和质量。

（3）与学校相关部门合作：实践教学部门应与学校相关部门密切合作，共同推进实践教学的改进和发展。这可以形成合力，实现资源共享，提高实践教学的整体水平。

# 第三节　大学生生态文明教育实践教学组织与管理的经验与启示

## 一、大学生生态文明教育实践教学组织与管理的经验

### （一）多元化实践教学

大学生生态文明教育实践教学应采用多种形式，以适应不同学习阶段和不同学习需求的学生。具体而言，可以采取以下几种实践教学形式。

1. 实地考察

组织学生前往当地生态保护区、自然公园等场所进行实地考察，让学生亲身体验生态环境的变化和生态问题的严重性。通过实地观察和调查，引导学生深入思考生态问题的根源和解决方法。

2. 环保志愿服务

组织学生参与环保志愿服务活动，如垃圾分类、植树造林、环保宣传等。通过志愿服务，让学生了解环保的重要性和自己在环保中的责任，提高其环保意识和责任感。

3. 生态保护项目

鼓励学生发起和参与生态保护项目，如校园环保项目、河流治理项目等。通过项目

实施，让学生了解项目管理的流程和方法，同时培养学生的团队协作能力和创新精神。

4. 社会实践

组织学生参与社会实践活动，如社会调查、环保公益活动等。通过社会实践，让学生了解社会问题和矛盾，同时培养学生的社会责任感和公共意识。

### （二）互动式教学

大学生生态文明教育实践教学应采用互动式教学方法，以增强学生的参与度和自主性。具体而言，可以采用以下几种互动式教学方法。

1. 课堂讨论

在课堂上组织学生开展主题讨论，引导学生发表自己的观点和看法，同时听取其他同学的意见和建议。通过课堂讨论，可以激发学生的学习兴趣和思考能力，同时培养学生的表达能力和批判性思维。

2. 小组合作

将学生分成若干小组，组织学生进行小组合作学习和实践。通过小组合作，可以培养学生的团队协作能力和沟通能力，同时提高学生的自主性和创造力。

3. 案例分析

选取典型的生态保护案例进行分析和讨论，引导学生深入了解生态问题的本质和解决方法。通过案例分析，可以增强学生的实际操作能力和解决问题的能力，同时培养学生的思维能力和创新能力。

4. 角色扮演

在课堂上组织学生进行角色扮演游戏，让学生扮演不同的角色，亲身体验生态问题的复杂性和解决方法的多样性。通过角色扮演游戏，可以增强学生的参与度和自主性，同时培养学生的表达能力和解决问题的能力。

### （三）实践基地建设

大学生生态文明教育实践教学应建立稳定的实践基地，以提供稳定的实践教学场所。具体而言，可以采取以下几种实践基地建设方式。

1. 校内实践基地

在校园内建立实践基地，如校园环保项目、植物园等。通过校内实践基地的建设和管理，可以方便学生进行日常实践和学习交流。

2. 校外实践基地

与当地生态保护区、自然公园等场所建立合作关系，建立校外实践基地。通过校外实践基地的建设和管理，可以为学生提供更加真实的实践环境和更加专业的指导。

### 3. 虚拟实践基地

利用现代信息技术手段，建立虚拟实践基地。通过虚拟实践基地的建设和管理，可以为学生提供更加便捷的实践方式和更加丰富的实践内容。

### （四）实践教学评估

大学生生态文明教育实践教学应建立完善的实践教学评估体系，以监督教学质量和学生的学习效果。具体而言，可以采用以下几种评估方式。

### 1. 过程评估

对实践教学过程进行评估，包括学生的参与度、自主性、团队协作能力等方面。通过过程评估可以及时发现问题，并采取相应的措施进行改进。

### 2. 结果评估

对实践教学结果进行评估包括学生的知识水平、技能水平、解决问题的能力等方面。通过结果评估可以衡量实践教学的效果和学生的收获程度，并为后续实践教学提供参考和依据。

### 3. 反馈评估

对实践教学进行反馈评估包括学生对实践教学的满意度、建议和意见等方面。通过反馈评估可以了解学生对实践教学的需求和期望，并为后续实践教学提供参考和依据，同时也可以促进教师不断改进教学方法和管理方式，提高教学质量和效果。

## 二、大学生生态文明教育实践教学组织与管理的启示

### （一）加强实践教学资源建设

随着社会对生态文明建设的日益重视，高校作为人才培养的重要基地，应积极加强生态文明教育的实践教学资源建设。这包括但不限于以下方面。

### 1. 实践基地建设

高校可以与当地的生态保护区、自然公园等建立合作关系，设立稳定的实践基地，为学生提供实地考察和实习的机会。同时，也可以在校内建设生态实验室、环保实验室等，满足学生日常实践的需求。

### 2. 实践设备投入

对于生态学、环境科学等专业的实践教学，高校应投入必要的设备，如生态监测设备、环境分析仪器等，确保学生能够接触到先进的实践工具，提高其实践能力。

### 3. 教师培训

高校应定期组织教师参加生态文明教育的培训和研讨会，提高教师的专业素养和教

学能力。同时，鼓励教师参与相关的科研项目，将科研成果转化为教学内容，丰富实践教学的内涵。

（二）创新实践教学内容和方法

高校应不断创新生态文明实践教学内容和方法，以适应学生的需求和社会的发展。

1. 实践教学项目设计

鼓励学生自行设计生态保护项目，如河流治理、植被恢复等。通过项目实践，培养学生的团队协作能力和创新思维。

2. 实践教学与科研结合：

鼓励学生参与教师的科研项目，将科研成果转化为实践教学的内容。同时，鼓励学生自行申请科研项目，培养其独立思考和解决问题的能力。

3. 引入现代信息技术

利用虚拟现实、人工智能等技术手段，开发虚拟实践平台，让学生在虚拟环境中进行实践操作，提高其实践能力。

（三）提高实践教学的管理和监督水平

有效的管理和监督是确保实践教学顺利进行的关键。高校应建立健全的管理和监督机制。

1. 明确各级职责

明确实践教学的主管部门、教师、学生的职责，确保实践教学活动的有序进行。

2. 制定实践教学计划和标准

根据专业培养目标和学生的实际情况，制定实践教学计划和标准，确保实践教学的质量和效果。

3. 加强过程管理和监督

对实践教学的过程进行全面管理和监督，确保实践教学活动的顺利进行。同时，建立有效的反馈机制，及时发现问题并采取措施进行改进。

4. 完善实践教学评价体系

建立完善的实践教学评价体系，对实践教学的效果进行全面评估。同时，鼓励学生参与教学评价和反馈活动，促进实践教学质量的不断提高。

（四）加强实践教学与理论教学的联系

理论教学是实践教学的基础和指导。高校应加强实践教学与理论教学的联系。

1. 在理论教学中渗透生态文明教育的内容

通过课堂教学、讲座等形式，向学生传授生态文明的基本理论和实践方法。

2. 通过实践活动加深对理论知识的理解和掌握

通过实践活动中的实际操作和体验，让学生更加深入地理解和掌握理论知识。同时，鼓励学生将理论知识应用于实践活动中，提高其实践能力和解决问题的能力。

（五）培养教师的生态文明教育意识

教师是实践教学的关键因素之一。高校应加强对教师的培训和引导。

1. 提高教师的专业素养和教学能力

通过培训、研讨会等形式提高教师的专业素养和教学能力，使其能够更好地指导学生进行实践活动。

2. 鼓励教师参与相关的学术交流和研究活动

通过参与学术交流和研究活动提高教师的学术水平和研究能力，从而更好地指导学生进行实践活动，并促进实践教学的发展。

# 第六章 大学生生态文明教育与志愿服务活动

## 第一节 大学生志愿服务的意义与目标

### 一、大学生志愿服务的定义与分类

#### （一）大学生志愿服务的定义

大学生志愿服务，顾名思义，是指在校大学生利用自己的业余时间，自愿为他人或社会提供无偿服务的行为。这种行为不仅仅是大学生对社会的回馈和奉献，更是他们积极投身社会公益活动、锻炼自己、提高个人综合素质的一种方式。

大学生志愿服务具有以下特点。

（1）自愿性：大学生参与志愿服务是完全自愿的，没有强制性的要求。他们根据自己的兴趣、特长和时间安排，选择适合自己的志愿服务项目，自发地为社会做出贡献。

（2）无偿性：大学生在志愿服务中提供的服务是无偿的，他们不追求物质回报，而是出于对社会和他人的关心和帮助。这种无偿性体现了大学生的高尚品质和社会责任感。

（3）社会责任感：大学生志愿服务体现了他们对社会的责任感。他们通过参与志愿服务，关注社会问题，为社会做出贡献，推动社会的进步和发展。

大学生志愿服务的内容广泛，包括但不限于以下几个方面。

（1）环保活动：参与校园、社区或乡村的环保宣传、垃圾分类、植树造林等环保活动，提高公众的环保意识。这些活动有助于保护环境、改善生态，促进可持续发展。

（2）公益活动：参与慈善机构、福利院、敬老院等机构的志愿服务，为需要帮助的人提供帮助。这些活动关注弱势群体，传递爱心和温暖，弘扬社会正能量。

（3）教育服务：为贫困地区或特殊教育机构提供教育支持，如支教、辅导等。这些活动有助于提高教育水平，促进教育公平，培养更多优秀的人才。

（4）文化传播：参与文化活动、文艺演出、文化交流等，传播中华优秀传统文化。这些活动有助于传承和弘扬中华文化，增强文化自信。

（5）社区服务：为社区居民提供便民服务，如义诊、义卖、义演等。这些活动关注社区居民的生活需求，增进邻里之间的交流与合作。

大学生志愿服务对于个人和社会都具有重要的意义。对于个人而言，参与志愿服务可以锻炼自己的组织能力、沟通能力和团队协作能力，提高自己的综合素质，同时，还可以培养自己的社会责任感和奉献精神。对于社会而言，大学生广泛参与志愿服务可以推动社会的进步和发展，促进社会的和谐与稳定。

### （二）大学生志愿服务的分类

大学生志愿服务，作为社会公益活动的重要组成部分，其分类丰富多样，涵盖了多个领域和方面。根据服务内容、形式和目的的不同，大学生志愿服务可以分为以下几类。

1. 环保类志愿服务

定义：这类志愿服务主要关注环境保护和可持续发展，通过实际行动保护环境，提高公众的环保意识。

例子：大学生参与校园、社区或乡村的环保宣传活动，如垃圾分类、节能减排等；参与植树造林、绿化校园或社区等环境保护项目。

目的：提高公众的环保意识，推动环境保护和可持续发展。

2. 公益类志愿服务

定义：这类志愿服务主要关注弱势群体和社会公益事业，为需要帮助的人提供支持和帮助。

例子：大学生参与慈善机构、福利院、敬老院等机构的志愿服务，如探访孤寡老人、陪伴残疾儿童等；参与灾区救援、扶贫济困等公益活动。

目的：关注弱势群体，传递爱心和温暖，促进社会公平和和谐。

3. 教育类志愿服务

定义：这类志愿服务主要关注教育事业和教育公平，为贫困地区或特殊教育机构提供教育支持。

例子：大学生参与支教活动，为贫困地区的孩子们提供教育机会；为特殊教育机构的孩子们提供辅导和关爱；参与校园文化活动，如学术讲座、文化交流等。

目的：促进教育公平和教育事业的发展，培养更多优秀的人才。

4. 文化类志愿服务

定义：这类志愿服务主要关注文化传承和文化交流，传播中华优秀传统文化。

例子：大学生参与文化活动、文艺演出、文化交流等，如举办传统文化讲座、组织文艺演出等；参与文化遗产保护项目，如文物修复、古迹保护等。

目的：传承和弘扬中华优秀传统文化，增强文化自信，促进文化多样性和文化交流。

5. 社区类志愿服务

定义：这类志愿服务主要关注社区居民的生活和需求，为社区居民提供便民服务。

例子：大学生为社区居民提供便民服务，如义诊、义卖、义演等；参与社区环境整治、绿化美化等社区建设活动；参与社区文化活动，如社区文艺演出、体育比赛等。

目的：关注社区居民的生活需求，增进邻里之间的交流与合作，促进社区和谐和居民幸福感。

## 二、大学生志愿服务在生态文明建设中的意义

### （一）传播生态文明理念

1. 传播生态文明理念是大学生志愿服务的重要意义

生态文明建设是当前社会发展的重要议题，它强调人类与自然和谐共生，保护生态环境，实现可持续发展。作为社会的新生力量，大学生具有较高的文化素养和思想觉悟，更容易接受和理解生态文明理念。通过参与志愿服务，大学生可以将生态文明理念传播给更多的人。

2. 大学生志愿服务在传播生态文明理念方面的作用

大学生志愿服务在传播生态文明理念方面具有重要的作用。他们可以通过自身的行为示范，引导公众养成节约资源、保护环境的生活方式。例如，大学生在校园内开展垃圾分类、节能减排等环保活动，倡导同学们节约用水、用电，减少浪费，保护校园环境。大学生志愿服务可以通过宣传教育活动，提高公众的环保意识。他们可以在社区、学校、企业等场所开展环保宣传活动，向公众普及环保知识，介绍环保法律法规，引导公众树立环保意识，养成环保习惯。大学生志愿服务还可以通过参与环保项目，推动生态文明建设。例如，大学生参与植树造林、绿化美化等环保项目，改善生态环境；参与环保科研项目，为环保事业提供技术支持；参与环保公益活动，为社会公益事业做出贡献。

3. 大学生志愿服务在传播生态文明理念方面的优势

大学生志愿服务在传播生态文明理念方面具有独特的优势。首先，他们具有较高的文化素养和思想觉悟，更容易接受和理解生态文明理念。其次，他们具有较强的组织能力和团队协作精神，能够有效地组织和开展各种环保活动。此外，他们还具有较强的社会责任感和使命感，愿意为社会公益事业做出贡献。

4. 大学生志愿服务在传播生态文明理念方面的挑战

尽管大学生志愿服务在传播生态文明理念方面具有诸多优势，但也面临着一些挑战。首先，环保知识的普及程度还不够高，需要进一步加强宣传教育。其次，公众对环保的

认识还存在误区，需要加以引导和纠正。此外，环保行动的落实还需要更多的政策和制度支持。

5. 大学生志愿服务在传播生态文明理念方面的未来展望

未来，大学生志愿服务在传播生态文明理念方面将有更大的发展空间和更多的机会。首先，随着社会对生态文明建设的重视程度不断提高，大学生志愿服务将有更多的机会参与到环保活动中。其次，随着科技的发展和应用，大学生志愿服务将有更多的手段和渠道来传播生态文明理念，例如，利用互联网平台开展在线宣传教育活动；利用社交媒体等新媒体手段扩大影响力；利用大数据等技术手段提高宣传效果等。

## （二）促进环境保护行动

### 1. 促进环境保护行动是大学生志愿服务的核心价值

环境保护是全人类共同的责任，而大学生志愿服务在这方面发挥着重要的作用。通过参与志愿服务，大学生不仅可以传播生态文明理念，还可以亲身参与到环保行动中，为环境保护做出实实在在的贡献。

### 2. 大学生志愿服务在促进环境保护行动方面的实践

大学生志愿服务在促进环境保护行动方面有着丰富的实践经验。他们可以组织各种形式的环保活动，如垃圾分类、河流清洁、植树造林等，通过实际行动来改善环境状况。此外，大学生志愿服务还可以通过推广环保技术和管理方法来促进环境保护。一些大学生在志愿服务过程中，会接触到先进的环保技术和管理方法，他们可以将这些知识和经验带回学校和社区，为环境保护提供更多的技术支持和帮助。

### 3. 大学生志愿服务在促进环境保护行动方面的优势

大学生志愿服务在促进环境保护行动方面具有独特的优势。首先，他们具有较强的社会责任感和使命感，愿意为环境保护事业付出努力。其次，他们具备专业的知识和技能，能够有效地组织和开展各种环保活动。此外，他们还具有创新意识和实践能力，能够将理论知识应用到实践中，为环保事业提供更多的思路和方法。

### 4. 大学生志愿服务在促进环境保护行动方面的挑战

尽管大学生志愿服务在促进环境保护行动方面具有诸多优势，但也面临着一些挑战。首先，环保活动的组织和实施需要大量的资源和人力投入，而大学生志愿者的时间和精力有限，这给活动的组织和实施带来了一定的困难。其次，一些环保活动的实施需要专业的知识和技能支持，而大学生志愿者可能缺乏这方面的经验和技能。此外，一些公众对环保的认识还存在误区，需要加以引导和纠正。

5. 大学生志愿服务在促进环境保护行动方面的未来展望

未来，大学生志愿服务在促进环境保护行动方面将有更大的发展空间和更多的机会。首先，随着社会对环保事业的重视程度不断提高，大学生志愿服务将有更多的机会参与环保活动。其次，随着科技的发展和应用，大学生志愿服务将有更多的手段和渠道来推广环保技术和管理方法，例如，利用互联网平台开展在线宣传教育活动；利用社交媒体等新媒体手段扩大影响力；利用大数据等技术手段提高宣传效果等。

## 三、大学生志愿服务的目标

### （一）提高大学生的环保意识

1. 提高大学生环保意识的重要性

提高大学生的环保意识是推动生态文明建设的重要一环。大学生作为未来的社会精英，他们的环保意识和行为将直接影响社会的可持续发展。因此，提高大学生的环保意识对于推动整个社会的生态文明建设具有重要意义。

2. 大学生志愿服务在提高环保意识方面的作用

志愿服务还可以为大学生提供学习环保知识的机会。在志愿服务过程中，大学生可以接触到各种环保知识和技术，从而丰富自己的知识储备。同时，他们还可以通过与专业人士的交流和学习，了解环保领域的最新动态和趋势。志愿服务还可以培养大学生的社会责任感和奉献精神。通过为他人和社会做出贡献，大学生可以更加深刻地认识到自己的责任和使命，从而更加坚定地投身于环保事业。这种社会责任感和奉献精神将激发更多的大学生参与到环保行动中来。

3. 大学生志愿服务在提高环保意识方面的具体实践

在提高环保意识方面，大学生志愿服务可以通过多种方式进行实践。例如，他们可以参与环保宣传活动，向公众传递环保理念和知识；他们可以参与环保实践活动，如垃圾分类、植树造林等；他们还可以参与环保科研项目，为环保事业提供科学支持。这些实践方式不仅有助于提高大学生的环保意识，还有助于培养他们的领导力和解决问题的能力。

4. 大学生志愿服务在提高环保意识方面的成果和影响

大学生志愿服务在提高环保意识方面取得了显著的成果和影响。首先，他们的参与推动了环保事业的发展，提高了公众的环保意识。其次，他们的实践经验和成果可以为其他志愿者提供借鉴和参考，促进志愿服务在环保领域的进一步发展。此外，他们的行动还可以影响更多的人加入到环保事业中来，形成了一个良好的环保氛围。

（二）推动社区和社会的环保行动

1. 推动社区环保行动

大学生可以积极参与社区环保行动，通过实际行动改善社区环境。他们可以组织垃圾分类、水资源保护、植树造林等活动，提高社区居民的环保意识，促进社区环境的改善。例如，大学生可以在社区内开展垃圾分类宣传活动，引导居民正确分类垃圾，减少垃圾对环境的污染。他们还可以组织水资源保护活动，宣传节约用水的重要性，推广节水技术和方法，保护水资源。此外，大学生还可以组织植树造林活动，增加绿化面积，改善空气质量。

2. 促进社会环保行动

大学生志愿服务可以促进社会环保行动的开展。他们可以通过宣传教育、倡导绿色生活方式等方式，提高公众的环保意识，促进社会环保行动的开展。例如，大学生可以在校园内开展环保知识讲座，向学生们传授环保知识，引导他们养成节约资源、保护环境的良好习惯。他们还可以倡导绿色生活方式，推广环保产品和服务，鼓励人们使用环保材料、减少能源消耗等。此外，大学生还可以参与环保公益活动，为社会环保事业贡献力量。

3. 推动企业参与环保行动

大学生志愿服务可以积极推动企业参与环保行动。他们可以通过与企业合作，推广环保技术和方法，促进企业实现可持续发展。例如，大学生可以与企业合作开展环保项目，推广清洁生产技术、节能减排技术等，帮助企业降低生产成本、提高经济效益的同时，减少对环境的污染。此外，大学生还可以为企业提供环保咨询服务，帮助企业制订环保计划和方案，推动企业实现绿色发展。

4. 参与国际环保合作

大学生可以积极参与国际环保合作。他们可以通过参与国际性的环保志愿服务项目，学习借鉴其他国家和地区的先进经验和做法，推动全球范围内的环保合作与发展。例如，大学生可以参与国际性的环保志愿服务项目，如"地球一小时""清洁能源行动"等，与来自不同国家和地区的志愿者一起开展环保行动。他们还可以通过参加国际性的环保会议、研讨会等活动，了解全球范围内的环保趋势和动态，为推动全球环境保护贡献力量。

5. 促进生态文明建设

大学生志愿服务可以促进生态文明建设。他们可以通过参与各种形式的环保活动和志愿服务项目，推动生态文明建设的进程。例如，大学生可以参与城市绿化、生态修复等项目，为城市生态环境建设贡献力量。他们还可以通过宣传教育、倡导绿色生活方式等方式，提高公众的生态文明意识，促进全社会形成尊重自然、保护环境的良好风尚。此外，大学生还可以参与生态旅游、生态农业等项目，推动生态文明建设的全面发展。

### （三）促进生态文明建设的长远发展

**1. 培养环保意识和社会责任感**

大学生志愿服务是培养环保意识和社会责任感的重要途径。通过参与志愿服务，大学生可以深入了解环保问题，认识到保护环境的重要性，从而树立正确的环保观念。同时，他们还可以在志愿服务中学会关爱他人、关心社会，增强社会责任感，为未来的生态文明建设打下坚实的基础。

**2. 探索新的方法和思路**

大学生志愿服务可以为生态文明建设提供新的方法和思路。他们可以通过实践探索，尝试新的环保技术和方法，为解决环境问题提供新的思路和方案。同时，他们还可以通过与其他国家和地区的志愿者交流合作，学习借鉴先进经验和做法，推动全球范围内的环保合作与发展。

**3. 推动社会各界的参与**

大学生志愿服务可以促进社会各界的参与，共同推动生态文明建设的发展。他们可以通过宣传教育、倡导绿色生活方式等方式，提高公众的环保意识和参与度，促进社会各界的共同关注和参与。同时，他们还可以与企业、政府等机构合作，推动企业实现绿色发展、政府制定环保政策，形成全社会共同参与生态文明建设的良好氛围。

**4. 培养具有环保意识的人才**

大学生志愿服务可以为培养具有环保意识的人才提供重要的实践平台。通过参与志愿服务，大学生可以锻炼自己的组织能力、沟通能力和解决问题的能力，提高自身的综合素质和能力水平。同时，他们还可以在志愿服务中结交志同道合的朋友，共同成长、共同进步，为未来的生态文明建设储备人才力量。

**5. 推动生态文明建设的长远发展**

大学生志愿服务的最终目标是推动生态文明建设的长远发展。他们可以通过参与各种形式的环保活动和志愿服务项目，为生态文明建设提供源源不断的动力和支持。同时，他们还可以将环保理念融入到日常生活中，树立正确的消费观念和生活方式，为未来的生态文明建设贡献自己的力量。

## 第二节 大学生志愿服务中的生态文明教育内容与方式

### 一、大学生志愿服务中的生态文明教育内容

#### （一）普及环境保护知识

1. 大学生志愿者在普及环境保护知识方面的角色

大学生志愿者在普及环境保护知识方面扮演着重要的角色。他们不仅是环保知识的传播者，也是环保行动的推动者。大学生志愿者可以通过组织各种形式的宣传活动，如环保讲座、展览、宣传册发放等，将环保知识传播给更多的人。他们可以利用自己的专业知识和技能，制作各种形式的宣传资料，如海报、视频、图文等，吸引更多的人关注和参与到环保事业中来。大学生志愿者可以通过社交媒体等平台，制作和分享环保知识短视频、图文等，扩大传播范围，提高传播效果。他们可以利用自己的社交媒体账号，发布环保知识和行动信息，与更多的人分享和交流。大学生志愿者还可以通过参与各种环保项目和活动，深入了解环保实践和可持续发展的内涵和实践方法。他们可以将这些经验和知识分享给更多的人，推动社会形成绿色、低碳、循环的发展模式。

2. 大学生志愿服务在普及环境保护知识方面的实践

在大学生志愿服务中，有很多实践项目都与环境保护知识普及密切相关。例如，一些大学生志愿者组织会定期开展垃圾分类宣传活动，向社区居民介绍垃圾分类的重要性和方法；一些大学生志愿者会组织水资源保护宣传活动，向公众介绍水资源保护的重要性和方法。此外，一些大学生志愿者会利用自己的专业知识和技能，开展各种形式的环保实践活动。例如，一些环境科学专业的大学生志愿者会开展空气质量监测和大气污染防治的实践活动；一些生态学专业的大学生志愿者会开展生态农业和循环经济的实践活动。

未来，随着人们对环境保护的重视程度不断提高和生态文明建设的不断推进，大学生志愿服务在普及环境保护知识方面所起的作用将更加重要。大学生志愿者们需要不断学习和更新自己的环保知识和技能。随着环保事业的不断发展和进步，新的环保技术和方法不断涌现。因此，大学生志愿者们需要不断学习和掌握新的知识和技能，以更好地服务于环保事业。

大学生志愿者需要不断加强自身的组织和管理能力。随着志愿服务队伍的不断扩大和服务项目的不断增加，组织和管理能力成为志愿服务工作的重要保障。因此，大学生

志愿者需要不断加强自身的组织和管理能力建设，还需要加强与其他志愿组织和机构的合作与交流，同时需要建立健全的志愿服务机制和管理制度等。

### （二）生态道德与生态伦理教育

#### 1. 生态道德与生态伦理的内涵

生态道德和生态伦理是生态文明建设的道德基础。它们涉及人类与自然之间的关系，强调人类应该尊重自然、保护环境，实现人与自然的和谐共生。生态道德是人类在处理与自然关系时应遵循的道德规范和准则。它要求人类关爱自然、珍惜资源、保护生态环境，实现人类与自然的和谐共处。生态道德的核心是尊重生命、尊重自然，强调人类应该承担起保护环境的责任和义务。

生态伦理则是一种哲学思想，它探讨人类与自然之间的道德关系。它要求人类从伦理的角度出发，审视自己的行为和决策，确保它们不会对生态环境造成破坏。生态伦理的核心是可持续性，它强调人类应该以一种可持续的方式利用自然资源，确保未来的世代也能够享受到自然的恩赐。

#### 2. 大学生志愿服务在传播生态道德与生态伦理中的实践

在大学生志愿服务中，有很多实践项目都与传播生态道德与生态伦理密切相关。例如，一些大学生志愿者组织会定期开展生态文化体验活动，向公众介绍生态文化的原理和实践方法，还有一些大学生志愿者会组织环保实践活动，如垃圾分类、植树造林等。

这些实践活动不仅可以让大学生志愿者（简称"志愿者"）深入了解生态道德和生态伦理的内涵和实践方法，还可以将生态道德和生态伦理的理念传播给更多的人。同时，这些实践活动也可以促进社会形成尊重自然、保护环境的良好风尚。

## 二、大学生志愿服务中的生态文明教育方式

### （一）专题讲座与研讨会

#### 1. 专题讲座

专题讲座是大学生志愿服务中生态文明教育的重要形式之一。通过邀请生态领域的专家学者进行讲座，志愿者可以深入解读生态道德与生态伦理的内涵和意义，树立正确的生态观念。同时，通过讲座的形式，志愿者可以更加全面地了解生态文明建设的背景、意义和路径，增强他们的社会责任感和使命感。

#### 2. 研讨会

研讨会是一种互动性更强的教育形式，可以让志愿者在交流中碰撞思想，加深对生态文明建设的认识，可以组织志愿者围绕生态文明建设的热点问题展开讨论，鼓励他们

发表自己的观点和看法，共同探讨生态文明建设的路径和挑战。同时，通过研讨会的组织，可以加强志愿者之间的联系和交流，促进团队合作和共同进步。

（二）实地考察与环保实践活动

1. 实地考察

实地考察是让志愿者亲身体验生态保护的重要方式。可以组织志愿者前往生态保护区、自然公园等地方进行实地考察，让他们亲身感受自然生态系统的美丽和脆弱。通过实地考察，志愿者可以更加深入地了解生态保护的重要性，激发自身的生态保护意识。

2. 环保实践活动

环保实践活动是让志愿者们亲身体验生态保护的重要方式，可以组织志愿者开展垃圾分类、植树造林、水资源保护等环保实践活动，让他们在实践中学习生态保护的知识和技能。通过环保实践活动，志愿者可以更加深入地了解生态保护的重要性，提高他们的实践能力和社会责任感。

（三）在线教育与互动平台

1. 在线教育

在线教育是一种方便快捷的教育形式，可以让志愿者随时随地学习生态文明建设的相关知识，可以利用在线教育平台，如慕课、网易云课堂等，提供生态文明建设的课程资源，包括视频教程、课件、文章等，同时，可以建立在线教育社区，鼓励志愿者在社区中分享学习心得和体会，促进共同进步。

2. 互动平台

互动平台是一种可以让志愿者们随时随地交流学习的平台。生态文明教育互动平台，如微信公众号、微博等，可以发布生态文明建设的相关资讯、活动信息等。同时，志愿者被鼓励在平台上分享自己的学习心得和体会，这可以促进相互学习和交流。互动平台的建设，可以增强志愿者之间的联系和交流，促进团队合作和共同进步。

（四）与环保组织的合作与交流

1. 与环保组织合作

与环保组织合作是大学生志愿服务中生态文明教育的重要形式之一。学校可以与当地的环保组织建立合作关系，共同开展生态保护项目，提高志愿者的实践能力和社会责任感。同时，学校可以与国际环保组织建立联系，参与国际性的生态保护项目，拓宽志愿者的视野和经验。

2. 交流活动

定期组织与其他高校、社会组织的交流活动，分享生态文明建设的经验和成果，促进共同进步。学校可以与其他高校、社会组织进行交流合作，共同开展生态保护项目、举办生态文明建设研讨会等活动。交流活动可以让志愿者了解不同地区、不同领域的生态保护经验和成果，拓宽他们的视野和思路，同时，也可以促进不同领域之间的合作和交流，推动生态文明建设事业的发展。

# 第三节　大学生生态文明教育与志愿服务深度融合的实践案例

## 案例一："环小青"垃圾分类宣讲团

### （一）项目概述

为深入学习党的二十大精神，认真践行习近平生态文明思想，"环小青"垃圾分类宣讲团自 2018 年开始，连续多年充分发挥自身专业优势，开展集科普宣传、调研分析、实践学习于一体的垃圾分类志愿服务活动，助力推进垃圾分类，携手共建美丽中国。

### （二）项目开展情况

#### 1. 科普宣传，传递环保理念

宣讲团走进学校、走进社区、走进乡村开展垃圾分类知识宣传活动，通过开展知识宣讲、现场指导、游戏互动等创新形式面向不同群体推广垃圾分类知识。至今，宣讲团已累计宣讲百余次，辐射对象上万人，志愿者先后到 50 余个农村及社区、20 余个学校，面向上万名群众进行实地垃圾分类指导服务，引导民众主动参与垃圾分类，做好源头分类。

#### 2. 调研分析，直击现状难点

通过数据调研与分析，宣讲团将垃圾分类相关知识与垃圾产生量做成调查问卷，对民众的垃圾分类意识、生活垃圾产生量与垃圾处理方式等问题做了详细调研，共回收1000 余份完整有效问卷，全面了解了垃圾产生情况及垃圾分类中遇到的困难，并总结经验提出解决措施和推广方式。宣讲团将调研数据梳理分析上报相关部门，得到了省市容环境卫生协会的认可和推荐。

#### 3. 实践学习，提升专业素养

宣讲团成员去到相关企业参观学习，对餐厨垃圾的处理工艺及垃圾焚烧的工艺流程有了系统直观的认识，不断加强自身专业学习，提升服务效能。

**（三）项目成果**

宣讲团荣获第九届省教育系统优秀志愿服务品牌；获省优秀志愿服务项目铜奖；获评团中央暑期社会实践立项。系列活动受到多家新闻媒体联合报道，赢得了社会的广泛认可。

**（四）与生态文明融合的经验启示**

"环小青"垃圾分类宣讲团发挥专业优势，依托学院专家、志愿者资源引导学生进行分类投放、推进后期分类处理，为高校实行垃圾分类探索新路径，为推动生态文明建设、构建美丽中国奉献青春力量。

## 案例二："'碳'索未来"科技志愿服务队

**（一）项目概述**

"'碳'索未来"科技志愿服务队（下简称"服务队"）以"践双碳计划，护最美地球——乡村振兴战略下全面推进低碳乡村建设的路径探索"为主题，通过与多家科研单位就"乡村生态振兴建设"进行沟通交流，科普双碳知识，走访乡村基层群众等形式，深入调研了乡村生态文明建设现状及存在问题，以实际行动为解决乡村基层群众环保知识储备不足，助力乡村生态建设早日振兴贡献力量。

**（二）项目开展情况**

1. 深入乡村一线，调研分析降碳困难点

服务队依托专业特长，围绕双碳建设对 4 市 8 县 10 余个乡村进行了走访调研，发放调研问卷千余份。

2. 走访企业单位，学习交流专业前沿领域知识

在实践过程中，团队先后到访多家企业单位，学习交流专业前沿领域知识。

3. 守护朝阳在行动，科普宣讲走入小学

在学院团委的积极鼓励下，服务队赴小学向广大师生开展了以"践双碳计划，护最美地球"为主题的双碳课堂、环保游戏等形式的环保知识科普活动，受到了当地政府、学校领导的高度重视及支持，活动事迹受到人民日报、学习强国、今日头条、网易新闻等多家新闻媒体宣传报道。

**（三）项目成果**

服务队荣获中国环境科学学会"大学生在行动"十佳志愿服务分队，成员获评中国环境科学学会"大学生在行动"全国优秀志愿者，以实践成果转化的大学生科创项目斩获 2023 年节能减排国家三等奖，团队成员撰写并发表与碳排放相关研究论文 2 篇。

（四）与生态文明融合的经验启示

服务队同学深入学习并了解了双碳有关知识，切实为乡村群众提升了环保知识储备，为当地早日实现"碳达峰、碳中和"目标，助力低碳乡村建设提供了有效帮助，将生态文明教育与社会实践、科创竞赛有机结合，积极推动学生在生态文明教育中长本领、增才干，不断鼓励学生融入社会，为生态文明现代化建设贡献力量。

## 案例三："环保守护者计划"科技志愿服务队

（一）项目概述

为更加科学化、专业化、亲民化、全面化地构筑环保科普系列课程，做深做实习近平生态文明思想宣传教育，助力实现"碳达峰、碳中和"目标，努力提高全民科学素养和生态保护意识。专业指导教师与学生志愿者共同成立专题课程研讨录制小组十余个，分专题深度挖掘相关专业领域现有环境保护问题及相关对策，依托各类社会实践活动面向青年大学生、大中小学生及企事业单位、基层群众开展环保科普活动。

（二）项目开展情况

顺利完成"环保守护者计划"科技志愿服务项目中的系列科普微视频录制及推广工作，共录制环保科普微视频课程 20 期，通过多个微信公众号、视频号持续推送，各公众平台累计浏览量高达 10 万以上。

"环保守护者计划"科技志愿服务队，面向全体在校学生招募了 170 名环保科普科技志愿者，并成立了 27 支志愿服务小分队，面向广大人民群众开展了环保知识专题科普、习近平生态文明思想解读等多种形式的环保科普活动，开展线上、线下活动 150 余场，直接受众群众近 10000 余人次，成功与 5 所小学达成长期环保科普服务计划并共建社会实践基地。

（三）项目成果

服务队获批中国科协首批"翱翔之翼"大学生科技志愿服务项目资金立项；提名"中国科协 2023 年度科技志愿服务典型"；录制并发布了 20 期环保科普视频。

（四）与生态文明融合的经验启示

"环保守护者计划"科技志愿服务队及大学生志愿者持续开展环保科普教育活动，深入学习并贯彻习近平生态文明思想，积极引领广大人民群众及中小学师生全面提升科学素养和生态保护意识，依托互联网平台，建立完整科普体系，通过"云传播"的方式持续推广环保知识走入千家万户。

### 案例四："清滦行动"生态环保科考观察团

#### （一）项目概述

为深入了解滦河水生态现状，科考观察团在习近平生态文明思想的指导下，聚焦滦河流域水生态现状问题开展科考调研活动。通过沿路观察、调研以及对问卷数据分析，科考观察团发现了滦河目前存在的问题并对此提出了建议，旨在助力滦河流域的绿色低碳发展。

#### （二）项目开展情况

科考观察团对包括河北省、内蒙古自治区在内的 2 省 4 市 12 县（区）的 28 个点位的滦河流域水体和沉积物进行现场采样，现场检测部分指标，并进入实验室对采样水样进行科学性分析处理，通过检测水体有机物含量，了解滦河流域水质变化情况，并在水域采样点附近乡镇街道发放环保知识宣传册、进行环保科普宣讲。

#### （三）项目成果

科考观察团荣获 2023 年市级大中专学生文化科技卫生"三下乡"社会实践活动优秀调研报告；荣获 2023 年市级大中专学生文化科技卫生"三下乡"社会实践活动先进团队。活动被多家主流媒体报道。

#### （四）与生态文明融合的经验启示

该团队聚焦于滦河的生态现状，完整采样滦河干流全段和主要支流，通过实验分析得出滦河流域水质和水生态变化状况，旨在通过对滦河流域水质变化的科考调研，在全面建设生态文明现代化的事业中，贡献自己的力量。

## 第四节　大学生生态文明志愿服务活动的评价与改进

### 一、大学生生态文明志愿服务活动的评价

#### （一）评价标准与方法

对于大学生生态文明志愿服务活动的评价，应该遵循科学、客观、公正的原则，结合活动的目标、内容、效果等方面进行综合评价。以下是一些评价标准和方法。

（1）活动目标是否明确。评价活动是否明确围绕生态文明建设这一核心目标展开，是否具有针对性和可操作性。

（2）活动内容是否丰富。评价活动内容是否涵盖了生态文明建设的多个方面，如环

境保护、资源节约、生态修复等，是否具有多样性和趣味性。

（3）活动效果是否显著。评价活动是否达到了预期的效果，如提高了志愿者的生态意识、促进了生态保护行动等，是否具有实际意义和价值。

（4）活动组织是否得力。评价活动的组织是否严密、有序，志愿者参与度是否高，活动流程是否顺畅，是否具有可复制性和可持续性。

（5）活动影响是否广泛。评价活动的影响力是否广泛，如是否引起了社会关注和媒体报道，是否对当地生态文明建设产生了积极影响。

评价可以采用问卷调查、访谈、观察等方法，对志愿者、活动组织者、受益者等相关人员进行调查和了解，收集他们的意见和建议，综合分析评价结果。

（二）评价结果的分析与反馈

对大学生生态文明志愿服务活动的评价，学校可以得出一些具体的评价结果。以下是对评价结果的分析和反馈。

（1）优点分析：对于活动中表现出的优点，如活动目标明确、内容丰富、效果显著等，学校应该给予肯定和表扬。同时，可以将这些优点作为今后活动的借鉴和参考，进一步完善和提升活动质量。

（2）不足分析：对于活动中存在的问题和不足，如活动组织不够严密、志愿者参与度不高等，学校应该进行深入分析和反思。针对这些问题，学校可以提出改进措施和建议，为今后的活动提供参考和改进方向。

（3）反馈与改进：根据评价结果的分析，学校可以将反馈意见及时反馈给活动组织者和志愿者，让他们了解活动的优点和不足，以便在今后的活动中加以改进和提高，同时，也可以将反馈意见作为改进活动的重要依据，不断完善和优化活动内容和形式。

## 二、大学生生态文明志愿服务活动的改进

（一）根据评价结果调整教育内容与方法

根据对大学生生态文明志愿服务活动的评价结果，可以发现一些活动在教育内容和方法上存在的问题。针对这些问题，学校可以采取以下措施进行改进。

（1）丰富教育内容：根据评价结果，学校发现有些活动的教育内容较为单一，缺乏多样性和趣味性。因此，学校可以进一步丰富教育内容，引入更多的生态环保知识、环保技能等内容，提高活动的吸引力和教育效果。

（2）创新教育方法：传统的教育方法可能难以引起学生的兴趣和参与度。因此，学校可以尝试引入新的教育方法，如互动式学习、体验式学习等，让学生更加深入地了解

生态环保知识，提高他们的参与度和积极性。

## （二）加强活动的组织与协调，提高效率

活动的组织与协调是影响活动效果的重要因素之一。针对评价结果中反映出来的问题，学校可以采取以下措施加强活动的组织与协调。

（1）制订详细的活动计划和流程：在活动前，学校应该制订详细的计划和流程，明确活动的目标、内容、时间、地点等要素，确保活动的顺利进行。

（2）加强志愿者培训和管理：志愿者是活动的重要力量，他们的素质和能力直接影响活动的质量和效果。因此，学校应该加强对志愿者的培训和管理，提高他们的服务意识和技能水平。

（3）加强与相关部门的沟通和协调：生态文明志愿服务活动需要得到相关部门的支持和配合。因此，学校应该加强与相关部门的沟通和协调，争取更多的资源和支持，提高活动的效率和影响力。

## （三）鼓励创新，探索新的志愿服务模式

生态文明志愿服务活动应该鼓励创新和探索新的志愿服务模式。以下是一些可能的创新方向。

（1）开展线上志愿服务活动：随着互联网技术的发展，线上志愿服务活动已经成为一种新的趋势。学校可以利用互联网平台开展线上宣传、线上咨询、线上培训等志愿服务活动，扩大活动的覆盖面和影响力。

（2）开展社区志愿服务活动：社区是生态文明建设的重要阵地。社区可以开展社区环保知识宣传、垃圾分类指导、绿色出行倡导等志愿服务活动，促进社区居民的环保意识和行为的改变。

（3）开展企业志愿服务活动：企业是生态文明建设的重要力量。学校可以与企业合作开展企业环保知识培训、绿色生产指导等志愿服务活动，促进企业的环保意识和行为的改变。

# 第七章　大学生生态文明教育与创新创业活动

## 第一节　大学生创新创业融入生态文明教育的意义与价值

### 一、大学生创新创业与生态文明教育的关系

1. 创新创业为生态文明建设提供新的思路和解决方案

生态文明建设是一个复杂而艰巨的任务，需要全社会的共同努力。大学生创新创业活动为生态文明建设提供了新的思路和解决方案。他们通过创新思维和创业精神，探索新的技术、产品或服务，为生态文明建设提供了新的动力和方向。

在创新创业过程中，大学生关注环境保护和可持续发展，将环保理念融入创新创业项目中。他们积极寻求环保技术的突破，开发环保产品，推动绿色产业的发展。这种创新精神和行动将推动生态文明建设的进程，为构建和谐社会做出积极贡献。

2. 创新创业有助于促进资源节约和循环利用

资源节约和循环利用是生态文明建设的重要内容。大学生创新创业活动有助于促进资源节约和循环利用。在创新创业过程中，大学生注重资源的有效利用和节约，通过创新技术和方法，提高资源利用效率，减少浪费。

3. 创新创业能促进环保意识的普及和提高

环保意识的普及和提高是生态文明建设的重要基础。大学生创新创业活动能促进环保意识的普及和提高。通过参与创新创业活动，大学生将更加深入地了解环保问题，认识到保护环境的重要性。他们可以将这种意识传播给更多的人，提高公众的环保意识，形成全社会共同关注和参与生态文明建设的良好氛围。同时，大学生创新创业活动也可以为环保教育提供实践平台。在创新创业过程中，大学生将接触到各种环保技术和方法，了解环保产业的发展趋势。他们可以将这些经验和知识传授给更多的人，推动环保教育的普及和提高。

4. 创新创业有助于推动绿色经济发展

绿色经济是生态文明建设的重要目标之一。大学生创新创业活动有助于推动绿色经济的发展。他们通过提出新的技术、产品或服务，推动绿色产业的发展。这些创新成果

将有助于减少对环境的污染和破坏，促进资源节约和循环利用，推动绿色经济的发展。在创新创业过程中，大学生关注环境保护和可持续发展，将环保理念融入创新创业项目中。他们积极寻求环保技术的突破，开发环保产品，推动绿色产业的发展。这种创新精神和行动将推动生态文明建设的进程，为构建和谐社会做出积极贡献。

5. 创新创业有助于培养具有国际视野、社会责任感的未来领导者

大学生创新创业活动不仅有助于推动生态文明建设，还有助于培养具有国际视野、社会责任感的未来领导者。在创新创业过程中，大学生将接触到各种国际前沿的技术和理念，了解全球发展趋势。他们将学会如何应对挑战、解决问题，培养出具有国际视野的领导能力。同时，在参与创新创业活动的过程中，大学生将更加关注社会问题和全球性问题，积极履行社会责任。他们将学会如何与他人合作、共同发展，培养出具有社会责任感的领导能力。这种领导能力和社会责任感的提升将有助于他们在未来的职业生涯中更好地应对挑战，实现个人价值和社会价值的统一。

## 二、大学生创新创业融入生态文明教育的价值

### （一）培养具有环保意识与创业精神的新一代人才

#### 1. 培养环保意识

环保意识是现代社会公民的基本素质之一。通过生态文明教育，大学生能够深入了解环境保护的重要性，认识到人类活动对自然环境的影响，以及保护环境对于人类可持续发展的必要性。这种意识将激发他们的环保责任感，促使他们积极参与到环保行动中，推动绿色产业的发展。在创新创业过程中，大学生将更加注重环保技术的应用和创新。他们将积极寻求环保技术的突破，开发环保产品，推动绿色产业的发展。这种创新精神和行动将推动生态文明建设的进程，为构建和谐社会做出积极贡献。

#### 2. 培养创业精神

创业精神是创新创业的核心。通过创新创业教育，大学生能够培养自己的创新思维和创业精神，具备独立思考、勇于创新、敢于担当的能力。这种精神将有助于他们在未来的职业生涯中更好地应对挑战，实现个人价值和社会价值的统一。在创新创业过程中，大学生需要具备市场调研、产品开发、营销推广等能力。通过参与实践活动，如环保项目、社会调查等，他们可以锻炼自己的实践能力、团队协作能力和解决问题的能力。这种综合素质的提升将有助于他们在未来的职业生涯中更好地应对挑战，实现个人价值和社会价值的统一。

### 3. 培养具有国际视野的新一代人才

随着全球化的加速发展，具有国际视野的人才在未来的社会发展中具有越来越重要的地位。通过生态文明教育和创新创业教育，大学生可以了解全球环境问题和经济发展趋势，培养他们的国际视野和跨文化交流能力。这种视野和能力将有助于他们在未来的职业生涯中更好地应对全球化挑战，推动全球可持续发展。

### 4. 推动绿色产业发展

随着环保意识的提高和可持续发展理念的普及，绿色产业将成为未来经济发展的重要方向。通过生态文明教育和创新创业教育，大学生可以了解绿色产业的发展趋势和市场需求，积极参与到绿色产业的发展中。他们可以开发环保产品、推广绿色技术、推动绿色金融等，为绿色产业的发展做出贡献。这种参与将有助于推动绿色产业的发展和升级，促进经济社会的可持续发展。

### 5. 推动社会进步和发展

培养具有环保意识和创业精神的新一代人才是推动社会进步和发展的重要保障。通过接受生态文明教育和创新创业教育，大学生可以培养自己的社会责任感和公民意识，积极参与社会公益事业。他们可以关注社会问题、推动社会改革、促进社会公平等，为社会的进步和发展做出贡献。这种参与将有助于推动社会的和谐稳定和可持续发展。

## （二）提升大学生综合素质，增强社会责任感

### 1. 提升大学生综合素质

生态文明教育可以帮助大学生树立正确的生态观念，认识到人类活动对自然环境的影响，以及保护环境对于人类可持续发展的必要性。这种意识将激发他们的环保责任感，促使他们积极参与到环保行动中，推动绿色产业的发展。同时，生态文明教育还可以培养大学生的社会责任感和公民意识，使他们更加关注社会问题和全球性问题。创新创业教育可以培养大学生的创新思维和创业精神。通过参与创新创业活动，大学生可以锻炼自己的实践能力、团队协作能力和解决问题的能力。这种精神将有助于他们在未来的职业生涯中更好地应对挑战，实现个人价值和社会价值的统一。同时，创新创业教育还可以培养大学生的市场调研、产品开发、营销推广等能力，使他们具备更强的商业思维和创业能力。

### 2. 增强社会责任感

通过生态文明教育和创新创业教育，大学生可以认识到自身所承担的社会责任，关注社会问题和全球性问题，积极履行社会责任。这种责任感将有助于他们在未来的职业生涯中关注社会公益事业，推动社会进步和发展。

创新创业教育可以培养大学生的创新思维和创业精神。通过创新创业活动，大学生可以锻炼大学生的实践能力、团队协作能力和解决问题的能力。这种精神将有助于他们在未来的职业生涯中更好地应对挑战，实现个人价值和社会价值的统一。同时，创新创业教育还可以培养大学生的市场调研、产品开发、营销推广等能力，使他们具备更强的商业思维和创业能力。

# 第二节　大学生生态文明教育与创新创业深度融合的方法与实践案例

大学生生态文明教育与创新创业深度融合是当前高等教育领域的重要议题。这种融合不仅可以提升大学生的综合素质，增强社会责任感，还可以为生态文明建设和创新创业活动注入新的活力。

## 一、大学生生态文明教育与创新创业深度融合的方法

### （一）课程设置与教学内容的融合

课程设置与教学内容的融合是生态文明教育与创新创业教育深度融合的关键。下面将详细探讨如何将生态文明教育内容融入创新创业课程，以及如何将创新创业理念和方法融入生态文明教育中。

1. 生态文明教育内容的融入

（1）环境经济学知识的融入：环境经济学是研究环境资源利用与保护的经济效果的学科。在创新创业课程中，教师可以引入环境经济学的内容，让学生了解如何在市场经济条件下考虑环境保护问题。例如，教师可以讲解环境资源的价值计算、环境成本的核算、绿色市场经济的构建等方面的知识，让学生了解如何在创新创业过程中实现经济效益和环境效益的平衡。

（2）生态保护技术的融入：生态保护技术是保护生态环境、防治环境污染的技术手段。在创新创业课程中，教师可以引入生态保护技术的内容，让学生了解如何在创新创业过程中应用这些技术手段。例如，教师可以讲解生态修复技术、水污染治理技术、大气污染治理技术等方面的知识，让学生了解如何在创新创业过程中实现生态保护和经济发展的双赢。

2. 创新创业理念和方法的融入

（1）生态创业理念的融入：生态创业是指将环保理念与商业实践相结合的创业活动。在生态文明教育中，教师可以引入生态创业的理念，让学生了解如何在环保领域实现创新创业。例如，教师可以讲解生态创业的案例、生态创业的商业模式、生态创业的市场前景等方面的知识，让学生了解如何在环保领域寻找商机、开展创业活动。

（2）绿色创新方法的融入：绿色创新是指将技术创新与环保要求相结合的创新活动。在生态文明教育中，教师可以引入绿色创新的方法，让学生了解如何在技术创新过程中考虑环保要求。例如，教师可以讲解绿色创新的案例、绿色创新的流程、绿色创新的技术手段等方面的知识，让学生了解如何在技术创新过程中实现满足环保要求和经济效益的平衡。

通过课程内容的融合，教师可以帮助学生更好地理解生态文明与创新创业之间的关系，培养他们的综合素质。同时，这种融合还可以促进不同学科之间的交叉和融合，拓宽学生的知识面和视野。例如，环境经济学与创新创业的融合可以帮助学生了解市场经济条件下环保与经济的关系；生态保护技术与创新创业的融合可以帮助学生了解如何应用技术手段实现环保和经济发展的双赢；生态创业与绿色创新的融合可以帮助学生了解如何在环保领域实现创新创业和技术创新。

此外，这种融合还可以促进学生的实践能力和创新精神的培养。通过实践活动和案例分析等方式，学生可以锻炼自己的实践能力、团队协作能力和解决问题的能力。同时，这种融合还可以激发学生的创新精神，鼓励他们将环保理念与商业实践相结合，开展具有创新性和实用性的创业活动。

（二）实践活动的融合

1. 环保项目的参与

环保项目是实践活动中不可或缺的一部分。组织学生参与环保项目，可以让他们亲身感受到生态文明建设的重要性，并学会如何在实践中应用所学知识。例如，教师可以组织学生参与垃圾分类、水资源保护、生态修复等项目，让他们了解环保问题的现状和趋势，并思考如何在创新创业过程中解决这些问题。

在参与环保项目的过程中，学生可以学习到如何与社区、企业等各方合作，共同推进环保事业的发展。同时，他们还可以学习到如何制订具体的实施方案，并付诸实践。通过这些实践经验，学生可以锻炼自己的实践能力、团队协作能力和解决问题的能力。

2. 社会调查的开展

社会调查是了解社会对环保问题关注程度和需求的重要途径。通过社会调查，学生可以了解环保问题的现状和趋势，并思考如何在创新创业过程中解决这些问题。例如，教师可以组织学生对当地的环保问题进行调查，了解当地的环境污染情况、资源利用情况等，并思考如何通过创新创业的方式解决这些问题。

在开展社会调查的过程中，学生可以学习到如何设计调查问卷、如何收集和分析数据、如何撰写调查报告等技能。同时，他们还可以学习到如何与他人沟通交流、如何处理人际关系等社交技能。通过这些实践经验，学生可以提高自己的综合素质和能力水平。

3. 创新创业比赛的举办

创新创业比赛是鼓励学生将环保理念与创新创业相结合的重要途径。比赛可以提高学生的创新能力和创业精神，同时也可以为环保领域的发展提供新的思路和方向。例如，学校可以举办关于环保技术的创新创业比赛，鼓励学生发挥自己的创造力和想象力，提出新的环保技术解决方案。

在参加创新创业比赛的过程中，学生可以学习到如何制订商业计划书、如何进行融资和市场营销等创业相关的技能。同时，他们还可以学习到如何与他人合作、如何管理团队等技能。通过这些实践经验，学生可以提高自己的创业能力和综合素质。

4. 实践活动的总结与反思

在实践活动结束后，学校需要进行总结与反思。首先，学校需要对实践活动进行评估和总结，分析活动的成果和不足之处。其次，学校需要对活动过程中出现的问题进行反思和改进，以便更好地开展下一次的实践活动。最后，学校需要对实践活动的效果进行评估和反馈，以便更好地指导未来的实践活动。

在总结与反思的过程中，学生可以学习到如何分析问题、解决问题的方法和技巧。同时，他们还可以学习到如何进行自我评价和自我反思。通过这些实践经验，学生可以提高自己的综合素质和能力水平。

5. 实践活动的推广与应用

实践活动的最终目的是为了推广和应用所学知识，为环保领域的发展做出贡献。因此，在实践活动结束后，学校需要进行推广和应用工作。例如，学校可以将实践活动的成果和经验分享给更多的人，让更多的人了解环保事业的重要性；可以将实践活动中出现的问题和解决方案应用到实际工作中，为环保事业的发展提供新的思路和方向；可以将实践活动中获得的技能和能力应用到未来的学习和工作中，为个人和社会的发展做出贡献。

在推广和应用实践活动的成果时，学生可以学习到如何与他人合作、如何协调各方利益等社交技能。同时，他们还可以学习到如何将理论知识与实践相结合的能力和技巧。

通过这些实践经验，学生可以提高自己的综合素质和能力水平。

（三）教师队伍的融合

1. 具有生态文明和创新创业背景的教师的引进

为了实现大学生生态文明教育与创新创业深度融合的目标，学校引进具有生态文明和创新创业背景的教师是至关重要的。这些教师通常具有深厚的专业背景，并在相关领域具有丰富的实践经验。他们的加入可以为学生提供更加全面和深入的学习体验，同时将生态文明教育与创新创业教育相结合，推动教育的深度融合和发展。

在引进过程中，学校可以通过多种途径寻找具有相关背景的教师，例如，可以通过招聘、人才引进等方式，吸引具有生态文明和创新创业背景的教师加入到教育团队中。同时，也可以与相关领域的专家、学者建立联系，邀请他们作为客座教授或短期讲师，为学生带来前沿的知识和经验。

2. 对现有教师的培训和进修

对于现有的教师队伍，学校可以通过培训和进修的方式提高他们的专业素养和教学能力。生态文明教育和创新创业教育是一个不断发展和变化的领域，教师需要不断更新自己的知识和技能，以适应教育发展的需求。

通过组织专题讲座、研讨会、培训班等形式，学校让教师了解生态文明教育和创新创业教育的最新理念和方法。这些培训活动可以邀请相关领域的专家、学者进行授课，为教师提供前沿的知识和经验，同时，也可以鼓励教师参加国内外相关的学术会议、研讨会等活动，拓宽视野，了解最新的研究成果和教育趋势。

此外，学校还可以通过校内外的合作项目、实践基地等方式，为教师提供实践机会，让他们在实践中锻炼自己的教学能力和创新能力。

3. 教师之间的交流和合作

教师之间的交流和合作是实现大学生生态文明教育与创新创业深度融合的关键因素之一。教师之间的交流和合作可以促进教育资源的共享，提高教育质量。

学校组织教师之间的交流会议、研讨会等活动，让教师之间相互学习和借鉴经验。这些活动可以围绕生态文明教育和创新创业教育的融合方法、教育实践等方面展开讨论，促进教师之间的交流和合作，同时，也可以鼓励教师之间进行合作教学和研究，共同推动生态文明教育与创新创业教育的深度融合和发展。

学校应建立教师之间的合作团队或中心，为教师提供合作平台。这些团队或中心可以围绕特定的研究项目或课程进行合作，共同开发和设计相关的教学内容和实践活动。通过合作团队或中心的建设，学校可以促进教师之间的协作和配合，提高教育质量和效果。

4. 跨学科的师资力量整合

生态文明教育和创新创业教育涉及多个学科领域的知识和技能。因此，实现大学生生态文明教育与创新创业深度融合需要整合跨学科的师资力量。

通过建立跨学科的教学团队或研究团队，学校将不同学科背景的教师聚集在一起，共同研究和开发相关的教学内容和实践活动。这些团队可以涵盖生态学、环境科学、经济学、管理学等多个学科领域，为教师提供更加全面和深入的学习体验。

学校应鼓励教师跨学科合作和研究，共同探索生态文明教育和创新创业教育的融合方法和发展方向。这种跨学科的合作可以促进不同学科之间的交流和融合，推动教育的创新和发展。

5. 激励机制的建立和完善

为了鼓励教师积极投身于生态文明教育与创新创业教育的深度融合工作，学校需要建立和完善相应的激励机制。

通过设立奖励机制，学校对在生态文明教育与创新创业教育深度融合工作中做出突出贡献的教师给予表彰和奖励。这些奖励可以是物质奖励、荣誉证书等，以此激励教师继续努力工作。

学校应提供职业发展机会和晋升空间。对于在生态文明教育与创新创业教育深度融合工作中表现优秀的教师，可以给予更多的职业发展机会和晋升空间，例如，可以提供更多的培训机会、学术交流机会等，促进教师的职业发展和个人成长。

学校应建立良好的工作环境和文化氛围，通过营造积极向上、团结协作的工作环境和文化氛围，让教师感受到团队的温暖和支持，从而使教师更加积极地投身于生态文明教育与创新创业教育的深度融合工作。

## 二、大学生生态文明教育与创新创业深度融合的实践案例

### 案例一：节水灌溉——以河北邯郸为例的微咸水规模化利用研究

1. 项目背景

目前，世界淡水危机日渐显现，"如何对付水的威胁"已成为全球各国迫在眉睫需要解决的问题。随着我国社会经济的不断发展，需水量不断增加，水资源也日趋紧张。为了缓解水资源紧缺压力，国家越来越重视非常规水源的开发利用。

2.项目概述

微咸水即矿化度在 2.0～5.0g/L 的非常规水资源，利用微咸水进行灌溉是应对水资源短缺和改善生态环境的重要措施之一。2005 年至今，河北省邯郸、衡水和沧州等地建设

了微咸水灌溉实践工程，该团队通过实地调研邯郸地区微咸水灌溉的工程现状，以及与水利局工作人员专业技术人员的交流与访问后，概括总结了利用微咸水进行灌溉的方式、特点，深入思考了目前微咸水灌溉示范工程存在的一些问题，并对今后开展规模化建设工作提出切实可行的对策和建议。

3. 项目创新点

（1）项目以利用非常规水资源为视角，采取数据分析法、定性定量分析法等社会科学专业的调查方法对微咸水利用的实际情况进行了调查。

（2）该团队结合大量文献，针对基础设施不完善等问题进行了细致的研究，以此分析和总结了如何规模化利用微咸水这一现实问题。

（3）该团队制订了一套科学的微咸水规模化利用方案，为利用微咸水资源进行农业灌溉等方面提供了实际参考，弥补了当前国内非常规水资源规模化开发和利用的不足与空白。

4. 项目成果

该团队调研报告已被河北省水利科学研究院采用；获第十六届"挑战杯"全国大学生课外学术科技作品竞赛全国二等奖、"赛迪环保杯"第十三届全国大学生节能减排社会实践与科技竞赛全国三等奖。

5. 与生态文明融合的经验启示

（1）节能角度。微咸水作为一种非常规水资源，能够有效弥补淡水资源的供应不足，更大程度地保证农业用水需求，实现农业高产稳产、旱涝保收的重要任务，实现微咸水资源的规模化利用，不但可以有效缓解淡水资源压力，还能避免地下水的无效蒸发，增加可利用水资源量，改善生态环境。

（2）减排角度。合理开发利用微咸水资源，不但可以有效缓解淡水资源紧张，减轻水资源的供给压力，还能避免地下水的无效蒸发，增加可利用水资源量，改善生态环境。本项目在微咸水利用上针对微咸水在农业灌溉方面进行相应研究，并提出了微咸水规模化利用灌溉的实际推广对策与建议，对于提高水资源利用率，缓解水资源供需矛盾具有十分重要的意义。

## 案例二：高效蜂窝静电单元——HEPA 复合式新风系统

1. 项目背景

大气环境空气质量的根本性改善需要一个漫长的过程，因此，目前人们更为关注如何改善和提高自己工作生活所在室内空间的环境空气质量。随着消费者环保意识的提高，人们对空气污染治理的认可度已达到较高水平，消费水平的不断升级已成为促使室内空气净化系列产品市场销量增加的重要因素。实验结果显示，雾霾中的高浓颗粒污染物会对室内的空气质量和人们的生命健康造成极大的影响，而室内装修产生的有机污染物存在超标现象，颗粒物及室内装修污染造成的复合型污染是传统空气净化器难以解决的，现有的新风系统虽然能解决一定程度的污染问题，但净化效率已经达到瓶颈，且存在滤材投入成本高、体验感差等问题。因此，研发新型智能新风系统迫在眉睫。

2. 项目概述

该团队拥有等离子体蜂窝静电（HEC）-HEPA 复合式过滤技术，利用电晕电离空气、高效荷电颗粒物，同时，利用浅层沉淀原理，开发高分子包覆蜂窝结构集尘极，提高颗粒物处理效率，并利用静电驻极 HEPA 二次静电捕捉荷电颗粒物。该系统能够在传统新风设备过滤效果达到瓶颈的阶段做出突破，整体净化效率高达 99.9%。应用高分子包裹静电单元集尘极，有效地避免了空气中氧气与极板直接接触电离产生臭氧。同时，复合式的过滤体系，延长了 HEPA 的使用周期，大大地降低了后期滤材更换的费用。控制系统可智能调节产品功率，耗电量低，具有很好的推广前景和价值。此外，该团队首次研发并应用"共享式云空气分析智控系统"，以每个新风机作为微型空气监测站，有偿上传区域 PM2.5 数据，组成空气质量监测矩阵，并具备远程操控设备、为用户提供区域空气质量分析功能。

3. 项目创新点

（1）该团队开发高分子包覆蜂窝结构集尘极，利用浅层沉淀原理，在超低臭氧产生条件下，除尘效率达 92%。

（2）该团队自主研发等离子体蜂窝静电-HEPA 复合空气净化装置，将等离子体荷电技术、高分子包覆蜂窝集尘极技术和带有静电驻极材质的 HEPA 过滤器复合，结合静电驻极二次静电捕捉带电颗粒物，使 PM0.3 等超细颗粒物去除率达 99.99%，并将该技术产品化。

（3）该团队自主研发共享式云空气分析智控系统，以单个新风机为微型空气监测点，有偿上传区域 PM2.5 数据，组成空气质量监测矩阵，具备区域空气质量分析功能，并可远程操控设备。

4. 项目成果

该团队拥有学生为第一发明人的发明专利两项，学生为第一作者的论文一篇，学生为作者的计算机软件著作权两项。获第十六届"挑战杯"全国大学生课外学术科技作品竞赛国家三等奖。

5. 与生态文明融合的经验启示

（1）节能角度：该团队通过打造复合式的过滤体系，延长了 HEPA 的使用周期，大大地降低了后期滤材更换费用，从源头上节约了新风系统的运营成本。该团队研发的共享式云空气分析智控系统可根据不同应用场景智能调节产品功率，经实验得出，该系统耗电量约 2～5 度/日，能有效节约能源、降低能耗。

（2）减排角度：该团队将等离子体荷电技术、高分子包覆蜂窝集尘极技术和带有静电驻极材质的 HEPA 过滤器复合，结合静电驻极二次静电捕捉带电颗粒物，有效减少超细颗粒物的排放，具有实际、高效的减排作用。

## 案例三："解秆先锋"——秸秆资源化高效处理专家

### 1. 项目背景

我国是产秸秆大国，每年产生的农作物秸秆超过 9 亿吨，秸秆种类有近 30 种。自 1978 年以来，我国粮食产量大体呈上升趋势，由于农作物秸秆与粮食有着固定的比例关系（粮秸比），所以农作物秸秆数量也在逐年增加。根据《中国统计年鉴》（2019 年版），将主要农产品产量以及其相应的秸秆生成折算系数进行换算，2018 年，全国主要作物秸秆总量高达 884 百万吨，产量巨大。然而，其中约 31%的秸秆被露天焚烧、还田及随意丢弃，这些不当的处理方式在我国普遍存在，每年有总量高达约 2 亿吨的作物秸秆被浪费，并引发温室气体的大量排放以及农作物病虫害增多等严重的环境问题。

### 2. 项目概述

该团队产品采用中温高效纤维素水解技术和菌种协同配伍技术研制，为发挥各菌种的高效作用，团队以温度、pH、培养时间以及不同碳源作为菌系产酶条件的研究，对菌剂进行层层驯化筛选和多次条件测试，最终筛选出高效稳定的纤维素降解复合菌系，并掌握了优势菌种的最佳配比。在使用方式上，该复合菌剂在常温条件下即可投入使用，无需控制培养温度，且该菌系具有强大的 pH 自我调节能力，在处理过程中可维持发酵液 pH 的稳定，并保持与开始发酵时发酵液的同等 pH 水平，保证了它的稳定高效。此外，在使用该复合菌剂后产生的生物气中，甲烷含量可达 64.91%甲烷产量，提高了近一倍，这说明最大限度地利用了废弃秸秆。

### 3. 项目创新点

技术创新上，该团队采用中温高效纤维素水解技术和菌种协同配伍技术，并掌握了优势菌种的最佳配比，使其具有强大的 pH 自我调节能力，保证了菌剂的稳定高效。

4. 项目成果

该团队发表 2 件发明专利已成功授权，配置菌种保存于中科院微生物研究所，获第十二届"挑战杯"中国大学生创业计划竞赛国家级金奖，河北省大学生电子商务"创新、创意及创业"挑战赛省级三等奖，第六届河北省"互联网+"大学生创新创业大赛省级银奖。

5. 与生态文明融合的经验启示

（1）节能角度：使用该复合菌剂后产生的生物气中甲烷含量可达 64.91%，提高了近一倍的甲烷产量，最大限度地利用了废弃秸秆。对生物预处理玉米秸秆中的各个工艺条件进行了优化，经高效复合菌剂预处理后的玉米秸秆一般可比未处理的增加 30%～101%的甲烷产量，极大提高了玉米秸秆产甲烷的潜力，可以为居民生产生活提供大量沼气来源。

（2）碳减排角度：该团队预建成若干秸秆气化清洁能源利用实施县，实施区域内秸秆综合利用率达到 85%以上，有效替代农村散煤，为农户以及乡镇学校、医院、养老院等公共设施供应炊事、取暖清洁燃气。

### 案例四：油净小智——餐饮油烟解决专家

1. 项目背景

随着国民经济的快速发展，餐饮行业迅速崛起，美食在满足人们胃口的同时，其烹饪方式也带来了油烟污染问题。大量科学调研和临床分析表明，厨房油烟中的脂肪氧化物会引发心、脑血管等疾病，苯并芘、挥发性亚硝胺和杂环胺类化合物等也会致癌。国家"十四五"规划提倡精细管理和深度减排，涉及除工业源以外的生活源的减排，为了人体的健康和绿色环境，解决餐饮油烟污染问题势在必行。目前，市场上现有的油烟净化器功能单一、净化效率低下，无法对净化后的油烟浓度进行实时监测。而且我国现有的治理技术，无论是双电压的电除尘器，还是机械的、物理的过滤器，都存在无法去除挥发性有机化合物（VOC）的问题，并且逐渐严格的法律政策让餐饮经营者急需一体化油烟治理系统。

2. 项目概述

该团队利用物联网技术，通过"大数据分析""云技术"和"人工智能"等数字技术科学，将静电复合式油烟净化器、油烟在线监测仪与数据云平台相联系，构建成智能的油烟管控系统，将"互联网+环保"理念移入餐饮行业油烟治理领域中，形成一套集油烟净化、油烟监测、产品运行、数据传输为一体的智能化系统。这是大气环境智慧解决方案的整体植入，利用蜂窝电场和雪花芒刺的作用，除去油烟中的 VOC 气体，解决现有的油烟治理难题。在净化的基础上，该系统还做到油烟排放数据实时采集、自动检测、实时监控、大数据云平台、运维服务等治理监管全流程服务。

3. 项目创新点

（1）该团队研发的复合式油烟净化器，将静电除尘技术与机械式净化技术（旋风分离器）相结合，自主研发圆筒状蜂窝排列电场，采用"线性窄极距净化技术"，油烟净化效率高达 98% 以上。

（2）该项目中的在线监测系统，首次将环境在线检测应用到油烟监测领域，采用电化学和激光散射方法，精准检测油烟中颗粒物和非甲烷总烃浓度。并且相对误差在 ±5% 之间，达到实验室级检测标准。

4. 项目成果

项目成果包括 1 项实用新型专利已授权，1 项计算机软件著作权已授权。该团队作品已被 4 家企业试用。该项目获河北省大学生"调研河北"社会调查活动二等奖，"赛迪环保杯"第十三届全国大学生节能减排社会实践与科技竞赛三等奖，河北省大学生电子商务"创新、创意及创业"挑战赛省级二等奖。

5. 与生态文明融合的经验启示

在污染治理方面，该团队基于核心的蜂窝静电原理研发的高效油烟净化设施，可以有效降低油污污染。同时，智能监控系统可实时监测净化处理后油烟的浓度，开启油烟可视化监控新时代。对比现有油烟净化系统，该系统大大解决了现有油烟净化器净化效率低、无法去除非甲烷总烃，以及无法对油烟浓度进行实时监测的问题，对解决污染方面做出贡献。

## 案例五：滤源——基于 CDI 技术的零排放新型智能净水器

1. 项目背景

当今世界淡水资源受到不同程度的污染，净水器作为国家推行的"绿色消费"，能够很好地解决水质净化与饮水问题，在当前，国内净水器普及率不足 20%，净水器市场尚不算饱和。另外，国家相关的政策法规实施也相对较晚，国内净水器质量良莠不齐。其中普遍存在的问题是净水器的使用和维护成本高，尤其是废水比与耗电居高不下，水质输出单一，且智能化程度不高，这与如今提倡智能家居的时代格格不入。因此，该团队结合物联网与大数据技术，基于电容去离子脱盐理论，研发出新一代"滤源"智能净水器。

2. 项目概述

"滤源"净水器是一款智能化的水质可调节净水器。本产品避开了传统净水器的技术壁垒，基于电容去离子理论打造核心电吸附过滤装置，完善了传统净水设备的不足之处。该团队采用电容去离子脱盐技术、纳米纤维过滤技术、炭吸附技术等水源净化提质技术，设计出净水效果强、能耗低、维护成本低、噪声低的新型净水器。

3. 项目创新点

（1）技术高效化：该团队采用的 CDI 技术以电场与离子相互作用为原理支撑，该净水器运行时直接将多余杂质离子从进水中吸附到电极上。当离子在电极电容中吸附饱和时，用户只需将电极正负调换，吸附的离子解吸到少量水中，便可继续循环使用，水回收率可达 90%以上。

（2）装置简约化：该团队研发的新型直饮水机开创式地采用电容去离子脱盐技术，使得整个系统的供电装置仅需一节干电池。其核心技术是电离吸附，该净水器可实现实时产水，所以可以省略传统直饮水机所必须的水罐、水泵等装置，实现去水罐化，并且有效解决水的二次污染问题。CDI 技术的管路比较简单，只有一个水路，不易发生故障，易操作，容易维护。

（3）水质个性化：该团队研发的新型直饮水机运用独特的电容去离子脱盐技术，能通过调节电极两端电压，控制电容吸附进水中盐离子的量，控制所得淡水的硬度，也可利用选择性电极，保留对人体有益的离子。

4. 项目成果

该团队成员已发表论文一篇、专利一项、专著一本，并获"力诺瑞特杯"第十四届全国大学生节能减排社会实践与科技竞赛国家一等奖，第十七届"挑战杯"河北省大学生课外学术科技作品竞赛省级二等奖，2021 年大学创业世界杯河北赛区三等奖，第九届"东升杯"国际创新创业大赛（河北赛区)三等奖，2021 年大学生创新创业训练计划项目省级立项，第十届中国青年创业创新大赛暨第八届"创青春"中国青年创新创业大赛（河北赛区）三等奖，第十三届"挑战杯"中国大学生创业计划竞赛国家级铜奖，第八届河北省"互联网+"大学生创新创业大赛省级铜奖，第九届河北省"互联网+"大学生创新创业大赛省级铜奖，首届京津冀绿创大赛实践创业类团体赛二等奖，第二届"创青春"中国青年碳中和创新创业大赛华北赛区创新组铜奖。

5. 与生态文明融合的经验启示

从节能减排角度来看，相较于传统净水器，"滤源"净水器耗电量仅为 3.18kWh/m³，节能 63.7%，可在小于 1.5V 的低电压环境下工作，且能获得大于 90%的极高产水率，此外"滤源"净水器可实现即开即用，不需要水罐贮水及频繁更换滤芯，避免了二次污染等问题。该团队研发的产品在节能减排的基础上同时提高了用户的生活品质，拥有极大的推广和应用价值。

### 案例六：基于双相催化驱动的纤维素高效全利用

#### 1. 项目背景

近些年来，随着化石能源短缺和环境破坏等问题变得越来越严重，全球对于新能源的需求日益增大。木质纤维素生物质作为储量丰富的可再生资源其优势愈发显现。目前，木质纤维素生物质的处理办法主要是酸水解和酶水解，但多存在操作步骤复杂、转化效率低、分离困难等问题。近年来离子液体在木质纤维素生物质转化过程中的应用备受关注，它破坏纤维素结晶结构或去除木质素、半纤维素的能力较强，且可用于木质纤维素生物质的预处理，显著增加了多糖对酶的可及性，改善酶水解效率。然而，尽管离子液体比传统方法转化效率更高，但离子液体也存在着成本高、生物降解性较差的问题，使工业应用的推广受到较大制约。开发绿色高效的木质纤维素生物质转化技术具有重要的现实意义。

#### 2. 项目概述

由于传统纤维素类生物质酸水解和酶水解催化技术转化效率低、选择性低且易对环境造成污染而应用受限。该团队将疏水/亲水双相低共熔溶剂（DES）体系应用于纤维素类生物质转化研究，实现了原料的一锅法高效转化，在缓和的反应条件下将纤维素类生物质利用率提高到85%～92%，并在从相转移催化的角度出发，提出了纤维素类生物质水解-氧化循环反应机理，建立了相转移催化转化反应模型。

#### 3. 项目创新点

（1）该团队研发了一种具有双相驱动作用的铵盐类低共熔溶剂催化剂制备方法，可实现纤维素可持续性高效转化。该团队基于相转移催化作用，构建了纤维素在亲-疏水两相体系中水解-氧化循环机制。

（2）该团队利用纤维素原料、中间产物葡萄糖的溶解度差异和产品葡萄糖酸的自沉淀特点，开发了纤维素类生物质高效转化制备葡萄糖酸的新工艺，利用亲水性铵盐催化剂对不同种类产品进行分层回收，实现了资源的全利用。

（3）该团队对影响降解的5个因素进行优化调控，明确了主导因素和各因素间相互作用，确定了纤维素催化工艺，纤维素转化率达92%以上，葡萄糖酸产率达68%以上，实现了生产过程的清洁环保化。

4. 项目成果

该团队发表以团队成员为第一作者的中文核心论文两篇，其中一篇为封面论文，发表 SCI 论文一篇，以团队成员为第一作者者投稿 SCI 论文两篇；申请国家发明专利 6 件，已授权一件，以学生为第一发明人两件。此外，该团队成员曾赴天津 BEE 生物质国际会议参与学术讨论，团队承担的省级大学生创新创业项目已结题。获第十七届"挑战杯"全国大学生课外学术科技作品竞赛国家二等奖。

5. 与生态文明融合的经验启示

（1）节能角度：传统木质纤维素生物质的处理办法主要是酸水解和酶水解，但多存在操作步骤复杂、转化效率低、分离困难等问题。该团队的双相催化技术应用一步法工艺实现原料到葡萄糖酸的转化，简化了多步过程，实现了高效生产。催化剂易获得且能重复利用，节约能源，绿色环保。

（2）减排角度：该团队通过双相驱动作用的铵盐类低共熔溶剂催化剂高效处理固体废弃物，大力推广清洁能源，同时利用亲水性铵盐催化剂对不同种类产品进行分层回收，实现了资源的全利用，大大提升原料利用率，使纤维原料得到高价值利用，减少生物质产业利用过程的浪费，具有高效减排的生态效益。

## 案例七：湖泊沉积物氮素污染问题及对策研究——以白洋淀为例

1. 项目背景

随着城市和工农业的快速发展，许多大型湖泊都曾处于富营养或重富营养状态。据统计，我国因氮磷污染而导致富营养化的湖泊占统计湖泊的 56%。白洋淀属海河流域大清河南支水系湖泊，位于河北省雄安新区境内。淀区被 39 个村落、3700 条沟壕、12 万亩芦苇分割成大小不等、形状各异的 143 个淀泊，总面积达 366k㎡，平均年蓄水量维 13.2 亿 m³。目前，白洋淀富营养化得到治理，但长期输入的氮素污染物富集到沉积物中仍可能会对水质造成二次污染。沉积物是水体中污染物重要的"源"与"汇"。过量氮素进入湖泊，超过其环境容量，会导致藻类肆意繁殖，增大水体富营养化风险。

2. 项目概述

该团队根据各淀区的历史承载功能将白洋淀分为原始区、旅游区、生活区、养殖区和入淀区 5 个功能区，通过问卷—访谈—采样的调查方式对白洋淀沉积物氮素污染问题进行调研，综合调研资料和实验数据，分析发现白洋淀沉积物的研究区域单一，沉积物氮素污染性强，分布广规模大，污染源多，治理措施缺乏系统性和针对性。该团队就以上问题从制度、技术及政策 3 个层面提出了相关治理建议，结合专业技术提出参与性治理措施——入淀区实施高效好氧反硝化菌剂（该菌剂 24h 内氨氮去除率达到 90%～100%且该菌剂采用白洋淀本地菌株）+人工湿地强化入淀河流水质净化的方案，真正做到了减低能耗和 $CO_2$ 的排放。

3. 项目创新点

（1）该团队提出分级分区治理体系。

（2）该团队采用本地菌株治理，研制高效异养硝化-好氧反硝化脱氮菌剂。

（3）该团队制定"参与式-高效菌剂强化人工湿地净化入淀河流水体水质"的治理对策。

4. 项目成果

三篇论文已发表；获第十七届"挑战杯"全国大学生课外学术科技作品竞赛全国三等奖、获 2022 年大学生节能减排社会实践与科技竞赛省级特等奖。

5. 与生态文明融合的经验启示

（1）生态治理分区角度。对当地环境进行分区规划，对不同历史承载功能的功能区采用不同调研方法，有助于得到更精准的数据，采取更加科学的制定发展路线，

（2）采用本地菌株治理本地污染角度。本地菌株治理本地污染高效、安全且经济。并且采用本地菌株能够有效减少外来物种入侵隐患。

## 案例八：木霉兴农——长效木霉菌剂助农先行者

1. 项目背景

为积极响应科技兴农、建设美丽中国的号召，推动双减进程，该团队成员聚焦农业绿色发展，从蔬菜灰霉病生物防治角度出发，针对现行木霉菌剂应用存在的货架期短、田间防效不稳的技术瓶颈，以具有抗促生功能的木霉菌株资源筛选为基础，以高效木霉厚垣狍子液体发酵工艺为切入点，进行货架期长、抗逆性强、田间效果好的木霉厚垣狍子制剂的研制，并进行推广应用。

2. 项目概述

厚垣孢子是木霉在逆境情况下产生的一种繁殖体，具有抗逆性强、耐储存、田间定殖时间长的优点，以厚垣孢子作为制剂有效成分将能有针对性地解决现行木霉制剂的缺点。但是，木霉厚垣孢子制剂生产还存在着液体发酵效率低、制剂组分不确定等问题。为解决以上问题，木霉兴农团队成立，针对厚垣孢子制剂目前创制中存在的技术瓶颈进行创新性研发。项目以筛选具有拮抗促生功能的木霉菌株资源为基础，以高效木霉厚垣孢子液体发酵工艺为切入点，进行货架期长、抗逆性强、田间效果好的木霉厚垣孢子制

剂的研制，并进行推广应用。本项目的实施使厚垣孢子发酵数量提高 30 倍，发酵时间从 8 天缩短为 4 天，极大地提高了厚垣孢子发酵效率。与现行木霉分生孢子制剂相比，所制得的木霉菌剂具有货架期长、定殖能力强、田间防效高且稳定的特点。该制剂在平山、灵寿等区域进行应用，有效地提高了灰霉病生物防治效果、降低了化学农药用量、提高了设施蔬菜的产量和质量，为我国"肥药双减"策略的实施提供了重要的替代产品。

3. 项目创新点

（1）该团队首次建立了木霉厚垣孢子发酵条件，发酵 4 天时长的枝木霉厚垣孢子发酵浓度提升至初始的 30 倍。

（2）该团队首次创制了厚垣孢子为有效成分的木霉制剂，开发出木霉厚垣孢子可湿性粉剂、颗粒剂产品，国内外同类产品均为粉剂类型。

（3）厚垣孢子制剂货架期可达 24 个月，显著长于国内外其他木霉制剂 6 个月的货架期。

（4）该制剂田间防效与化学药剂相当，防效高、稳定、且持久，高于同类的木霉分生孢子制剂。

4. 项目成果

该团队拥有学生为第一发明人的发明专利 3 项；该团队研究的菌种保存于中国微生物菌种保藏中心；经农业部肥料登记评审委员会审定，该团队研究产品准予肥料登记。该项目获第十三届"挑战杯"中国大学生创业计划竞赛国家级铜奖。

5. 与生态文明融合的经验启示

（1）节能角度。木霉菌剂作为一种生物农药，有改善土壤理化性质、无残留毒性，相比于化学农药对环境的影响更加温和、高效。正确科学的使用，对农作物和环境不会产生不良影响且对环境保护方面具有较大促进意义。未来木霉菌生物农药的广泛使用，可以有效降低我国化学农药的使用量，降低化学农药的环境污染问题，保护生态环境。

（2）减排角度。木霉菌剂水溶性好，生物有机肥施用作物养分吸收利用率比传统肥料高 30%左右，可减少化肥施用量 30%～50%，在提高作物绿色有机质量的同时，降低种植成本 20%左右。

## 案例九：颗粒医生——生物反应器水循环系统

1. 项目背景

近年来，随着我国城市化进程的推进，全国化工废水排放量日益增加，2021 年全国化工废水排放总量达 710 亿吨，与此同时，我国可用水资源不断缩减且面临被污染的境况。

我国是工业大国，近年来国家开始重视废水处理引发的问题，但是排放量不减反增，短期内国家并不能降低废水排放总量，并且废水处理效率已经不能跟上日益递增的废水排放总量，产生不可估计的损失。该团队紧跟国家的步伐，积极响应国家的号召，对废水排放情况进行调研，分析废水处理装置使用情况。

2. 项目概述

颗粒医生工作室是为再生水厂设计公司、水处理工厂和工业废水工厂提供 UASB 工艺节能优化设计方案，以及调整设施内环境的水力剪应力并从中收取费用的工作室。技术主要是利用实验装置进行模拟，通过本系统的实验装置模拟技术来为客户提供理想的最佳水力剪应力方案，并且结合实验操作技术与原型观测技术，模拟出反应器中合理的水力剪应力，以确定最大废水处理量，以达到高效又节省时间的效果。

3. 项目创新点

（1）颗粒污泥培养技术：指在特定的工艺条件下，反应器中的微生物由絮状形式生长为大而密实的颗粒状的微生物聚合体，形成稳定立体结构。

（2）水力剪应力定量化技术：指通过建立水力剪应力计算模型，确定水力剪应力大小，再根据计算模型推导出回流流量与颗粒减小速率的函数表达式，确定合理的回流流量。

（3）颗粒污泥修剪实施技术：指根据已经计算出的回流流量来确定离心泵的数量和位置、回流管的数量和管径管材，对颗粒污泥进行水力剪切，使颗粒粒径减小速率等于增长速率，使颗粒污泥粒径稳定在 0.8~1.5mm，使反应器稳定高效运行。

4. 项目成果

该团队的 1 件发明专利已成功受理。该项目获得第十三届"挑战杯"中国大学生创业计划竞赛省级特等奖、国家级铜奖；第十五届河北省大学生节能减排社会实践与科技竞赛省级三等奖；"六百光年杯"第十五届全国大学生节能减排社会实践与科技竞赛国家三等奖。

5. 与生态文明融合的经验启示

（1）环境友好型技术：厌氧生物处理法采用微生物降解废物的方式，不仅能有效处理有机废物，还能减少对环境的污染。

（2）资源循环利用：厌氧生物处理法能够将有机废物转化为沼气和有机肥料，实现废物资源的循环利用。

（3）创新与科技支持：为了将厌氧生物处理法与生态文明融合得更好，该团队需要不断进行技术创新和研发工作，通过引入先进的科技手段，优化厌氧生物处理法的工艺流程和设备设施，提高处理效率和产物利用率，推动可持续发展的生态技术。

## 案例十：清源净"硫"——"吸、萃、催"多功能纳米流体燃油脱硫剂的开发

### 1. 项目背景

2022 年，我国二氧化硫排放量仍高达 2300 万吨，严重影响人类健康与生产。相比于二氧化硫末端治理，燃油脱硫的源头处理技术可得到清洁燃油，更为经济高效。传统加氢脱硫技术难以脱除噻吩类硫化物，而在最新执行的《轻型汽车污染物排放限值及测量方法（中国第六阶段）》标准中，规定燃油硫含量不得高于 10 ppm，新法规要求下的深度脱硫使得传统技术面临设备与能耗挑战。

### 2. 项目概述

传统加氢脱硫工艺需在高温高压下反应，消耗氢气且产生硫化氢，对于噻吩类化合物的脱除效果也不理想。非加氢脱硫可在温和反应条件下实现燃油深度脱硫，但在吸附脱硫、萃取脱硫、氧化脱硫等单独的非加氢脱硫技术中，所使用材料或工艺存在各自技术短板。基于此，本项目开发制备了同时具有吸附、萃取以及催化性质的多功能纳米流体脱硫剂，凭借纳米流体中颗粒组分的催化作用和吸附作用，以及溶剂组分的萃取作用，构建三位一体多效协同脱硫新体系。以此所提出的脱硫新工艺不消耗氢气、不产生硫化氢，并可在室温常压下实现燃油深度脱硫。

### 3. 项目创新点

（1）金属改性的分子筛和低共熔（DES）溶剂中羧酸组分具有催化性能，将臭氧转化为氧化性更强的活性自由基，从而进一步降低臭氧通入量，使氧化剂得以充分利用，实现了极低臭氧浓度下的深度脱硫，避免其过度排放所诱发的环境问题。DES 溶剂组分的高效萃取性质，可实现燃油原位脱硫，从而避免了传统工艺中烦琐的后处理步骤，降低操作成本。

（2）新型纳米材料实现了纳米颗粒与溶剂组分的功能协同，材料同时具备吸附催化萃取功能，材料可循环使用，更加经济。基于所制备新型脱硫材料，该团队初步探索萃取、吸附和催化氧化之间的三位一体协同关系，明确不同脱硫机制的权重占比，为工艺设计提供理论依据。

（3）设计分相操作可有效避免臭氧对于油品的过度氧化，保证油品质量，更加高效经济。脱硫技术可在常温常压下实现燃油深度脱硫，不消耗氢气，不产生硫化氢，经处理的原油不仅实现了深度脱硫，满足最新排放标准。该技术在实现低能耗，低成本的同时具有更高脱硫率。

4. 项目成果

该团队一件发明专利已成功受理并公布；发表中科院 SCI 二区论文一篇且已被接收，发表中文核心论文一篇。该团队已与企业达成合作，同时获大创省级立项。获第十八届"挑战杯"全国大学生课外学术科技作品竞赛省级特等奖、建行杯第十六届全国大学生节能减排社会实践与科技竞赛三等奖、第七届全国高校安全大赛国家一等奖。

5. 与生态文明融合的经验启示

（1）节能角度。本项目所提出的多效协同的燃油脱硫新工艺可在温和条件下实现燃油深度脱硫，且不消耗氢气，极大地降低了物料与操作成本，是理想的新型脱硫技术。

（2）减排角度。新执行的国家第六阶段机动车污染物排放标准（简称国 VI 标准）对有效脱硫率提出了更高的标准，本项目脱硫率可达 99.3%，符合国家排放标准。

## 案例十一："灵菌破壁"——基于物理化学耦合诱变构建的高效污泥处理菌剂

1. 项目背景

城镇污水处理厂剩余污泥的产量在逐年上升，2022 年城市生活污水污泥产量已达到 3300 万吨。污泥的传统处置方式有填埋、焚烧，污染环境，邻避效应显著。传统处置方法物化法的成本高、副产物多，而生物法反应温和，副产物少、成本低。该团队对现有生物法处理剩余污泥技术进行进一步优化，其中嗜热酶溶解技术更是优势明显，该技术通过优势嗜热溶胞菌/酶在适宜条件下分泌的胞外酶（主要为蛋白酶和淀粉酶）进行生物溶胞作用，从而使菌体短时、高效处理污泥。为此，团队研发的高效污泥处理菌剂，具有低能耗、低成本的特点。采用高效污泥处理菌剂可使污泥细胞短时高效溶解，提取蛋白，具有绿色安全、附加值高的优势，在处理剩余污泥的同时可对蛋白质进行回收再利用。

2. 项目概述

该团队采用独创物理化学耦合诱变技术改良普通嗜热菌性状，提高其产酶能力，强化对剩余污泥中细胞的破壁溶胞效能。最终经物理化学耦合诱变后，成功筛选出产蛋白酶性能优良且可稳定遗传的的嗜热菌。本菌剂可为处理剩余污泥提供新途径，经本菌剂处理后的剩余污泥，可为后续水解产物中氮源蛋白质的提取、残渣厌氧消化产甲烷提供帮助。该菌剂的发明可实现我国剩余污泥科学安全有效管理、最大限度减量化及资源化，促进剩余污泥资源化、无害化处理的发展。

3. 项目创新点

（1）该团队采用生物法中的嗜热酶溶解技术与物理化学耦合诱变技术相结合，形成

（S-TE＋技术）闭环资源化处理剩余污泥。

（2）该团队采用独创物理化学耦合诱变技术对普通嗜热菌进行诱变改性，筛选出产蛋白酶能力强且可稳定遗传高效嗜热菌。研发出的高效嗜热菌相较普通嗜热菌处理污泥时间缩短至 30%～50%，蛋白提取效率提升 30%～50%。

4. 项目成果

该团队的 3 件发明专利已成功受理，一件已授权，两件已受理并公布；两篇 EI 论文已录用，3 篇论文在投；嗜热菌菌种保存于国家微生物菌种保藏中心。该团队拥有国家一级查新报告一份。该团队已与 5 家企业达成合作，同时获大创国家级立项与团中央创业资金帮扶，获第十八届"挑战杯"全国大学生课外学术科技作品竞赛全国二等奖、建行杯第十六届全国大学生节能减排社会实践与科技竞赛三等奖。

5. 与生态文明融合的经验启示

（1）节能角度：剩余污泥中的大多数氮源都存在于细胞内部，污泥水解处理技术是破坏污泥中微生物细胞壁，从而释放出蛋白质、沉淀分离出残渣，实现"变泥为宝"。每吨剩余污泥厌氧消化产生的甲烷热值相当于 37～41kg 标煤产生的热值。

（2）碳减排角度：厌氧消化处理剩余污泥，进行资源化处理可助推我国减污降碳和无废城市建设，是符合政策背景导向和行业发展趋势的污泥处理与处置的有效途径之一。该菌剂的发明可为我国无废城市建设和双碳目标的实现提供科技支撑。

# 第三节　大学生生态文明创新与创业的支持政策与机制

随着全球环境问题的日益严重，生态文明建设已成为各国政府和社会各界关注的焦点。大学生作为未来的社会建设者和接班人，具有较高的知识水平和创新能力，是推动生态文明建设的重要力量。因此，对大学生生态文明创新与创业的支持政策与机制进行研究具有重要的现实意义。

## 一、大学生生态文明创新与创业的支持政策

### （一）大学生生态文明创新与创业的政策宣传与推广

1. 加强政策宣传，提高大学生对政策的认知度

为了确保大学生生态文明创新与创业的政策能够得到广泛认知和接受，政策宣传工作至关重要。首先，政府和相关部门可以通过官方网站、社交媒体、校园公告等多种渠

道，向大学生宣传政策的内容、目的和意义，同时，可以组织政策宣讲会、座谈会等活动，邀请专家学者、成功创业者等为大学生解读政策，分享经验和建议。

此外，高校作为培养人才的重要基地，也应该积极参与政策宣传，可以通过开设生态文明相关课程、举办讲座、组织实践活动等方式，引导大学生关注生态文明创新与创业，使他们了解政策的具体内容和要求。

2. 举办生态文明创新与创业大赛，吸引更多大学生参与

为了激发大学生对生态文明创新与创业的兴趣和热情，学校可以举办生态文明创新与创业大赛，通过比赛的形式，让大学生展示自己的创意和成果，同时也可以吸引更多的关注和支持。比赛可以设置多个环节，如创意征集、初赛、决赛等，让大学生有充分的机会展示自己的成果，同时，可以邀请专家评委、企业代表等对参赛项目进行评估和指导，为大学生提供更多的帮助和支持。此外，对于获奖项目，学校可以给予一定的奖励和支持，如奖金、项目支持、创业孵化等，鼓励大学生将创意转化为实际成果。

3. 建立信息交流平台，促进大学生之间的合作与交流

为了促进大学生之间的合作与交流，学校可以建立信息交流平台。这个平台可以是一个线上社区、论坛或者微信公众号等，让大学生可以在这里分享自己的创意、经验和资源。平台可以设立多个板块，如创意征集区、项目展示区、经验分享区等，让大学生可以根据自己的需求找到相应的内容。同时，学校可以邀请一些成功的创业者、行业专家等在平台上分享经验和建议，为大学生提供更多的帮助和支持。

此外，平台还可以定期组织线上或线下的交流活动，如座谈会、研讨会等，让大学生有更多的机会相互了解和合作。

4. 利用媒体宣传推广

媒体是宣传推广的重要渠道之一。政府和相关部门可以利用电视、广播、报纸、网络等媒体，对大学生生态文明创新与创业的政策进行广泛宣传，例如，可以在新闻报道中介绍政策的背景和目的，邀请专家学者对政策进行解读和分析，报道成功的创业案例等。

此外，政府和相关部门还可以利用社交媒体的力量进行推广，例如，在微博、微信等平台上，发布政策宣传内容，与大学生交流互动，回答他们的问题和疑虑。这些方式可以增加政策的知名度和影响力，提高大学生对政策的认知度和参与度。

5. 开展合作推广活动

政府和相关部门可以与其他机构合作开展推广活动，例如，可以与企业合作推出针对大学生的创新创业计划，提供资金、技术等方面的支持；可以与高校合作开设相关课

程或举办讲座；可以与社区合作开展社区服务活动等。通过这些合作推广活动，可以让更多的大学生了解政策的内容和要求，提高他们对政策的接受度和参与度。

### （二）大学生生态文明创新与创业的法律保障政策

1. 制定相关法律法规，为大学生生态文明创新与创业提供法律保障

为了确保大学生生态文明创新与创业活动的顺利开展，政府应制定相关法律法规，为大学生提供法律保障。这些法律法规应明确规定大学生在生态文明创新与创业过程中的权利和义务，保护他们的合法权益，同时也应规范相关行为，确保活动的合法性和稳定性。

同时，这些法律法规应充分考虑到大学生群体的特殊性和需求，为他们提供更加全面和细致的法律保障。例如，政府和相关部门可以制定针对大学生创业的税收优惠政策、贷款政策等，降低他们的创业成本和风险。

2. 简化审批程序，降低创业门槛

在大学生生态文明创新与创业过程中，审批程序是他们面临的一个重要问题。为了降低创业门槛，政府应简化审批程序，减少不必要的行政干预，为大学生提供更加便捷和高效的创业环境。

具体来说，政府可以优化审批流程，减少审批环节和时间，降低创业者的时间和经济成本。同时，政府还可以引入电子政务等现代化手段，提高审批效率和质量，为大学生提供更加便捷的服务。

3. 提供法律援助服务，帮助大学生解决创业过程中遇到的法律问题

在大学生生态文明创新与创业过程中，他们可能会遇到各种法律问题，如合同纠纷、知识产权保护等。为了帮助大学生解决这些问题，政府应提供法律援助服务。

具体来说，政府可以设立专门的法律援助机构或服务平台，为大学生提供法律咨询、代理诉讼等服务。同时，政府还可以与高校合作，建立法律援助机制，为大学生提供更加及时和专业的法律援助。

此外，政府还可以组织法律专家、律师等为大学生开展法律培训和讲座，提高他们的法律意识和能力，帮助他们更好地应对创业过程中的法律问题。

4. 加强执法力度，确保法律法规的有效实施

有了相关法律法规和政策支持后，政府还需要加强执法力度，确保法律法规的有效实施。对于违反法律法规的行为，政府应依法进行惩处，维护市场的公平竞争和秩序。

同时，政府还应加强对相关部门的监管和指导，确保他们能够依法履行职责，为大学生提供更加优质的服务和支持。对于在执法过程中发现的问题和不足，政府应及时进

行整改和完善，提高执法的效率和公正性。

5. 建立完善的法律保障体系

为了更好地保障大学生的生态文明创新与创业活动，政府应建立完善的法律保障体系。这个体系应包括法律法规、政策支持、执法力度等多个方面，形成一个完整的法律保障链条。

同时，政府还应根据实际情况不断调整和完善法律保障体系，确保它能够适应时代的发展和变化。通过建立完善的法律保障体系，政府可以为大学生提供更加全面和有效的法律保障和支持。

## 二、大学生生态文明创新与创业的机制

### （一）政策引导机制

政策是推动大学生生态文明创新与创业的重要力量。政府应通过制定相关政策，引导大学生关注生态文明建设，鼓励他们积极投身绿色技术的研发和应用。政策引导机制主要包括以下几个方面。

1. 制定优惠政策

政府可以制定一系列优惠政策，如税收减免、资金扶持、项目支持等，鼓励大学生开展生态文明创新与创业活动。这些政策可以降低大学生的创业成本，提高他们的创业积极性，促进生态文明建设的发展。

2. 建立激励机制

政府可以建立激励机制，对在生态文明领域取得突出成绩的大学生给予表彰和奖励。这种激励机制可以激发更多的大学生关注生态文明建设，积极投身绿色技术的研发和应用，形成良好的创新创业氛围。

3. 加强政策宣传

政府应加强对政策的宣传和推广，让更多的大学生了解政策内容，认识到生态文明创新与创业的重要性和意义。政策宣传可以增强大学生的生态文明意识，提高他们的创新创业能力。

### （二）资金支持机制

资金是推动大学生生态文明创新与创业的重要保障。政府应建立资金支持机制，为大学生提供必要的资金支持。资金支持机制主要包括以下几个方面。

1. 设立专项资金

政府可以设立专项资金，专门用于支持大学生开展生态文明创新的科研项目和创业

计划。专项资金可以通过项目申请、评审、资助等方式，为大学生提供必要的资金支持。同时，政府还可以引导企业和社会资本进入，形成政府、企业、社会共同推动的格局。

### 2. 提供贷款和担保服务

政府可以与金融机构合作，为大学生提供贷款和担保服务。这些服务可以帮助大学生解决创业初期资金不足的问题，降低他们的创业风险。同时，政府还可以通过提供贷款和担保服务，引导金融机构加大对大学生创新创业的支持力度。

### 3. 建立投资平台

政府可以建立投资平台，为大学生提供投资机会和融资渠道。这些平台可以通过项目路演、融资对接等方式，帮助大学生吸引更多的投资机构和投资者关注和支持他们的创新创业项目。同时，政府还可以通过投资平台，引导社会资本进入大学生创新创业领域，推动绿色技术的发展。

## （三）平台建设机制

平台是推动大学生生态文明创新与创业的重要载体。政府应建立平台建设机制，为大学生提供项目申报、评审、实施等一站式服务。平台建设机制主要包括以下几个方面。

### 1. 建立科技园区

政府可以建立科技园区，为大学生提供集研发、中试、产业化于一体的创新创业平台。科技园区可以吸引高校、企业、科研机构等共同参与，为大学生提供良好的研发环境和产业化条件。同时，科技园区还可以为大学生提供市场推广、融资等支持，帮助他们实现商业化运作。

### 2. 建立孵化器和众创空间

政府可以建立孵化器和众创空间，为大学生提供创业指导和孵化服务。孵化器和众创空间可以为大学生提供场地、设备、资金等支持，帮助他们解决创业初期遇到的各种问题。同时，孵化器和众创空间还可以为大学生提供培训、交流等活动，帮助他们提高创新创业能力。

### 3. 加强产学研合作

政府应加强产学研合作，促进高校、企业、科研机构之间的合作与交流。通过产学研合作，可以促进技术转移和成果转化，推动绿色技术的发展和应用。同时，产学研合作还可以为大学生提供实践机会和就业渠道，帮助他们更好地融入社会和实现自我价值。

## （四）人才培养机制

人才培养是推动大学生生态文明创新与创业的重要保障。政府应建立人才培养机制，培养具有生态文明意识的高素质人才。人才培养机制主要包括以下几个方面。

1. 设立生态文明教育课程

政府应设立生态文明教育课程，将生态文明理念融入人才培养全过程。通过开设相关课程，学校可以培养大学生的生态文明意识，提高他们对绿色技术的认识和理解。同时，还可以引导大学生关注环保问题和社会责任等方面的问题。

2. 组织各种形式的培训和实践活动

政府应组织各种形式的培训和实践活动，提高大学生的生态文明意识和实践能力，例如，可以组织大学生参加环保实践活动、绿色技术研发项目等，让他们在实际操作中学习和掌握相关知识技能，同时，还可以为大学生提供实习机会和就业渠道，帮助他们更好地融入社会和实现自我价值。

# 第八章　大学生生态文明教育宣传与媒体运用

## 第一节　大学生生态文明教育宣传的重要性

### 一、生态文明教育是时代发展的必然要求

#### （一）生态文明教育是应对全球环境问题的迫切需要

在全球化的今天，人类共同面临着一系列严峻的环境问题。气候变化、生物多样性丧失、水资源短缺、土地退化等环境问题已经对人类的生存和发展造成了严重影响。因此，生态文明建设成为全球共同关注的焦点。

生态文明建设是一项复杂的系统工程，它需要人们深入理解和实践可持续发展的理念。而在这个过程中，生态文明教育扮演着至关重要的角色。

生态文明教育是推动生态文明建设的重要途径。通过教育，人们可以培养出一批批具备生态文明素养的人才，为生态文明建设提供强有力的人才保障。这些人才将在各个领域发挥重要作用，推动生态文明建设的深入发展。

#### （二）生态文明教育是培养高素质人才的重要途径

生态文明教育有助于培养大学生的社会责任感和使命感。通过生态文明教育，大学生可以深入了解人类与自然的关系，认识到保护环境的重要性，从而树立正确的价值观和人生观。他们将更加关注社会问题，积极投身社会实践，为社会的可持续发展贡献自己的力量。

生态文明教育有助于提高大学生的创新精神和实践能力。在生态文明教育中，大学生需要参与各种环保实践活动，如垃圾分类、植树造林、环保宣传等。这些活动不仅锻炼了他们的组织协调能力、团队协作能力和创新能力，还培养了他们的实践能力和解决问题的能力。这将为他们未来的职业发展打下坚实的基础。

生态文明教育还有助于培养大学生的国际视野和全球意识。在全球化的背景下，各国之间的合作与交流越来越密切。通过生态文明教育，大学生可以了解不同国家的环保政策和措施，学习国际先进的环保理念和技术，从而成为具备国际视野和全球意识的高素质人才。

### （三）生态文明教育是推动社会可持续发展的必然要求

生态文明教育是推动社会可持续发展的必然要求。可持续发展需要全社会的共同努力，而大学生作为未来社会的重要力量，他们的行为和态度将直接影响社会的可持续发展。加强生态文明教育宣传，可以引导大学生树立绿色、低碳、循环的发展理念，推动社会的可持续发展。同时，大学生还可以将所学的生态文明知识传播给更多的人，这将形成全社会共同关注环保、支持环保的良好氛围。这对于推动社会的可持续发展具有重要意义。

### （四）生态文明教育是促进大学生全面发展的有效途径

生态文明教育可以丰富大学生的知识体系，培养大学生的实践能力，可以培养大学生的社会责任感和使命感，还可以促进大学生的身心健康。在当今社会，身心健康已经成为人们追求的重要目标之一。通过参与环保活动、进行户外运动等，大学生可以锻炼身体、增强体质，同时也可以缓解学习压力、放松心情。这些活动还有助于培养大学生的健康生活方式和良好的生活习惯。

## 二、生态文明教育有助于培养大学生的综合素质

### （一）培养环保意识

培养环保意识是生态文明教育的重要目标之一。环保意识是指人们对环境保护的认知、态度和行为，是推动环境保护行动的重要动力。在生态文明教育中，通过系统的环保知识学习和实践，大学生可以逐渐形成环保意识，并将其内化为自己的价值观和行为准则。

生态文明教育有助于培养大学生的环保责任感。作为未来的社会建设者和接班人，大学生有责任为保护环境、推动可持续发展贡献自己的力量。通过生态文明教育，大学生可以认识到自己的责任和使命，积极参与到环保行动中来，为社会的可持续发展做出贡献。同时，他们还可以将环保理念传递给身边的人，影响更多的人参与到环保行动中来。

### （二）激发创新精神

生态文明教育可以激发大学生的好奇心和求知欲。环保问题往往涉及复杂的科学原理和社会问题，需要我们具备探索和解决问题的能力。通过生态文明教育，大学生可以接触到各种环保问题，增强好奇心和求知欲，促进主动学习和探索，寻找解决问题的新思路和新方法。

生态文明教育可以培养大学生的实践能力和创新精神。环保问题的解决需要实践和创新，需要人们具备将理论知识转化为实践操作的能力。通过参与生态文明教育活动，

大学生可以亲身实践，将所学知识应用于实际环境中，发现问题并提出解决方案。这种实践过程不仅锻炼了大学生的实践能力，也培养了他们的创新精神，为未来的职业发展和社会建设打下坚实的基础。

### （三）提高实践能力

生态文明教育不仅注重理论知识的传授，更注重实践能力的培养。通过参与各种环保实践活动，大学生可以深入了解环保工作的实际操作和运行机制，将所学的理论知识与实际相结合，提高自己的实践能力。

实践活动还可以增强大学生的社会责任感和使命感。通过参与环保实践活动，大学生可以意识到自己对社会的责任和使命，积极投身环保事业，为保护环境贡献自己的力量。

### （四）增强社会责任感

生态文明教育培养了大学生的环保意识和环保行动能力。通过学习环保知识、参与环保实践活动，大学生可以了解环境保护的重要性和紧迫性，掌握环保技能和方法，从而更好地参与到环保行动中来。生态文明教育培养了大学生的社会责任感和使命感。大学生通过参与环保行动，可以感受到自己的行动对于社会的影响和意义，从而更加自觉地承担起自己的责任和使命，为社会的可持续发展做出贡献。

生态文明教育有助于培养大学生的综合素质和全面发展。通过参与环保行动，大学生可以锻炼自己的组织能力、沟通能力和团队协作能力，提高自己的综合素质和全面发展水平。

### （五）促进全面发展

生态文明教育对于促进大学生全面发展具有深远的影响。在当今社会，全面发展已成为教育的重要目标，而生态文明教育正是实现这一目标的有效途径。

在生态文明教育中，大学生需要思考人类行为对环境的影响，反思自己的行为是否符合环保原则。这种反思过程有助于培养他们的道德素质，提升人文素养。

## 三、生态文明教育有助于推动社会的可持续发展

生态文明教育有助于构建可持续的社会发展模式。传统的经济增长模式往往以牺牲环境为代价，导致资源过度开发和环境恶化。而生态文明教育的目标是实现经济、社会和环境的协调发展。通过教育，人们可以了解到可持续发展的重要性，学习到如何在经济发展的同时保护环境、保障社会公平。这种模式的转变将有助于构建一个更加稳定和可持续的社会。

#### 四、生态文明教育有助于促进大学生创新创业

生态文明教育还可以激发大学生的创新创业热情。通过生态文明教育宣传，大学生可以了解到环保产业在社会经济中的重要地位，以及其对于可持续发展的作用。这会激发他们为环保事业贡献自己的力量的热情，并希望通过创新创业的方式实现个人价值和社会价值的统一。生态文明教育可以让大学生认识到，创新创业不仅可以为自己带来经济利益，同时也可以为社会和环境做出积极的贡献。

生态文明教育对于促进大学生创新创业具有积极的影响。加强生态文明教育宣传，可以提高大学生对环保产业的认知，并为他们提供创新创业的思路和方法。此外，生态文明教育还可以激发大学生的创新创业热情，使他们更加积极地投身于创新创业的实践。因此，加强生态文明教育的推广与实施，对于促进大学生创新创业具有重要的意义。

## 第二节　大学生生态文明教育宣传方法

### 一、开展主题讲座和专题研讨会

#### （一）主题讲座的重要性

开展主题讲座是宣传生态文明教育的一种重要方式。通过邀请专家学者和行业精英，针对生态环境保护和可持续发展等方面进行演讲和交流，学校可以为大学生提供学习和思考的机会，传达生态文明教育的核心理念和重要意义。

主题讲座可以深入浅出地讲解生态文明教育的核心理念。通过专家学者的讲解，大学生可以了解到生态文明教育的起源、发展和目标，以及生态环境保护和可持续发展的重要性。这样可以引导大学生树立正确的生态观念，培养环保意识和责任感。

主题讲座可以通过实例分析，向大学生展示生态文明教育的实践经验和成功案例。专家学者和行业精英可以分享他们在环保领域的研究成果和创新经验，让大学生了解生态文明教育的实际效果和社会影响力。这样可以激发大学生的学习和创新热情，促进他们积极参与环保工作。

主题讲座可以为大学生提供交流和思考的平台。在讲座结束后，设置的问答环节和互动讨论，让大学生有机会提问和分享自己的见解。通过与专家学者和行业精英的互动交流，大学生可以拓宽视野，培养思辨能力和创新思维。

## （二）专题研讨会的意义

除了主题讲座，组织专题研讨会也是宣传生态文明教育的重要方式之一。通过专题研讨会，大学生可以就生态文明教育相关的课题进行深入研究和讨论，增加对生态文明教育的认识。

专题研讨会可以促进大学生对生态文明教育的深入思考。通过针对特定问题或现象进行研讨，大学生可以思考生态文明教育在实际生活中的应用和意义。这样可以增加他们对学科知识和社会问题的理解，培养批判性思维和问题解决能力。

专题研讨会可以促进大学生的团队合作和交流能力。在研讨会中，组织者可以组织小组讨论和合作研究，让大学生共同探讨问题并提出解决方案。通过与他人合作，大学生可以学会倾听和尊重他人的观点，培养团队精神和协作能力。

专题研讨会可以为大学生提供展示自己研究成果的机会。在研讨会上，组织者可以设置报告环节，让大学生展示他们的研究成果和思考成果。这样可以激发大学生的研究热情，培养他们的学术能力和表达能力。

## （三）组织主题讲座和专题研讨会的具体步骤

组织主题讲座和专题研讨会需要一定的策划和准备工作。以下是一个具体的组织步骤供参考。

（1）确定讲座或研讨会的主题：根据大学生的需求和实际情况，组织者选择适合的主题，如生态环境保护、可持续发展、碳排放减少等。

（2）邀请专家学者和行业精英：通过学校资源、社会联系或专业组织等途径，组织者邀请相关领域的专家和具有实践经验的人士参与讲座或研讨会。

（3）确定讲座或研讨会的时间和地点：根据参与人员的日程安排和场地可用情况，组织者确定讲座或研讨会的具体时间和地点。

（4）制订宣传计划：通过校园内的宣传渠道，如海报、微信公众号、校园广播等，组织者进行讲座或研讨会的宣传，吸引大学生的关注和参与。

（5）组织讲座或研讨会的具体内容和形式：根据主题和参与人员的特点，组织者确定讲座或研讨会的具体内容和形式，包括演讲内容、互动环节、小组讨论等。

（6）安排讲座或研讨会的流程：根据讲座或研讨会的时间和内容，组织者安排具体的流程，包括开始致辞、演讲环节、问答环节、总结发言等。

（7）提供必要的设施和支持：组织者确保讲座或研讨会所需的设备、场地和材料等都得到妥善安排和准备，保证活动的顺利进行。

（8）收集反馈和总结经验：在讲座或研讨会结束后，组织者及时收集参与者的反馈意见，并进行总结和归纳，为下一次宣传活动提供经验和借鉴。

通过上述步骤的策划和准备，可以有效开展主题讲座和专题研讨会，提高大学生对生态文明教育的认识和关注度，促进他们积极参与环保行动。

（四）主题讲座和专题研讨会的实施效果

组织主题讲座和专题研讨会，可以取得一系列实施效果。

（1）提高大学生对生态文明教育的认识和理解：通过专家学者和行业精英的深入讲解和案例分析，大学生可以更加深入地了解生态文明教育的核心理念和重要意义。

（2）激发大学生的研究兴趣和创新能力：通过专题研讨会，大学生可以深入研究和讨论生态文明教育相关的课题，培养他们的学术能力和创新思维。

（3）促进大学生的社会参与和实践能力：通过与专家学者和行业精英的互动交流，大学生将关注社会问题，并积极参与环保行动，提高自身的社会责任感和实践能力。

## 二、举办系列主题活动

（一）环保知识竞赛

举办环保知识竞赛是一种能够增强大学生对生态文明教育兴趣的活动方式。学校可以组织有趣的环保知识竞赛，涵盖环境保护、资源利用、生态系统等方面的知识点，可以根据不同年级或专业设置不同难度的题目，吸引更多的大学生参与。

竞赛形式可以采用个人或团队的形式，通过选择题、填空题、判断题等方式测试学生的环保知识水平。在竞赛过程中，学校可以借助多媒体展示，为学生提供环保知识的图文并茂的内容，使竞赛更加生动有趣。

为了提高竞赛的趣味性和参与度，学校还可以设置奖项，在比赛中给予优秀表现者一定的奖励，激发他们的学习热情。此外，学校可以邀请相关专家或学者作为评委，为竞赛增加权威性和科学性。

通过环保知识竞赛，大学生不仅可以巩固和拓展自己的环保知识，还能够充分感受到环保教育的魅力，培养他们对环境保护的责任感和使命感。

（二）电影放映

举办环保主题的电影放映活动是一种能够吸引大学生参与的活动形式。学校可以选择一些与环保、自然保护、可持续发展等主题相关的纪录片、微电影或故事片进行放映。

在选择电影时，学校可以考虑内容丰富、有启发性和感人的作品，并确保其具备一定的教育性和信息传递性。通过电影放映，学校可以让大学生身临其境地感受到生态环境的重要性和脆弱性，增强他们的环保意识和责任感。

在放映后，学校可以组织观影分享会，让学生们交流并表达对电影内容的思考和感受。这种活动不仅能够让大学生深入了解和思考环保问题，还能够促进他们之间的交流与合作，形成良好的学习氛围。

（三）文化沙龙

举办环保主题的文化沙龙是一个能够让大学生自由交流和分享环保观点的平台。学校可以邀请环保专家、学者或相关领域的从业人员作为嘉宾，与大学生共同探讨环保话题。

文化沙龙可以以专题报告、讲座、研讨会等形式进行。在活动中，嘉宾可以分享自己在环保领域的研究成果和实践经验，引导学生思考环保问题的本质和解决方法。

此外，学校也可以设置互动环节，让学生们提问或分享自己的见解和经验，促进与嘉宾之间的交流与互动，激发学生的创新思维和环保意识。

文化沙龙不仅能够让大学生深入了解环保领域的前沿知识和最新动态，还能够培养他们的批判性思维和问题解决能力。

（四）创意设计比赛

举办环保主题的创意设计比赛是一种能够培养大学生环保意识和创新能力的活动方式。学校可以设立各类设计类别，如环保产品设计、包装设计、建筑设计等，并要求参赛作品体现环保、可持续发展等理念。

学校邀请相关专业的教师或行业内的专家作为评委，对参赛作品进行评选和点评，同时，也可以邀请环保组织或相关企业提供支持和指导，促成优秀设计作品的实际应用。

此外，比赛过程可以设置设计讲座、工作坊等活动，为参赛选手提供专业知识和技能的培训，帮助他们更好地理解与应用环保理念。

创意设计比赛不仅能够激发大学生的创新潜能和环保意识，还能够促进跨学科的交流与合作，培养学生的综合素质和创造力。

（五）环保创新展示

举办环保创新展示活动是一种能够激发大学生创新创业潜能的活动方式。学校可以邀请环保组织、企业或创业团队展示他们在环保领域的创新成果或项目。

展示内容可以涵盖环保科技、资源利用、废弃物处理等方面。该活动可以通过展板、模型、产品展示、视频介绍等形式展示创新成果的理念、技术和应用效果。

在活动中，学校可以邀请相关专家、投资人作为评委，对展示的项目进行评选和点评，同时，也可以为大学生提供与创新项目相关的培训和咨询服务，促进他们的创新创业发展。

环保创新展示不仅能够激发大学生的创新创业热情，还能够推动环保科技的发展与应用，为实现可持续发展目标做出贡献。

### 三、制作宣传材料和媒体宣传

#### （一）海报设计与制作

为了有效传达生态文明教育的理念、目标和意义，制作精美的海报是一个重要的宣传手段。以下是制作海报的步骤。

（1）确定主题：首先，海报的主题为生态文明教育。主题应准确、简明地反映出生态文明教育的核心内容。

（2）收集素材：适合主题的图片、插图和图标，可以形象地表达生态文明教育的概念。海报设计者可以使用免费的图片素材库或自己拍摄照片。

（3）设计布局：海报设计者选择一个合适的海报布局，可以是单张海报或多页宣传册，根据主题和素材，安排图片、文字和其他元素的位置，注意整体的平衡和美感。

（4）添加文字：海报设计者使用清晰易读的字体，添加标题、副标题和正文等文字内容。文字应简洁明了，突出生态文明教育的重点信息，激发观众的兴趣。

（5）调整色彩：海报设计者选择合适的配色方案，使海报的整体色彩和谐统一，可以运用生态环保相关的绿色、蓝色等颜色，以增强海报的视觉吸引力和主题感。

（6）加入品牌标识：如果有相关的品牌标识或校徽，海报设计者可以将其巧妙地融入设计中，以增强宣传材料的专业性和辨识度。

（7）审查和打印：在完成设计后，海报设计者仔细审查海报的内容、排版和字体等，确保没有错误，然后选择合适的打印机或外包给印刷公司进行打印，保证海报的质量和效果。

#### （二）宣传册制作

宣传册是一种详细介绍生态文明教育的宣传材料，相对于海报来说，宣传册可以提供更多的信息和细节。以下是制作宣传册的步骤。

（1）确定内容结构：根据宣传的需要，设计者确定宣传册的结构和内容，可以按照引言、背景介绍、目标与意义、核心内容、活动信息等来组织内容。

（2）设计布局：设计者选择合适的宣传册布局，可以使用单页折叠、多页横向或纵向排列等方式。根据内容安排图片、文字和其他元素的位置，注意整体的美观和可读性。

（3）编辑文字内容：设计者编写宣传册的文字内容，确保语言简洁、准确，突出生态文明教育的关键信息和亮点，可以配合图片进行说明和解释，增强宣传册的可读性和吸引力。

（4）插入图片和图表：根据需要，设计者插入合适的图片和图表，以图像化方式展示生态文明教育的成果和影响。图片和图表应与文字内容相呼应，以提升宣传册的说服力和可信度。

（5）调整排版和格式：设计者对文字、图像和其他元素进行排版和格式调整，保持整体的一致性和美观性。注意字体、字号、行间距等细节，使宣传册看起来专业而舒适。

（6）添加联系方式：设计者在宣传册中添加学校或组织的联系方式，如地址、电话、电子邮件等。这样感兴趣的读者可以更方便地获取更多相关信息或进行进一步沟通。

（7）审查和印刷：在完成设计和编辑后，设计者仔细审查宣传册的内容和格式，确保没有错误。然后选择适当的打印机或外包给印刷公司进行印刷，保证宣传册的质量和效果。

### （三）线上平台传播

除了实体宣传材料，线上平台也是传播生态文明教育的重要渠道。以下是线上平台传播的方式。

（1）网站宣传：学校创建一个专门用于宣传生态文明教育的网站，展示相关信息、活动、成果等，以清晰简洁的界面设计和可靠的信息来源，吸引访问者并提供详细的生态文明教育内容。

（2）社交媒体推广：学校利用微博、微信公众号、抖音等社交媒体平台，发布与生态文明教育相关的内容和活动信息。通过有趣、有用的内容，吸引年轻人的关注和参与。

（3）在线视频分享：学校制作和分享有关生态文明教育的视频，如宣传片、讲座录像、学生参与活动的记录等，将这些视频上传到视频分享网站或自己的网站上，以增加视频的曝光度和观看量。

（4）网络宣传活动：学校组织一些网络宣传活动，如在线讨论、答题、微博话题互动等。通过这些活动，鼓励大学生积极参与，并增强他们对生态文明教育的理解和认同。

（5）搜索引擎优化：学校通过优化网页内容和设置关键词，使相关内容在搜索引擎结果中更容易被用户发现。这将增加网站或相关内容的曝光度和访问量。

### （四）校园广播和电视宣传

学校利用校园广播和电视台等媒体资源，广泛宣传生态文明教育的重要内容和活动信息。以下是校园广播和电视宣传的方式。

（1）撰写脚本：学校准备一个简洁明了的脚本，以介绍生态文明教育的理念、目标和意义。脚本应包含吸引听众的开头、详细的信息和鼓励参与的结尾。

（2）录制广播节目：在校园广播中，学校录制专门关于生态文明教育的广播节目，在节目中可以邀请相关专家讲解，播放学生参与活动的实况录音等，以呈现丰富多样的内容。

（3）制作电视宣传片：学校制作精美的电视宣传片，通过影像展示生态文明教育的重要内容、活动和成果。宣传片应具有跌宕起伏的情节、引人入胜的视觉效果，以吸引观众的注意力。

（4）播放时段选择：根据目标受众的特点和习惯，学校选择适当的播放时段，如选择在学生休息时间、餐厅用餐时间等高人流量时段播放，以提高宣传的效果和触及率。

（5）定期更新内容：学校保持校园广播和电视宣传的新鲜感和吸引力，定期更新内容和活动信息。这样，学生会更愿意收听和观看，增加对生态文明教育的关注度和参与度。

（五）提高关注度与参与度

为了提高大学生对生态文明教育的关注度和参与度，学校可以采取以下措施。

（1）组织相关活动：学校举办各类与生态文明教育相关的活动，如讲座、座谈会、展览、比赛等。通过多种形式的活动，激发大学生的兴趣和参与热情。

（2）邀请专家讲座：学校邀请生态文明领域的专家学者来校园进行讲座，分享他们的研究成果和经验。这不仅能够提升大学生对生态文明教育的认知水平，还能激发他们的思考和行动。

（3）开展志愿者活动：学校组织生态环保志愿者活动，让大学生亲身参与到环保行动中。通过实际行动，增强大学生对生态文明教育的体验和理解。

（4）校园宣传推广：学校利用校园内的各种宣传渠道，如校报、校刊、校园电子屏幕等，持续地宣传生态文明教育的重要性和价值，在学生经常出入的场所张贴海报、发放宣传册等，提醒他们关注生态文明教育。

（5）校园社团合作：学校积极与校内的环保社团、学术团体等进行合作，共同组织相关活动和项目，通过合作，扩大生态文明教育的影响力和参与范围。

## 四、开设相关课程和选修课程

随着全球环境问题的加剧和社会对可持续发展的呼吁，生态文明教育作为培养大学生环保意识和能力的重要措施逐渐受到关注。开设相关课程和选修课程，可以为大学生提供系统学习和了解生态文明教育的机会，促进他们在未来的工作和生活中积极践行环境保护理念。

## （一）开设生态经济学课程

生态经济学是研究人类经济与自然环境关系的学科，通过学习生态经济学课程，可以帮助大学生深刻理解经济活动对环境的影响，探索实现经济发展与环境保护的可持续发展路径。该课程可以包括以下内容。

（1）生态经济学基础概念：该课程介绍生态经济学的定义、原理和方法，使学生对生态经济学有一个整体的认识。

（2）经济活动与环境影响：该课程分析各类经济活动对环境的影响，如工业生产、农业生产、能源利用等，引导学生思考如何解决环境问题。

（3）生态经济学模型与政策：该课程介绍生态经济学的理论模型和应用于实际政策制定的案例，让学生了解如何运用生态经济学知识来推动可持续发展。

（4）生态产品与绿色消费：该课程探讨生态产品的概念和特点，引导学生形成绿色消费观念，提倡可持续消费方式。

## （二）开设可持续发展课程

可持续发展课程是为了培养大学生对可持续发展理念的认知和实践能力，该课程可以包括以下内容：

（1）可持续发展原理与目标：该课程介绍可持续发展的基本原理，以及联合国可持续发展目标的内容和意义。

（2）环境保护与资源管理：该课程探讨环境保护和资源管理的重要性，引导学生思考如何在经济发展过程中实现资源的有效利用和保护。

（3）社会公平与包容性：该课程关注社会公正和人类福祉，让学生了解可持续发展与社会公平、包容性的关系。

（4）可持续城市与可再生能源：该课程介绍可持续城市发展的策略与案例，以及可再生能源的利用状况和前景。

## （三）开设相关选修课程

除了必修课程，学校还可以开设一些与生态文明教育相关的选修课程，以满足大学生个性化的需求。选修课程可以根据学生的兴趣和专业定向，提供更广泛和深入的学习内容。

（1）环境法律与政策：课程介绍环境法律和政策的基本原则和应用，让有意向从事环境保护工作的学生获得专业知识。

（2）生态旅游与自然保护：课程探讨可持续发展的旅游模式和自然保护的原理，培养学生对生态旅游的理解和关注。

（3）环境伦理与道德：课程引导学生思考环境伦理的重要性，培养他们在日常生活中形成环境友好行为的习惯。

通过开设生态经济学、可持续发展等相关课程和选修课程，学校可以为学生提供全面的生态文明教育，培养他们的环保意识和能力。这些课程的开设不仅有助于大学生全面了解生态文明教育的理论知识和实践经验，也能够为他们未来的工作和生活提供指导，推动社会的可持续发展。同时，为了达到更好的效果，学校还可结合实践活动和社会实践，让学生将所学知识应用于实际，增强他们的环保意识和能力。

## （四）建立生态文明教育示范基地

1. 建立生态文明教育示范基地的背景和意义

生态文明是人与自然和谐共生的理念，是构建美丽中国的重要战略目标。而大学生是社会的未来和希望，他们的思想观念和行为方式对生态环境保护具有重要影响。因此，建立生态文明教育示范基地，为大学生提供实践和体验的机会，培养他们的生态意识和责任感，对于推动生态文明建设具有积极的促进作用。

2. 示范基地的选择

示范基地可以选择当地的生态保护区、环保企业等作为参观和实践的地点。这些地方能够直观地展示生态环境保护的成果和挑战，使大学生能够亲身感受到生态环境保护的重要性和紧迫性。

3. 参观和学习活动的内容

建立生态文明教育示范基地后，学校可以组织大学生进行参观和学习活动。活动内容可以包括以下方面。

（1）生态保护区参观：学校组织大学生深入了解当地生态保护区的生物多样性和生态系统，了解保护区的工作原理和重要意义。

（2）环保企业参观：学校带领大学生参观环保企业，了解先进的环保技术和设备，以及企业在环境保护方面的实践经验。

（3）生态教育讲座：学校邀请专家学者为大学生进行生态教育讲座，介绍生态文明的基本概念、发展历程和相关政策措施，引导大学生正确把握生态文明建设的内涵和要求。

（4）互动交流研讨：学校组织大学生进行互动交流和研讨，分享对生态文明的理解和思考，鼓励大学生提出创新性的观点和建议。

4. 志愿者活动和社会实践项目

示范基地可以组织一些志愿者活动和社会实践项目，让大学生参与实际的环保工作，例如，组织大学生参与河湖清理、垃圾分类、植树造林等志愿者活动，让他们亲自实践环保行动，感受到环保工作的具体成果和困难，锻炼他们的团队合作能力和实践能力。

5. 效果评估与持续推进

在建立生态文明教育示范基地后，示范基地应定期进行效果评估，了解大学生的学习成果和参与度，同时，结合评估结果，对活动内容进行优化和改进，持续推进生态文明教育的深入开展。

通过建立生态文明教育示范基地，大学生可以在实践中学习到环保知识和技能，并培养出积极的生态意识和行为习惯。这将有助于推动生态文明建设，营造绿色发展的良好氛围，为构建美丽中国做出贡献。

# 第三节　媒体在大学生生态文明教育中的应用与发展

## 一、媒体在大学生生态文明教育中的作用

### （一）宣传意识的培养

1. 提供专业知识和信息

媒体可以通过各种渠道广泛宣传生态环境问题、环保政策和技术、绿色消费等方面的专业知识和信息，通过深入浅出的方式对相关环保主题进行解读和介绍，使大学生了解到环保工作的重要性、现状和进展，增强他们的环保意识。

2. 宣传先进的环保实践案例

媒体可以报道并宣传各地先进的环保实践案例，包括企业、学校、社区等各个层面的成功经验。这些案例的宣传可以激发大学生学习和借鉴先进经验的积极性，鼓励他们积极参与到环保实践中去。

3. 引导绿色消费

媒体可以宣传和推广绿色产品和绿色消费理念，教育大学生在购买和使用产品时注重环保因素。通过报道有关绿色产品的知识和信息，媒体介绍给消费者环保产品的选择标准和购买渠道，这可以引导大学生形成绿色消费习惯，促进可持续发展。

4. 举办环保主题活动

媒体可以与大学、社会组织等合作，举办各种环保主题活动，包括展览、论坛、讲座等。通过这些活动的组织和宣传，媒体可以为大学生提供更多参与环保实践的机会，并加深他们对环保工作的认识和了解。

5. 利用网络和社交媒体传播环保理念

媒体可以充分利用网络和社交媒体平台，以短视频、微博、微信公众号等形式传播环保知识和理念。通过精准的定位和个性化的推送，媒体可以将环保相关内容传递给大学生群体，并引导他们关注、参与和分享。

这些措施可以帮助媒体在大学生生态文明教育中培养宣传意识，引导大学生形成正确的环境保护观念和价值观念。同时，媒体应注重信息真实性和权威性，积极传播正能量，引导大学生树立环保意识，积极参与环境保护工作。

（二）信息传递与意识拓展

1. 传递科研成果和技术

媒体可以报道环保领域的科研成果和技术进展，让大学生了解到最新的环保科技成果和创新。通过宣传这些科研成果和技术，可以引导大学生关注环境问题，并激发他们对环保技术研发和应用的兴趣。

2. 宣传成功案例和榜样

媒体可以报道和宣传各类环保活动中取得的成功案例和榜样人物。通过介绍这些成功案例和榜样，媒体可以激励大学生学习和借鉴他人的经验，尤其是那些在环保领域取得突出成就的人士，他们的故事可以给大学生带来启示和鼓舞。

3. 引导思考与讨论

媒体可以通过深入的报道和分析，引导大学生思考环境问题的根源、原因和解决方案，可以通过提出问题、引发讨论的方式，激发大学生的思考和参与，培养他们对环境保护问题的敏感度和批判思维能力。

4. 丰富多样的宣传形式

媒体可以利用多种形式进行宣传，如文章、图片、音频、视频等。通过多样化的宣传形式，媒体可以满足大学生不同的获取信息和知识的需求，使信息更加生动、形象化，提高宣传效果。

5. 增加互动与参与

媒体可以通过举办各类环保活动、征集意见和建议等方式，增加大学生的互动与参与，通过引导大学生参与环保行动，让他们亲身体验环保工作的意义和价值，从而加深对环保问题的理解和关注度。

这些措施可以帮助媒体在信息传递与意识拓展方面发挥积极作用。通过科学、准确、全面地报道和宣传，媒体可以扩大大学生的环保意识，引导他们积极关注和参与环保行动，共同推动生态文明建设。同时，媒体应注重信息的真实性和权威性，传递正面、积极的价值观，引导大学生形成正确的环保观念，并与其他教育渠道相互配合，实现环保意识的全面培养。

### （三）榜样引领与价值引导

#### 1. 典型案例的报道和宣传

媒体可以选择并报道那些在环境保护方面取得积极成就的个人、组织和企业的典型案例，详细介绍他们的环保创举、实践经验和取得的成果，这可以让大学生了解到环境保护的重要性和可行性。同时，这些典型案例也可以激励大学生学习和效仿，让他们认识到自己的力量和责任，积极参与环境保护行动。

#### 2. 榜样的塑造和表彰

媒体可以通过评选和表彰的方式，将那些在环境保护领域有突出贡献的个人、组织和企业打造成榜样。通过宣传和报道他们的事迹和经验，媒体可以激发大学生的学习热情和行动动力。榜样的塑造不仅能够展示成功的典范，更可以唤起大学生对于环保事业的追求和投身，形成广泛的社会影响力。

#### 3. 弘扬生态文明核心价值观

媒体可以通过刊登专栏、发表文章等方式，宣传和弘扬生态文明的核心价值观。这些价值观包括尊重自然、绿色发展、可持续发展、资源节约和环境友好等。通过引导大学生接受这些价值观，他们可以从思想深处认识到环境保护的重要性，并将其转化为实际行动，推动社会的正向变革。

#### 4. 引导社会责任与行为准则

媒体可以通过报道和分析，引导大学生正确理解和践行社会责任，可以从个人行为、生活习惯和社会参与等方面展开讨论，指导大学生积极履行自己的社会责任，在生活中采用环保的生活方式，支持和参与各类环保活动。媒体还可以倡导公众对环保问题的关注和监督，推动社会对环保行为的认可和鼓励。

#### 5. 激发创新思维和实践动力

媒体可以通过报道和宣传环保创新技术、项目和实践经验，激发大学生的创新思维和实践动力。可以介绍一些在环保领域有创造性成果和解决方案的个人和团队，鼓励大学生在环境保护方面积极尝试新的思路和方法，推动科技与环境保护的结合，为解决环境问题贡献智慧和力量。

这些措施可以帮助媒体在榜样引领与价值引导方面发挥积极作用。通过报道典型案例、塑造榜样形象，弘扬生态文明核心价值观，引导社会责任和行为准则，激发创新思维和实践动力，媒体可以培养和引导大学生具备积极的环保意识和行动能力，为构建美丽中国和可持续发展做出贡献。同时，媒体应注重信息的真实性和正面性，传递积极的价值观，引导大学生形成正确的价值取向，并与其他教育渠道相互配合，实现环保意识和价值观的全面培养。

### （四）教育引导与良好习惯养成

**1. 提供环境保护知识和技能培训**

媒体可以通过开设专门的栏目、节目或平台，并与相关专家、学者、从业人员合作，提供生态环境保护的相关知识和技能培训。这可以包括环境科学、生态学、可持续发展等方面的基础知识，以及环保项目的实际操作技巧等。通过这样的培训，大学生可以更加深入地了解环境保护的重要性、紧迫性和可行性，同时也能够掌握一些具体的环保实践方法和技能。

**2. 推出环保科普课程**

媒体可以联合教育机构和专家学者，推出针对大学生的环保科普课程。这些课程可以通过线上或线下的方式进行，涵盖环境保护的各个方面，如气候变化、生物多样性、水资源管理、废物处理等。通过系统的学习，大学生可以全面了解环保领域的知识和前沿动态，增强环保问题的认识和理解，为将来的环保工作打下坚实的基础。

**3. 分享生态文明故事**

媒体可以通过刊登文章、拍摄纪录片等方式，分享一些生态文明故事。这些故事可以是环保项目的成功案例，也可以是个人或组织在环保方面取得的突出成就。通过这些故事的传播，可以激励大学生学习和效仿，让他们认识到环境保护的重要性、自己所能发挥的作用，以及环保工作的积极影响。这样的故事也可以唤起大学生对于环境保护的责任感和行动冲动。

**4. 引导良好的生态环境保护习惯**

媒体可以通过宣传和报道一些简单实用的生态环境保护习惯，引导大学生养成良好的环保行为习惯，比如，节约用水、垃圾分类、减少塑料使用、绿色出行等。通过提醒、解释和实例分析，媒体可以增加大学生对于这些习惯的了解和认同，让他们在日常生活中能够主动采取环保行动，形成积极的生态环保习惯。

**5. 培养环保意识与责任感**

媒体可以通过报道和宣传环境污染、生态破坏等问题的现实情况，唤起大学生对于环境危机的意识和责任感。同时，媒体也可以引导大学生思考环保问题背后的原因和解决方案，鼓励他们主动参与到环保行动中，为改善环境贡献力量。通过这样的教育引导，大学生可以逐步培养环保意识和责任感，并使之成为他们日常生活和职业发展的重要组成部分。

### （五）互动参与与意见反馈

1. 开展线上或线下环保主题活动

媒体可以组织各种形式的线上或线下环保主题活动，邀请大学生参与其中，例如，举办环保知识竞赛、环保主题讲座、专家座谈会等。这样的活动既可以增加大学生对于环保问题的关注度，又可以提供一个平台让他们与专家学者进行互动交流，使他们深入了解和掌握环保知识。

2. 组织讨论与调查

媒体可以开设专栏或栏目，组织讨论和调查关于环境保护的话题。媒体通过征集大学生的意见和建议，了解他们对于环保问题的看法、关注的重点以及希望采取的行动。这样不仅可以增强大学生对环境保护问题的参与感和认同感，也能够更好地了解和满足他们的需求。

3. 发布环保政策和项目信息

媒体可以定期发布有关环保政策和项目的信息，并提供相关的背景知识和解读。通过发布这样的信息，媒体可以让大学生了解相关组织在环保领域所做的工作和取得的成果，同时也为大学生提供了一个了解和参与这些项目的渠道。媒体还可以鼓励大学生对于环保政策和项目提出自己的意见和建议，促进双向的交流和合作。

4. 增加社交媒体互动性

随着社交媒体的普及和发展，媒体可以通过增加社交媒体的互动性，吸引更多的大学生参与环保话题的讨论。例如，媒体在微博、微信公众号等平台上开展话题讨论、问题征集或投票调查等活动，与大学生进行直接互动。这种方式可以更加方便快捷地获取大学生的意见和建议，也能够更好地传播环保知识和倡导环保行为。

5. 提供实践机会和奖励措施

媒体可以与相关组织合作，为大学生提供参与环保实践的机会，并设置相应的奖励措施，例如，举办环保志愿者活动、设计环保创意大赛等。这样的实践机会和奖励措施可以激发大学生的积极性和创造力，让他们更加主动地参与到环保工作中来。

## 二、媒体在大学生生态文明教育中的应用方式

### （一）传递信息

1. 传递政策法规信息

媒体在大学生生态文明教育中扮演着重要的角色，其中之一就是传递政策法规信息。

政策法规对于促进生态文明建设至关重要，而大学生在学习阶段可能缺乏对这些政策法规内容和重要性的了解。因此，媒体可以通过新闻报道、专题文章等渠道，及时准确地将政策法规传递给大学生，帮助他们了解各种环保政策的背景、目标和实施措施，并在实践中遵守和执行相关法律法规。

媒体可以通过新闻报道的方式传递政策法规信息。他们可以从环保部门等渠道获取最新的环保政策动态，并将其编写成新闻稿件。这样，大学生可以通过报纸、电视、网络等媒体平台了解到这些政策的出台背景、意义以及实施细则。新闻报道可以突出政策对环境保护和生态文明建设的重要性，引导大学生认识到生态环境保护是每个人的责任和义务。

专题文章也是传递政策法规信息的有效方式。媒体可以组织专题讨论，采访专家学者，撰写详细的文章介绍环保政策的背景、目标和具体措施。这些文章可以在报纸、杂志、网络平台上发布，供大学生阅读学习。媒体通过深入浅出的方式，解析政策法规的内容和影响，激发大学生的环保意识和责任感。同时，媒体还可以邀请相关专家进行宣传讲座，进一步加深大学生的理解和认识。

除了以上方式，媒体还可以利用社交媒体等新兴平台进行政策法规信息的传递。通过微博、微信公众号等渠道，媒体可以及时发布政策动态，呼吁大学生积极参与环境保护行动，并提供相关政策的解读和实践指南。社交媒体的特点是信息传播速度快，覆盖范围广，与大学生群体的互动性强，因此是传递政策法规信息的重要渠道之一。

此外，媒体还可以通过举办比赛、拍摄宣传片等方式吸引大学生的注意力，进一步传递政策法规信息，例如，可以组织环境保护主题的摄影比赛，鼓励大学生通过镜头记录身边的环境问题和解决方案。这样一来，不仅可以宣传政策法规，还可以激发大学生的创造力和参与度。

通过新闻报道、专题文章、社交媒体以及举办比赛等方式，媒体可以帮助大学生全面了解环保政策的背景、目标和实施措施，激发他们的环保意识和责任感，促进生态文明建设的良性循环。大学生应积极借助媒体渠道获取政策法规信息，并在实践中践行相关法律法规，为推动生态文明建设贡献自己的力量。

2. 传递科研成果信息

媒体在大学生生态文明教育中的作用还包括传递科研成果信息。科研是推动生态环境保护和可持续发展的重要力量，许多科研机构和学者致力于解决环境问题并取得了一系列的研究成果。然而，这些科研成果对于大学生来说可能比较难以接触或理解。媒体可以通过报道科研成果的新闻、专题报道等形式，将这些重要的科研成果传递给大学生。

通过媒体的宣传和普及，大学生可以了解到最新的科研成果，从而拓宽视野、提高认识水平，并将科研成果转化为实际行动，推动生态文明建设的进程。

3. 传递典型案例信息

媒体在大学生生态文明教育中的作用还体现在传递典型案例信息。典型案例可以帮助大学生更加直观地了解生态环境保护的重要性和紧迫性，激发他们对生态文明建设的关注和参与热情。媒体可以通过报道成功的生态环境保护案例、生态文明建设的典型经验等，让大学生了解各种不同层面和领域的生态文明建设实践。这些案例可以来自于国内外优秀的环保项目、企业环保实践、社会组织的环境保护活动等，通过媒体的传播，大学生可以获得启示和借鉴，同时也能感受到环保工作的重要性和可行性。

## （二）引导舆论

1. 媒体引导舆论，传递正确的信息

媒体在大学生生态文明教育中的作用之一是引导舆论，传递正确的信息。媒体拥有广泛的传播渠道和影响力，可以通过新闻报道、专题片等方式向大学生宣传环境保护的重要性，传递生态文明建设的基本概念、原则和实践经验。媒体应当准确、客观地报道环境问题和生态文明建设的进展，避免夸大或歪曲事实，以确保传递给大学生的信息是真实可信的。通过媒体的引导，大学生可以了解到环境问题的现状和严重性，增强环境意识，并形成正确的环保观念和行为习惯。

2. 强调个人和社会责任

媒体在大学生生态文明教育中的作用还在于强调个人和社会责任。媒体可以通过报道环保活动、环境保护实践者的先进事迹等方式，强调个人和社会在生态文明建设中的责任和作用。通过媒体的引导，大学生可以认识到自己作为年轻一代的责任和使命，意识到保护环境的重要性，并积极参与环保行动。媒体应当鼓励大学生从小事做起，从自身出发，节约能源、减少废物、推动可持续生活方式的普及，以及积极参与社会组织或志愿者活动等，为生态文明建设贡献力量。

3. 倡导绿色消费和生活方式

媒体在大学生生态文明教育中的作用还体现在倡导绿色消费和生活方式。媒体可以通过报道可持续发展的企业和产品，提供有关环保购物指南和绿色消费的信息，引导大学生关注和选择对环境友好的产品和服务。同时，媒体也可以宣传低碳、节能、环保的生活方式，例如骑自行车、植树造林、减少食物浪费等，鼓励大学生从日常生活中改变消费习惯，促进绿色、可持续的生活方式的实践。

4. 促进学术交流和合作

媒体在大学生生态文明教育中的作用还在于促进学术交流和合作。媒体可以通过报道学术研讨会、专家讲座等形式，介绍前沿的环境科学和生态文明研究成果，促进学术界和大学生之间的交流和合作。媒体还可以宣传各种环境保护组织、社会机构和志愿者团队，鼓励大学生积极参与这些组织和团队的活动，共同推动生态文明建设的实践和发展。媒体的宣传和引导起到了激发大学生学术兴趣、提升专业水平的作用，这有利于培养具有创新精神和实践能力的环境保护专业人才。

5. 传播正能量，激发社会责任感

媒体在大学生生态文明教育中的作用还在于传播正能量，激发大学生的社会责任感。媒体可以报道环保模范和优秀事迹，让大学生了解到环保工作的重要性和可行性，激发他们对环境保护的兴趣和参与热情。媒体的正面宣传和引导可以帮助大学生树立正确的价值观，提高社会责任感，鼓励他们在实际行动中积极参与到环保事业中去，成为社会变革的推动者和创新者。通过媒体的引导，大学生可以将环保理念与实际行动相结合，为社会的可持续发展做出积极贡献。

（三）宣传教育

1. 提供生态文明知识和技能培训

媒体在大学生生态文明教育中的作用之一是宣传教育。媒体可以通过专栏、电视节目、网络平台等形式，为大学生提供相关的生态文明知识和技能培训。媒体可以组织专题报道、访谈节目、专家讲座等活动，深入解读生态文明建设的基本概念、原则和实践经验，向大学生传递最新的环保政策和科技成果，推广环境保护的先进理念和实践经验。同时，媒体还可以邀请专家学者、环保活动家等人士开展线上或线下的培训课程，教授大学生环境保护的理论知识和实践技能，以提高大学生的环保意识和能力。

2. 引导大学生参与环保行动

媒体在大学生生态文明教育中的作用还体现在引导大学生参与环保行动。媒体可以通过报道环保活动、成功案例等方式，鼓励大学生积极参与到环保行动中去。媒体可以宣传各种环保组织和社会机构，介绍它们的活动内容和参与方式，激发大学生的环保意识和社会责任感。同时，媒体可以通过报道志愿者团队和个人环保行为的先进事迹，鼓励大学生从身边小事做起，如垃圾分类、节约用水、减少能源消耗等，为生态文明建设贡献力量。媒体的引导作用可以让大学生更加了解环保行动的重要性和可行性，并帮助他们将理论用于实践，将环保知识转化为具体行动。

### 3. 传递正面能量，塑造正确价值观

媒体在大学生生态文明教育中的作用还在于传递正面能量，塑造正确的价值观。媒体可以通过报道环境保护的积极影响和改变，宣传环保模范和优秀事迹，让大学生了解到环保工作的重要性和成果。同时，媒体还可以报道环保意识和环保行为的普及，强调环境保护是每个人的责任，鼓励大学生树立正确的环保价值观，倡导绿色、可持续的生活方式。通过媒体的引导，大学生可以形成正确的环保观念，认识到环境保护是一种道德、文化和社会责任，从而激发他们参与到环保行动中去，推动生态文明建设的发展。

### 4. 引导大学生关注环境问题

媒体在大学生生态文明教育中的作用还体现在引导大学生关注环境问题。媒体可以通过深入报道、专题解读等方式，向大学生传递环境问题的严重性和紧迫性，唤起他们对环境问题的关注和重视。媒体可以报道空气污染、水土流失、生物多样性丧失等环境问题的实际情况和影响，以及这些问题背后的原因和解决方案。通过媒体的引导，大学生可以了解环境问题对人类社会和自然生态系统的巨大影响，从而增强环保意识，积极参与环境保护行动。

### 5. 提供成功案例和启示

媒体在大学生生态文明教育中的作用还在于提供成功案例和启示。媒体可以报道国内外的环保示范项目、成功经验和启示性事件，让大学生了解到环保工作的成果和可行性。通过报道这些案例，媒体可以激发大学生的环保热情和创新精神，鼓励他们在环保领域寻求创新和突破。同时，媒体还可以报道环保科技的创新和应用，介绍环保产业的发展趋势和前景，帮助大学生了解环境保护不仅是一种责任和义务，这其中蕴含着巨大的经济机遇和就业前景。通过提供成功案例和启示，媒体可以激发大学生对环保事业的热爱和追求，推动青年一代在生态文明建设中发挥重要作用。

# 第九章　大学生生态文明国际交流与合作

## 第一节　大学生生态文明国际交流的意义与目标

### 一、大学生生态文明国际交流的意义

大学生生态文明国际交流的意义在于促进环保意识的提高、推动绿色发展、加强国际合作等。通过国际交流，大学生可以更加深入地了解全球环保形势和趋势，学习借鉴国际先进经验和技术，推动生态文明建设的全球合作。

（一）促进环保意识的提高

环保，已经成为全球共同关注的话题。大学生作为未来社会的中坚力量，他们的环保意识对于推动社会环保事业的发展具有重要意义。而通过国际交流，大学生可以提高环保意识。

1. 国际交流提供广阔的视野

通过与国外大学生的交流，大学生可以了解到不同国家的环保理念和实践。每个国家都有其独特的环保经验和方法，这些经验和方法的交流可以为大学生提供更广阔的视野。他们可以意识到，环保不仅仅是一个国家的问题，而是一个全球性的问题。每个国家都在努力寻找适合自己的环保方法，推动社会的可持续发展。

2. 国际交流激发环保热情

与国外大学生的交流，大学生可以更加深入地了解环保问题。他们可以了解不同国家的环保政策和法规，以及这些政策和法规背后的理念和实践。这种了解可以激发大学生对环保的热情和动力，推动他们更加积极地参与环保行动。

3. 国际交流促进文化交流和理解

国际交流不仅仅是环保理念的交流，更是不同文化之间的交流和理解。每个国家的文化背景、价值观和思维方式都存在差异，这种差异在环保问题上也会有所体现。通过国际交流，大学生可以了解不同国家的环保理念和实践，从而更加全面地认识环保问题。同时，这种文化交流也可以促进不同国家之间的理解和友谊，为未来的合作和共同发展打下基础。

### 4. 国际交流推动实践行动

通过与国外大学生的交流，大学生可以了解到更多的环保实践和成果。这些实践和成果可以为大学生提供更多的启示和借鉴，推动他们更加积极地参与环保行动。同时，这种交流也可以促进不同国家之间的合作和共同发展，为全球环保事业的发展做出贡献。

### （二）推动绿色发展

随着全球环境问题的日益严重，绿色发展已经成为各国共同追求的目标。大学生作为未来的社会精英，他们的思想和行动对于推动绿色发展具有重要意义。国际交流可以有效地促进大学生对绿色发展的认识和实践。

### 1. 国际交流提供先进经验和技术

通过与国外大学生的交流，大学生可以了解不同国家在绿色发展方面的先进经验和技术。每个国家都有其独特的绿色发展经验和做法，这些经验和做法的交流可以为大学生提供更广阔的视野和更深入的了解。他们可以认识到绿色发展不仅仅是一种理念，更是一种实践和行动。这种实践和行动需要先进的技术和经验支持，而国际交流可以为他们提供这样的支持和帮助。

### 2. 国际交流激发绿色发展热情

与国外大学生的交流，大学生可以更加深入地了解绿色发展问题。他们可以了解不同国家的绿色发展政策和法规，以及这些政策和法规背后的理念和实践。这种了解可以激发大学生对绿色发展的热情和动力，推动他们更加积极地参与绿色发展行动。同时，这种交流也可以促进不同国家之间的理解和友谊，为未来的合作和共同发展打下基础。

### 3. 国际交流促进不同领域之间的合作和交流

国际交流不仅仅是环保理念的交流，更是不同领域之间的合作和交流。不同领域的合作和交流可以推动经济、社会和环境的协调发展。通过国际交流，大学生可以了解不同领域的绿色发展理念和实践，从而更加全面地认识绿色发展问题。同时，这种交流也可以促进不同领域之间的合作和共同发展，为推动绿色发展做出贡献。

### 4. 国际交流推动实践行动

通过与国外大学生的交流，大学生可以了解到更多的绿色发展实践和成果。这些实践和成果可以为大学生提供更多的启示和借鉴，推动他们更加积极地参与绿色发展行动。同时，这种交流也可以促进不同国家之间的合作和共同发展，为推动全球绿色发展做出贡献。

### （三）加强国际合作

随着全球化的加速推进，国际合作在各个领域的重要性日益凸显。在生态文明建设领域，加强国际合作是推动全球可持续发展的重要途径。大学生作为未来的领袖和决策者，参与生态文明国际交流具有重要意义。

1. 国际合作的重要性

在全球化的背景下，各国之间的联系越来越紧密，相互依存的程度也越来越高。面对全球性的环境问题，任何一个国家都无法单独解决。因此，加强国际合作是推动全球生态文明建设的必要条件。

2. 大学生生态文明国际交流的意义

（1）拓宽视野，增强国际意识：通过参与生态文明国际交流，大学生可以了解不同国家的环保政策、法规和实践，拓宽视野，增强国际意识。这有助于他们更好地理解和应对全球环境问题，为未来的工作和生活做好准备。

（2）激发热情，推动环保行动：通过了解不同国家的环保实践和成果，大学生可以更加深入地认识到环保的重要性，激发对环保的热情和动力。他们可以积极参与各种环保行动，为推动全球生态文明建设贡献自己的力量。

（3）学习借鉴，推动合作与发展：通过国际交流，大学生可以学习借鉴国际先进经验和技术，推动生态文明建设的全球合作。同时，他们也可以将所学知识带回国内，促进国内生态文明建设的发展。

3. 加强大学生生态文明国际交流的措施

（1）加强政策引导：政府应加强对大学生生态文明国际交流的政策引导和支持。通过提供奖学金、项目资助等方式，鼓励大学生积极参与国际交流活动。

（2）建立合作机制：高校应积极与国外高校建立合作关系，共同开展生态文明领域的学术研究、技术交流等活动，通过合作机制的建立，促进大学生之间的交流与合作。

（3）开展实践活动：高校应组织大学生参与各种环保实践活动，如垃圾分类、植树造林等，通过实践活动，让大学生更加深入地了解环保的重要性，提高他们的环保意识和实践能力。

## 二、大学生生态文明国际交流的目标

### （一）提高大学生的环保素养

大学生生态文明国际交流的目标之一是提高大学生的环保素养。通过与其他国家的大学生进行交流和互动，大学生可以更加深入地了解环保知识、理念和实践。他们可以学习其他国家在环境保护方面的先进经验和技术，了解不同地区的环境问题和应对方法。通过这种交流，大学生能够增强环保意识，培养环保责任感和行动能力。

国际交流还可以促进不同文化之间的交流和理解，增强文化包容性和多样性。在与来自不同国家的大学生交流中，大学生可以了解不同文化对环境问题的看法和处理方式。这种跨文化的交流有助于拓宽视野，培养大学生的全球意识和跨文化沟通能力，使他们更加开放和包容。

（二）推动生态文明建设

大学生生态文明国际交流的另一个目标是推动生态文明建设。通过参与国际环保项目和实践，大学生可以学习借鉴国际先进经验和技术，推动生态文明建设。他们可以了解其他国家在环境保护、资源利用、绿色能源等方面的创新做法，将这些经验和技术引进到自己的国家，并加以适应和应用。

同时，国际交流也可以促进不同领域之间的合作和交流，推动经济、社会和环境的协调发展。通过与其他国家的大学生合作，大学生可以开展共同的项目和实践，共同研究解决环境问题的方法和策略。这种合作和交流有助于促进各国在生态文明建设方面的合作，实现资源共享、互利共赢。

（三）促进全球可持续发展

大学生生态文明国际交流的目标之一是促进全球可持续发展。在全球化的背景下，各国之间的合作越来越重要。通过国际交流，大学生可以建立广泛的联系和友谊，促进不同国家之间的合作和交流。他们可以分享各自国家在可持续发展方面的经验和做法，相互学习、相互启发。

同时，国际交流也可以促进不同领域之间的合作和交流，推动全球生态文明建设的发展。在面临共同的环境挑战和问题时，各国之间需要加强合作，共同努力解决这些问题。大学生作为推动力量之一，可以通过国际交流促进各国在可持续发展方面的合作，实现全球生态文明建设的共同目标。

（四）培养国际化人才

通过国际交流，大学生可以拓展视野、增长见识、提高跨文化沟通能力等，成为具有国际视野和跨文化沟通能力的国际化人才。这些人才将为未来的全球化发展和生态文明建设做出重要贡献。

通过与其他国家的大学生进行交流，大学生可以了解不同国家的经济、文化、社会背景，了解他们在环境保护方面的经验和做法。这种跨文化的交流有助于培养大学生的全球意识和跨文化沟通能力，使他们能够在全球范围内开展工作、合作和交流。

同时，国际交流还可以提供更多的机会和平台，让大学生展示自己的才华和能力。他们可以通过国际交流参与各种国际会议、研讨会、项目合作等，与其他国家的专家学者进行学术交流和合作。这些经历将有助于培养大学生的创新能力、团队合作能力和领导能力，使他们成为具有国际竞争力的人才。

# 第二节 大学生生态文明国际交流的机制与合作模式

## 一、大学生生态文明国际交流的机制

### （一）学校间交流机制

大学生生态文明国际交流的机制可以通过学校间的合作与交流来实现。下面是一些常见的学校间交流机制。

1. 双边合作协议

双边合作协议是大学间建立友好关系并促进学术交流的一种重要机制。这些协议可以规定学术交流、师生互访、研究合作等内容，为学生提供赴国外学习和交流的机会。

双边合作协议为学术交流提供了框架和平台。根据协议，两所大学可以共同举办学术研讨会、学术讲座或专题研究项目等，邀请各自学科领域的专家学者进行交流与合作。这有助于学生接触到国际前沿的学术成果和研究方法，拓宽学术视野。

双边合作协议可以促进师生互访。根据协议，学校可以派遣教师到对方学校进行讲学、授课或指导研究工作，使学生有机会接触到不同背景和文化的教学方式和知识体系。同时，学校也可以接纳对方学校的学生来校交流学习，提供适应性课程和文化交流活动，增进彼此的了解和友谊。

双边合作协议可以促进研究合作。两所大学可以在特定学科领域进行合作研究项目，共同解决具有国际意义和挑战的问题。通过合作研究，学生可以参与创新性的科研项目，培养跨学科合作的能力，提高研究水平和科研成果的国际影响力。

双边合作协议对于大学生的国际交流与合作具有重要意义。通过这种机制，学生可以获得赴国外学习和交流的机会，扩展国际视野、了解不同文化和教育体系，提高语言沟通能力和跨文化意识。此外，双边合作协议也为学校提供了与国外学府合作开展世界级研究项目的机会，提升学校的学术实力和国际影响力。

2. 学术交流项目

学术交流项目是学校为学生提供的一种重要资源，通过邀请国内外专家学者来校进行学术讲座、研讨会或培训课程等形式，使学生能够接触到国际前沿的学术成果和研究方法，从而拓宽学术视野，提高学术水平。

学术讲座是学术交流项目的常见形式之一。学校可以邀请国内外知名学者、科学家或业界专家来校进行学术讲座，就特定领域的最新研究成果、前沿理论或实践经验进行深入分享与交流。学生可以听取这些专家学者的讲解，了解最新的学术动态和研究进展，激发自己的学术兴趣，并对未来的学习和研究方向有更清晰的认识。

研讨会是学术交流项目的另一种形式。学校可以组织研讨会，邀请相关领域的专家和学生参与讨论和交流。通过研讨会，学生可以与专家学者共同探讨特定课题的研究思路、方法和成果，交流学术观点，分享研究心得。这种互动的交流形式能够深化学生对于学科的理解，提高他们的批判性思维和问题解决能力。

此外，培训课程也是学术交流项目的重要组成部分。学校可以邀请国内外的专家学者来校开设一些针对性的培训课程，帮助学生提升研究方法和科研技巧。这些课程可以涵盖文献检索、数据分析、学术写作等方面的内容，为学生提供实用的学术工具和方法，使他们能够更有效地进行学术研究并取得更好的成果。

学术交流项目对于学生的学术发展具有积极的影响。通过接触国际前沿的学术成果和研究方法，学生可以开拓眼界，了解到不同学术思想和文化背景下的研究角度和方法，从而拓宽自己的学术思路和视野，同时，与国内外专家学者的交流合作，有助于学生建立良好的学术关系网络，为将来的学术合作和交流打下基础。

3. 文化交流活动

文化交流活动是学校举办的一种重要活动形式，旨在展示和促进各国和地区的文化交流与认知。通过举办国际文化节、文化艺术展览等活动，学校能够为学生提供一个深入了解和欣赏其他文化的平台，增加他们的跨文化交流和理解能力。

国际文化节是一种常见的文化交流活动形式。学校可以邀请来自不同国家和地区的学生或来宾组织参与其中，展示其独特的文化特色。这些节日活动可以包括传统音乐、舞蹈、服饰、美食等方面的表演和展示，通过多样化的文化体验，使学生能够感受到其他文化的独特魅力，增进对其他文化的了解和尊重。

文化艺术展览也是一种有益的文化交流方式。学校可以安排艺术家或学生组织展览，展示不同国家和地区的艺术作品、手工艺品或传统文化的图文信息。这种形式的展览活动能够让学生近距离观赏和欣赏其他文化的艺术成果，感受到其独特的美学理念和审美情趣，从而培养并丰富学生的审美能力和文化素养。

此外，学校还可以组织一些文化交流讲座或座谈会，邀请来自不同国家和地区的专家、学者、艺术家等人士进行演讲、分享或探讨特定文化领域的经验和研究成果。通过这样的讲座活动，学生可以了解到各种文化表达形式的背后思想和价值观，深入了解其他文化的内涵和特点，拓宽视野，增进跨文化的相互理解和尊重。

文化交流活动对于学生的发展具有积极的影响。通过参与这些活动，学生能够扩展自己的文化视野，培养跨文化交流和合作的能力，提高跨文化沟通和理解的水平。同时，文化交流活动也能够增强学生的文化自信心，树立正确的文化认知和审美观念，促使他们更好地传承和弘扬本民族的传统文化。

4. 实习交流项目

实习交流项目是学校与企业合作的一种重要形式，旨在为学生提供在国外机构进行实习的机会，深入了解和参与当地的生态文明建设实践。这样的项目不仅能够帮助学生拓宽视野，增加实践经验，还能培养学生对生态环境保护和可持续发展的意识。

实习交流项目可以让学生亲身参与国外机构的实际运作和管理。通过与当地的企业、组织或机构合作，学生可以了解其他国家和地区在生态文明建设方面的先进经验和管理模式。他们有机会参与各种项目的策划、执行和评估过程，亲身感受到生态文明建设的挑战和机遇，提升他们的实践能力和专业素养。

实习交流项目可以促使学生关注和思考生态环境保护与可持续发展的重要性。在国外实习期间，学生将亲身接触其他国家和地区的自然环境和生态资源，了解不同地区的环境问题和挑战。这将引发他们对气候变化、资源利用与保护、环境污染等问题的思考，培养他们对生态文明建设和可持续发展的意识和责任感。

实习交流项目还可以促进跨文化交流与合作。学生在国外实习期间，将与当地员工或同行进行交流与合作，互相学习和借鉴。这种跨文化的交流与合作不仅有助于拓宽学生的视野和价值观，还能提高他们的跨文化沟通与合作能力，培养全球胜任力和国际视野。

实习交流项目对于学生的个人成长和就业竞争力具有积极的影响。通过参与这样的项目，学生能够积累丰富的实践经验，拓宽专业知识与技能，提升职业素养和人际交往能力。这将有助于他们在毕业后更好地适应职业环境，增加就业竞争力，并对未来的职业发展做出明确规划。

5. 参与国际学生交流组织

学校可以积极参与国际学生交流组织，如国际学生交换计划、国际学术会议等。这些组织通常汇聚了来自世界各地的学生和专家，为学生提供更广阔的交流平台，促进不同国家、不同背景的学生之间的交流与合作。

### （二）支持与资助机制

1. 学校设立专项资金支持和资助学生的交流活动

这是一项非常有意义和有效的举措。专项资金可以用于支付学生在交流活动中所需的各项费用，如交通费、住宿费、生活费等，从而减轻学生的经济负担，使他们更顺利地参与国际交流项目。

通过设立专项资金，学校向学生传递了鼓励和支持的信号。生态文明国际交流是一项非常有价值的活动，能够拓宽学生的国际视野、提升综合素质，并为未来的发展打下坚实的基础。学校设立资金支持交流活动，表明学校高度重视学生的个人发展和国际化教育，鼓励他们积极参与交流项目。

资金的设立可以减轻学生的经济负担，增加他们参与交流项目的积极性和可行性。国际交流往往需要支付一定的费用，包括交通费用、住宿费用、生活费用等。对于一些经济困难的学生来说，这些费用可能成为他们参与交流项目的障碍。而通过设立专项资金，学校可以从经济上支持这些学生，帮助他们减轻负担，更加顺利地参与交流活动。

专项资金的设立还能够提高交流项目的吸引力和竞争力。国际交流项目往往具有一定的竞争性，学校通过设立资金支持，将为优秀的学生提供更多机会来参与交流活动，并进一步激发学生的学习动力和积极性。这样可以有效提升交流活动的整体水平和质量，增加学生对交流项目的认可度和参与意愿。

2. 学校设立奖学金或补助金，作为学生在交流活动中取得优异成绩的奖励和鼓励

这是一项非常有效的措施。这样的制度可以激发学生的积极性和学习动力，提高他们在交流活动中的参与度和表现，并对整体交流活动的水平起到积极促进的作用。

奖学金或补助金制度能够激励学生积极参与国际交流活动。通过设立奖学金或补助金，学校向学生传递了对他们参与交流活动的重视和认可。这种积极的激励机制能够激发学生的学习动力和参与热情，使他们更加积极地参与国际交流项目，从而扩大他们的国际视野和交流经验。

奖学金或补助金制度可以提高学生在交流活动中的表现和成绩。奖学金或补助金通常是基于学生在交流活动中的表现和成果进行评定的，这样的制度要求学生在交流活动中努力学习、充分准备、积极参与，从而达到优异的成绩。这种竞争机制能够激发学生的学习潜力和创新能力，提高他们的学术水平和综合素质。

奖学金或补助金制度还能够提高整体交流活动的水平和质量。通过奖励和鼓励优秀的学生，学校可以吸引更多优秀的学生参与到交流活动中，形成一个良好的学术氛围和竞争环境。这将促进学生之间的学习互动和交流，推动整体交流活动的发展，并为学校

树立良好的形象。

3. 学校与国际合作伙伴开展生态文明交流项目，并给予相关政策支持

这是一项重要的举措，旨在加强学校与国际伙伴的合作，促进生态文明理念的传播和交流，以及提高学生的参与度和全球视野。

与国际合作伙伴开展生态文明交流项目可以促进学校之间的合作与交流。通过与国外合作伙伴建立战略合作关系，学校能够共享资源、教学经验和研究成果，开展更加丰富多样的交流活动。国际合作伙伴的参与不仅能够带来新的思路和观点，还可以加强学校的国际化办学水平，提高学校在国际教育领域的影响力和竞争力。

给予相关政策支持可以鼓励更多学生参与生态文明交流项目。通过制定具体的政策，如减免学费、提供助学金等，学校能够减轻学生参与交流项目的经济负担，提高项目的可行性和吸引力。这样的政策支持可以激励更多学生积极参与交流活动，拓宽他们的国际视野和交流经验，提高他们的综合素质和竞争力。

生态文明交流项目还可以推动生态文明理念的传播和交流。在国际交流中，学生可以与国际合作伙伴分享自己的生态文明理念和实践经验，了解国外伙伴在生态保护、可持续发展等方面的做法和成就。这种跨文化的交流和互动能够促进生态文明理念的传播和交流，增进各国之间的相互理解和合作。

4. 学校建立交流项目评估和管理机制

为了确保交流活动的质量和效果，学校可以建立以下交流项目评估和管理机制。

（1）设立专门的项目评估团队：学校可以组建一个专门的项目评估团队，由教师、行政人员和相关专家组成。这个团队负责制定评估标准和指标，收集、整理和分析交流项目的数据和信息，评估项目的实施情况和效果。

（2）进行项目前期评估：在项目实施之前，学校可以进行前期评估，包括对项目目标、内容和预期效果的评估。通过评估，学校可以确定项目的可行性和可行方案，制订详细的项目计划并确立目标，明确参与人员和资源需求。

（3）实施项目监督和中期评估：在项目实施过程中，学校可以进行项目监督和中期评估，通过定期的进度报告、工作会议和学生反馈等方式，了解项目的执行情况，发现问题和困难，并及时采取措施加以解决。中期评估还可以评估项目的中期成果和效果，为后续工作提供参考和改进意见。

（4）开展项目结束评估：在交流项目结束后，学校可以进行项目结束评估，通过对项目的整体效果和成果的评估，了解项目的成功与不足之处，总结经验教训，为今后类似项目的开展提供指导和借鉴。同时，学校可以邀请参与交流项目的学生和教师进行反

馈，听取他们对项目的评价和建议。

（5）提供必要的指导和支持：在项目管理中，学校可以为学生提供必要的指导和支持，例如，设立专门的指导教师，帮助学生解决在交流项目中可能遇到的问题和困难，提供相关资源和信息。此外，学校还可以组织培训和讲座，提供学习和研讨的机会，促进学生的学习和成长。

通过建立交流项目评估和管理机制，学校可以保证交流活动的质量和效果，及时发现问题并加以解决，提高交流项目的顺利进行和良好效果的实现。这样的机制可以有效地提升学生的交流能力和跨文化素养，增强学校的国际影响力和竞争力，并促进国际间的相互理解和合作。

5. 学校加强宣传和推广，提高学生对交流项目的了解和参与意愿

学校可以采取以下措施加强宣传和推广，提高学生对交流项目的了解和参与意愿。

（1）多渠道发布信息：学校可以通过学校官方网站、学院/系部网站、社交媒体平台等多种渠道发布关于交流项目的宣传信息，及时更新和推送项目的最新消息、成功案例和参与者的经验分享，吸引学生的关注和参与。

（2）组织信息发布会：学校可以定期组织交流项目的信息发布会，邀请学生和家长参加。在发布会上，学校可以邀请已经参与过交流项目的学生分享他们的经历和收获，向学生介绍项目的内容、流程、申请条件等，解答他们的疑问，并提供申请指导和支持。

（3）举办主题讲座和座谈会：学校可以邀请有经验和专业知识的教师、海外学者或相关机构的代表来校举办主题讲座和座谈会，围绕交流项目的重要性、影响和机会进行深入探讨。这样可以提高学生对交流项目的认知度和兴趣，激发他们的参与意愿。

（4）设立咨询和指导服务：学校可以设立交流项目的咨询和指导服务，为学生提供详细的项目信息、申请流程和指导。专门的咨询师可以解答学生的疑问，提供个性化的建议和指导，帮助他们选择适合自己的交流项目并完成申请流程。

（5）开展体验活动：学校可以开展交流项目的体验活动，如组织短期交流活动、邀请交流项目的参与者分享经验等。通过亲身体验和参与者的分享，学生可以更加直观地了解交流项目的好处，增加他们的参与意愿和积极性。

（6）强化班级、社团和学生组织的推广角色：学校可以鼓励班级、社团和学生组织扮演起交流项目的推广角色，组织相关活动和讨论，向同学们介绍交流项目的机会和益处。通过同学之间的口碑传播和互动，学校可以更有效地提高学生对交流项目的关注度和参与意愿。

通过加强宣传和推广，学校可以提高学生对交流项目的了解和认知度，增加他们的

参与意愿和行动力。这样可以为学生提供更多优质的交流机会，丰富他们的学习和个人发展经历，培养他们的跨文化交际能力，增强他们的竞争力和国际视野。

## （三）交流项目管理机制

### 1. 设立专门的管理机构/部门

学校可以考虑设立一个专门的管理机构或部门来负责国际交流项目的管理工作。这个机构可以由专业人员组成，他们具备项目管理和国际交流背景的经验和知识。

管理机构可以负责项目策划的工作。他们可以与学校的相关部门合作，确定国际交流项目的目标、内容和时间安排，并制订详细的项目计划。在策划阶段，他们还可以与潜在的合作伙伴进行沟通，洽谈合作事项，确保项目能够充分发挥学校的资源和优势。

管理机构可以组织项目的实施和执行。他们可以指导学生填写申请表格，提供必要的指导和支持。在项目执行期间，他们可以协助学生办理签证、预订机票、安排住宿等事宜，确保学生能够顺利参与交流项目。

此外，管理机构还可以负责项目的监督和评估。他们可以与项目参与者保持沟通，了解项目进展情况，并及时解决可能出现的问题。在项目结束后，他们可以对项目进行评估，收集学生的反馈意见，总结经验教训，并提出改进意见，以确保未来的交流项目能够更好地进行。

### 2. 确定项目管理流程和规范

交流项目管理机构在确定项目管理流程和规范时，需要考虑以下几个方面。

（1）项目申请和审批流程：交流项目管理机构制定明确的申请和审批流程，包括学生提交申请材料、审核和评估、决策和批准等环节。明确各个环节的时间要求和责任人，确保项目申请过程的高效和公正。

（2）项目宣传和推广方案：交流项目管理机构制订项目宣传和推广的方案，包括选择合适的宣传渠道和推广手段，设计宣传材料和内容，以吸引更多的学生参与国际交流项目。同时，交流项目管理机构可以考虑开展信息会议、宣讲会等形式，提供详细的项目介绍和答疑解惑，提高学生对项目的了解和兴趣。

（3）项目执行和考核标准：交流项目管理机构制定项目执行和考核的标准，明确学生在项目中的职责和要求，包括项目参与者的行为规范、学习目标的达成要求等，同时，可以确定项目的评估方法和指标，以便对项目进行定期或结项评估，从而评估项目的效果和质量，并持续改进项目的运作方式。

（4）项目监督和反馈机制：交流项目管理机构建立有效的项目监督和反馈机制，包括指定专门的项目监督人员或委员会，定期与项目参与者沟通，了解项目的进展情况和问题，并及时提供支持和解决方案，同时，可以设立学生反馈渠道，收集学生的意见和建议，以便对项目进行改进和优化。

（5）项目管理工具和系统：采用合适的项目管理工具和系统可以帮助管理机构进行项目管理和信息跟踪，例如，使用项目管理软件来协调项目各环节，提供实时的进度和数据，以便监督和管理项目的执行情况。

在确定项目管理流程和规范时，交流项目管理机构需要充分考虑学校的实际情况和资源，结合项目的特点和目标，制定适合的管理方式。同时，还需要与相关部门和合作伙伴进行沟通和协调，确保项目管理流程的顺畅和有效。通过规范的项目管理流程和规范，交流项目管理机构能够提高项目的组织性和运作效率，确保项目能够按照计划有序进行，并达到预期的目标和效果。

3. 与合作院校或机构建立合作关系

交流项目管理机构与其他国内外院校或相关机构建立合作关系有助于丰富交流项目的内容和形式，提供更多样化的交流机会给学生，增加项目的可持续性和影响力。以下是建立合作关系的一些建议。

（1）定位合作目标：交流项目管理机构明确希望与哪些院校或机构建立合作关系，并确定合作的目标和目的。这可以包括扩大交流项目的影响范围、增加学生的交流机会、开展联合培养计划等。明确目标有助于筛选合适的合作伙伴并制订相应的合作计划。

（2）寻找潜在合作伙伴：交流项目管理机构通过学术圈、行业协会、教育机构等渠道，寻找潜在的合作伙伴，可以参加国际教育交流活动、与其他机构进行对接洽谈、参与国际合作项目等方式，积极寻找与交流项目管理机构志同道合的合作伙伴。

（3）建立联系与洽谈：交流项目管理机构与潜在合作伙伴取得联系，并进行初步洽谈，可以通过邮件、电话、在线会议等方式进行沟通，介绍交流项目管理机构的情况、项目愿景和合作意向，了解对方的需求和资源，并初步探讨合作的可能性。

（4）签订合作协议：对于合作意向明确的院校或机构，交流项目管理机构制定合作协议或谅解备忘录。协议应明确双方的合作内容、责任分工、资源共享、项目实施计划、监督和评估机制等方面的内容，以便双方能够达成一致并确保合作关系的顺利进行。

（5）实施合作项目：根据合作协议的约定，具体的合作项目可以包括学生交换、师资互访、联合研究课题等形式的合作。交流项目管理机构需要做好准备工作，包括项目策划、申请与审批、学生管理和安排、项目监督等，确保合作项目的顺利进行。

（6）建立合作平台和机制：在合作过程中，交流项目管理机构可以建立合作平台和机制，促进双方的交流与合作，可以开展定期的工作会议、经验交流活动、项目评估与总结等，以便共同推进合作项目的发展，加强合作伙伴之间的联系和沟通。

通过与合作院校或机构的合作，交流项目管理机构可以开拓更广阔的国内外交流渠道，提供更多样化的交流机会给学生，增加项目的可持续性和影响力。同时，合作伙伴的资源和经验也能够丰富交流项目的内容和形式，为学生的学习与成长提供更多的机会和平台。

4. 提供咨询和指导服务

交流项目管理机构设立咨询和指导服务，有助于提供学生所需的详细项目信息、申请流程和指导，从而帮助他们更好地选择适合自己的交流项目并顺利完成申请流程。以下是关于咨询和指导服务的建议。

（1）配备专业咨询师：交流项目管理机构应当配备专业的咨询师团队，他们熟悉各类交流项目的要求和流程，并具备丰富的经验和知识。咨询师可以进行个性化的咨询与指导，根据学生的需求和情况提供专业的建议和解答。

（2）提供详细的项目信息：交流项目管理机构应当在官方网站或其他途径发布详细的项目信息，包括项目名称、申请条件、项目内容、项目费用、申请截止日期等。这些信息应当准确、清晰，并及时更新，以便学生能够全面了解项目的相关信息和要求。

（3）提供申请流程指导：咨询和指导服务应当包括对申请流程的详细指导。咨询师可以向学生解释整个申请流程的步骤和要点，帮助学生了解每个阶段的具体要求和准备工作，并提供相关的申请材料和表格。此外，咨询师还可以指导学生如何撰写个人陈述、推荐信等申请材料，提高他们的申请竞争力。

（4）解答疑问与提供建议：交流项目管理机构的咨询师应当及时解答学生在申请过程中的疑问与困惑，并根据学生的个人情况提供个性化的建议和指导。他们可以向学生解释项目的特点和优势，帮助学生更好地了解项目的风险与机遇，并根据学生的兴趣、专业背景和语言能力等因素，为其推荐适合的交流项目。

（5）提供问题与困难解决方案：在交流过程中，学生可能会面临各种问题和困难，例如签证申请、住宿安排、文化差异等。交流项目管理机构的咨询师应当能够为学生提供相应的解决方案，帮助他们克服困难，并确保他们在交流期间获得必要的支持和协助。

通过提供咨询和指导服务，交流项目管理机构可以帮助学生充分了解和准备交流项目，并提供个性化的建议和指导，确保学生能够选择适合自己的项目并顺利完成申请流程。这样不仅有助于提高学生的交流体验和学习成果，也提升了交流项目管理机构的服务质量和专业声誉。

5. 项目评估和总结

交流项目管理机构应当定期进行项目评估和总结工作，以确保项目的执行情况、效果和运营管理得到全面而准确的评估。以下是关于项目评估和总结的建议。

（1）确定评估目标与指标：在进行项目评估和总结之前，交流项目管理机构应当明确评估的目标和需要收集的数据指标。评估目标可以包括项目执行的符合性、项目效果的达成程度、参与学生和合作机构的满意度等方面。同时，也需要确定相应的数据指标来支撑评估过程。

（2）收集数据与信息：为了进行项目评估和总结，交流项目管理机构需要收集项目相关的数据与信息。这可以包括项目执行过程中的各类文件、记录、报告，以及参与人员的反馈和评价等。同时，还可以通过开展问卷调查、组织焦点小组讨论等方式获得更多的数据与信息支持。

（3）分析与比较：在收集到足够的数据与信息后，交流项目管理机构可以进行数据的分析与比较，通过对数据的整理和统计，可以得出项目执行过程中的优势与不足，发现存在的问题和改进的空间，同时，也可以将不同项目之间的数据进行比较，寻找共性和差异，并从中提取可借鉴的经验与教训。

（4）识别问题与改进方案：在项目评估的过程中，交流项目管理机构应当识别出存在的问题和不足，并制订相应的改进方案。这可以包括项目管理流程的优化、人员配备的调整、培训与提升的加强等方面。改进方案应当具体可行，并能够解决项目执行过程中的问题，提高项目的质量和效果。

（5）总结与分享经验：在项目评估的结果基础上，交流项目管理机构应当进行总结，提炼出可供分享和推广的经验与教训。这可以通过撰写项目总结报告、举办经验交流会议等方式进行。总结与分享经验有助于提高组织内部的学习与进步，并能够为其他交流项目管理机构提供借鉴和参考。

通过定期进行项目评估和总结，交流项目管理机构可以及时发现问题与不足，并采取相应的改进措施，提高项目的质量和效果，同时，也可以将经验与教训进行总结与分享，促进组织内外的学习与进步。这样有助于不断提升交流项目的管理水平，提供更好的服务和支持。

（四）学分认定机制

1. 设立专门的管理机构/部门

学校可以设立一个专门负责国际交流项目管理的机构或部门，该机构将承担项目的策划、组织、执行、监督和评估等各个环节的工作。以下是该机构的一些优势和职责。

（1）统一管理和协调：设立专门的管理机构可以实现对学校所有国际交流项目的统一管理和协调。这样可以确保各个项目之间的整体性和一致性，在项目策划、执行和评估中形成规范的流程和标准。

（2）专业人员支持：该机构应由专业人员组成，他们具有丰富的国际交流项目管理经验和相关知识。他们能够运用专业的方法和技巧，协助学校开展各项国际交流项目，提供咨询和支持，确保项目的高效实施。

（3）项目策划与组织：该机构负责对学校的国际交流项目进行详细策划和组织安排。他们将根据学校的需求和资源情况，确定合理的项目目标、计划和预算，并寻找适合的合作伙伴和参与者，确保项目的可行性和成功实施。

（4）项目执行与监督：该机构将负责对国际交流项目的日常执行和进展进行监督和管理。他们将跟踪项目的进度和资源使用情况，确保项目按时完成并达到预期目标。同时，他们还将协调项目中的各个参与方，解决可能出现的问题和挑战。

（5）项目评估与改进：该机构将对学校的国际交流项目进行定期评估和总结，分析项目的效果和管理过程，发现存在的问题和不足，并提出改进措施。通过评估和改进，该机构可以提高项目的质量和效率，满足学校的需求和期望。

（6）资源协调与整合：该机构将协调和整合学校内外的资源，包括人力、财务、设施等，为国际交流项目提供支持和保障。他们将与相关部门和机构合作，共同推动项目的顺利运行，并充分利用各方的优势和资源。

设立专门的管理机构或部门可以加强学校对国际交流项目的全面管理和支持，提高项目的质量和效果。这将有助于促进学校与国际伙伴机构之间的合作与交流，提升学生的国际视野和综合素质。同时，通过管理机构的专业化与规范化管理，学校也能够更好地应对国际交流项目中的挑战和风险，确保项目的顺利进行。

2. 确定项目管理流程和规范

确定项目管理流程和规范对于国际交流项目的顺利进行至关重要。以下是建立项目管理流程和规范的一些建议。

（1）项目申请和审批流程：交流项目管理机构制定明确的项目申请和审批流程，包括项目提出、申请材料准备、审批程序和决策机制等。清晰的流程可以有效规范项目提出和审批的过程，确保项目符合学校的战略目标和资源分配。

（2）项目目标和计划制定：在项目启动前，交流项目管理机构对项目目标进行明确定义，并编制详细的项目计划。交流项目管理机构应与项目负责人一起确定项目目标，明确项目的主要内容、时间表、预算和资源需求等，确保项目能够有针对性地推进。

（3）项目执行和监督：项目管理流程应包括项目执行和监督环节，明确各个参与方的职责与工作要求。交流项目管理机构将项目分解为具体的任务和里程碑，定期召开项目进展会议，跟踪项目的执行情况，及时发现和解决问题，确保项目按计划顺利进行。

（4）资源管理和协调：项目管理流程还应涉及资源管理和协调，包括人力资源、财务预算、设备设施等。交流项目管理机构明确各个资源的分配和使用规范，确保项目所需资源的合理调配和利用，并与相关部门合作，协调解决资源不足或冲突的问题。

（5）项目沟通和报告：交流项目管理机构建立健全的项目沟通和报告机制，确保项目信息的及时传递和反馈。交流项目管理机构应定期向相关领导和利益相关方报告项目进展情况，及时沟通项目的问题和挑战，以便及时采取措施进行调整和改进。

（6）项目评估和总结：在项目结束后，交流项目管理机构进行项目评估和总结，分析项目的成效和问题，并提出改进意见，通过总结经验教训，优化项目管理流程和规范，提高项目管理的效率和效果。

在制定项目管理流程和规范时，交流项目管理机构还应考虑适应不同类别的国际交流项目和特殊的工作环境。同时，交流项目管理机构还应与学校内外相关部门保持紧密合作，协调资源和支持，共同推动国际交流项目的顺利进行。

3. 与合作院校或机构建立合作关系

与合作院校或机构建立合作关系对于交流项目管理机构来说具有重要意义。以下是一些建立合作关系的建议。

（1）策划合作项目：交流项目管理机构可以与合作院校或机构共同策划和开展交流项目。可以考虑合作开展学生交换项目、教师培训项目、学术研讨会等。通过联合办学项目或共同组织活动，各方可以提供更多样化的交流机会给学生和教师，丰富项目的内容和形式。

（2）联合培养计划：交流项目管理机构可以与合作院校或机构合作开展联合培养项目，为学生提供跨校跨国的学习和实习机会。通过合作培养计划，学生可以在不同的教育环境中学习和实践，拓宽视野，提升综合能力。

（3）学术研究合作：交流项目管理机构可以与合作院校或机构开展学术研究合作，共同开展研究课题、撰写学术论文等，通过学术研究合作，可以加强学术交流与合作，推动学科建设和产学研结合。

（4）资源共享与合作：交流项目管理机构可以与合作院校或机构建立资源共享与合作机制，互相开放和共享教育资源、实验室设备、图书馆资源等，通过资源的共享与合作，可以提高资源的利用效率，丰富教学和科研条件。

（5）教师交流与培训：交流项目管理机构可以与合作院校或机构开展教师交流与培训活动，互派教师进行讲学、讲座、研讨会等，通过教师交流与培训，可以促进教师之间的专业交流与合作，提升教学水平与素质。

在建立合作关系时，交流项目管理机构需要充分考虑合作方的优势和特色，明确合作目标与合作领域，确定合作的具体内容和方式，同时，还需要建立健全的沟通机制和合作协议，明确各方的权益与责任。

4. 提供咨询和指导服务

交流项目管理机构设立咨询和指导服务可以为学生提供全面、专业的支持，帮助他们了解交流项目的相关信息，顺利完成申请和准备工作。以下是提供咨询和指导服务的建议。

（1）提供详细项目信息：咨询服务可以向学生提供关于交流项目的详细信息，包括项目背景、申请要求、时间安排、费用预算等。通过咨询服务，学生能够更好地了解项目的内容和要求，为自己做出正确的选择。

（2）解答学生疑问：咨询服务需要设立专门的咨询师团队，能够及时回答学生的疑问和提供个性化的建议。咨询师应具备良好的沟通技巧和专业知识，能够耐心倾听学生的需求和关切，给予准确的回答和指导。

（3）提供申请流程指导：咨询和指导服务还应为学生提供申请流程的详细指导，帮助学生制订合理的申请计划，准备材料。咨询师可以根据学生的个人情况，给予针对性的建议和指导，帮助他们顺利通过申请流程。

（4）解决问题和困难：学生在参与交流项目的过程中，可能会遇到各种问题和困难。咨询和指导服务应为学生提供相应的解决方案和支持。咨询师可以帮助学生分析问题的原因，并提供可行的解决方法和建议，帮助他们克服困难并顺利完成交流项目。

（5）提供后续支持：咨询和指导服务还应为学生提供后续的支持和指导。一旦学生成功进入交流项目，咨询师可以跟踪学生的交流经历，提供必要的帮助和支持，解决可能出现的问题和困难。

通过设立咨询和指导服务，交流项目管理机构能够为学生提供更加全面、专业的支持。这不仅可以帮助学生顺利选择和完成交流项目，还可以提高项目的质量和学生的满意度。同时，咨询和指导服务也是交流项目管理机构与学生之间建立良好关系的重要渠道，有助于增强学生对项目管理机构的信任和认可。

5. 项目评估和总结

交流项目管理机构定期进行项目评估和总结是确保项目顺利进行并提高项目质量的

重要环节。以下是关于项目评估和总结的一些建议。

（1）评估项目执行情况：项目评估应对项目的执行情况进行全面的分析和评估，包括对项目进展情况、工作计划的完成度、资源利用情况等进行梳理和评估，以便发现项目在执行过程中的问题和挑战。

（2）分析项目效果：项目评估还需要对项目的效果进行评估分析。这包括对项目目标的达成情况、项目成果的产出情况、项目影响力的评估等。通过对项目效果的评估，可以客观地了解项目对学生和组织的实际影响，为项目的后续改进提供依据。

（3）评估运营管理：除了对项目本身的评估，项目评估还应关注项目运营管理的情况。这包括对项目团队的协作和配合情况、项目管理流程的规范性和高效性情况、项目资源的配置和利用情况等。通过评估运营管理，交流项目管理机构可以找出项目管理中存在的问题并提出相应的改进方案。

（4）发现问题与不足：项目评估的目的不仅是了解项目的优点和亮点，更重要的是发现存在的问题与不足。评估应对项目中的问题、风险和挑战进行深入分析，并提出相应的解决方案。这有助于改进项目管理和执行流程，提高项目的效率和成果。

（5）总结经验与教训：在项目评估过程中，交流项目管理机构也要总结项目的成功经验和教训。项目成功的经验可以作为其他项目的借鉴，而教训则可以帮助避免类似的错误和问题。通过总结经验与教训，交流项目管理机构可以不断提升项目管理的水平和质量。

（6）提出改进建议：最后，基于项目评估和总结的结果，交流项目管理机构应提出相应的改进建议。这些建议应具体明确，可行性强，涉及项目管理、执行流程、资源配置等方面。通过改进建议的实施，交流项目管理机构可以不断提高交流项目的质量和效果。

## 二、大学生生态文明国际交流的合作模式

### （一）学生交换项目

#### 1. 学术交流与学科发展

学生通过参与学生交换项目，在国外学校进行学习和研究的过程中，接触不同的教学方法、学科体系和研究方向。这种跨境学术交流有助于拓宽学生的学术视野，加深对本专业知识的理解，并促进学科的交叉融合与创新。

学术交流可以让学生接触不同的教学方法和学习环境。在国外学校，学生可能会遇到与自己所处学校截然不同的教学方式，例如更注重实践教学、问题导向教学或团队合

作教学等。通过与国外学生和教师的互动，学生可以了解并体验多元化的教育模式，从而提高自己的学习能力和适应能力。

学术交流可以使学生了解不同学科领域的最新研究进展。国外学校通常具有不同的学科体系和研究方向，他们在某些领域可能具有更为领先的研究成果。通过参与学术交流，学生可以接触到该领域的前沿研究，并与国外学生和教师进行深入的学术交流和探讨。这种交流促进了学科之间的交叉与融合，激发了学生的创新思维和学科思维。

学术交流还有助于培养学生的跨文化交际能力和国际化视野。在国外学校，学生将面对与自己文化背景不同的学生和教师，他们可能有不同的价值观、沟通方式和工作习惯。通过与这些人进行交流和合作，学生可以加深对不同文化的理解和尊重，提高自己的跨文化交际能力和国际化竞争力。

2. 跨文化交流与理解

跨文化交流与理解是指不同文化之间的相互交流、认知和理解。学生交换项目为学生们提供了一个亲身体验不同国家文化氛围和社会环境的机会。通过与国外学生的交流和接触，学生可以深入了解不同文化背景下人们对生态环境的认知、态度和实践，从而培养出跨文化沟通能力、包容性和国际视野，使他们成为具有全球背景的人才。

跨文化交流可以促进不同文化的相互理解和尊重。通过与国外学生的交流，学生可以了解到其他文化中存在的不同价值观、观念和行为方式。这一过程中，他们需要学会尊重并接受不同文化的差异性，学会从他人的角度去理解和解读行为和观念，从而培养包容和宽容心态。

跨文化交流可以拓宽学生们的国际视野。在国外学校的学习和生活中，学生将接触不同的社会环境、文化艺术和历史传统等。这样的经历可以让学生们更深入地了解其他国家和文化的发展状况和特点，认识到各种文化之间的相互联系和影响。这有助于培养学生的全球意识和国际视野，使他们成为具有国际竞争力的人才。

跨文化交流还可以提升学生们的跨文化沟通能力。在与国外学生进行交流的过程中，学生需要克服语言障碍、文化差异等困难，表达自己的观点和理解他人的意见。这样的交流经验可以锻炼学生的语言表达能力、倾听能力和适应能力，使他们成为具备良好跨文化沟通技巧的人才。

3. 生态环境实践与经验分享

生态环境实践是指学生通过参与各种环境保护项目和社区服务活动，亲身体验和参与不同国家的环境保护工作。学生交换项目为他们提供了与国外学生共同探索解决环境问题的方法和路径的机会。在这个过程中，学生可以分享各自在生态环境实践中的经验和心得，从而加深对可持续发展的认识。

生态环境实践使学生深入了解不同国家的环境保护项目。他们可以参观各类环境保护项目，如自然保护区、生态农业示范基地等，了解当地的环境保护政策和具体实施情况。通过亲身参与和观察，学生可以了解到环境保护工作中的挑战和成果，以及各国在环境保护方面的经验和做法。

生态环境实践促使学生积极参与社区服务活动。学生可以与当地人民一起开展环境保护的志愿者活动，如植树造林、垃圾分类等。通过与当地人民的互动和合作，学生深入了解当地社区的环境问题和需求，同时也感受到了环境保护工作对社区发展的重要性。这种参与让学生意识到每个人都可以为环境保护做出贡献，并激发他们主动关心和参与环境保护的意识。

生态环境实践还为学生提供了分享经验和互相学习的平台。在学生交换项目中，学生来自不同国家和文化背景，他们可以互相分享各自在生态环境实践中的经验和心得。通过分享，学生可以了解其他国家在环境保护方面的进展和创新，拓宽自己的视野并吸取他人的经验。这种交流和互动有助于共同探索可持续发展的路径，培养出更多有环保意识和能力的年轻人才。

4. 语言能力与社交技巧提升

在国外学校学习，学生可以有效提升语言能力和社交技巧。

语言环境的挑战使学生不得不主动运用外语进行学习和交流，从而提高他们的语言能力。学生需要在课堂上积极参与讨论、提问问题，并与同学们进行日常交流。这种实践促使他们更加流利地运用外语，扩大词汇量和语法结构的应用范围，提高听说读写的综合能力。

国外学校的多元文化背景让学生接触不同的社交文化和社交规则，培养了他们适应不同环境的能力。学生需要学会尊重他人的观点和习惯，倾听和理解他人的意见，并尽可能地融入当地文化。通过与来自不同文化背景的同学和老师的交流，学生可以拓宽视野、增加对世界不同文化的理解。这有助于培养学生的跨文化沟通和交流能力，增强他们的国际视野和全球意识。

国外学校的团队合作氛围也促使学生们培养良好的人际关系和团队合作技巧。学生们常常需要在小组项目中与同学合作，共同解决问题和完成任务。在这个过程中，他们需要学会倾听他人的意见、协调不同的观点和合理分配任务。这种团队合作的经验不仅有助于提高学生的合作能力，还培养了他们的领导才能、解决问题的能力和适应能力。

5. 职业发展与就业竞争力

学生交换项目对于学生的职业发展和就业竞争力有着积极的影响。具体包括以下几个方面。

（1）学生交换项目提供了一种独特的学习体验和成长机会。通过与国外学校的学习交流，学生可以接触到不同的教育体系和学术氛围，拓宽自己的学术视野和知识领域。这种跨文化的学习经历能够培养学生的开放性思维、创新意识和解决问题的能力，使他们在未来的职业发展中更具竞争力。

（2）学生交换项目培养了学生的跨文化沟通能力和全球视野。在国外学校的学习和生活中，学生需要与来自不同文化背景的人进行交流和合作。这样的经历能够让学生更加灵活和适应不同的文化环境，培养出跨文化的沟通技巧和敏锐的观察力。在日益全球化的就业市场上，这些跨文化沟通能力和全球视野将成为学生们在就业竞争中的优势。

（3）学生交换项目还提供了与国外学者、专家和企业进行接触和交流的机会。通过参与各种学术研讨会、实习项目或社会实践，学生可以建立与国外相关领域的专家和企业的联系，扩大自己的职业发展网络。这些人脉资源可以为学生在就业市场上寻找机会，并为获取行业内的最新动态提供重要支持。

（二）合作研究项目

1. 跨国合作与知识交流

跨国合作与知识交流对于学生的学术发展和专业成长具有重要意义。具体包括以下几个方面。

（1）跨国合作可以为学生提供与国外合作伙伴共同研究的机会。通过与国外研究团队的合作，学生可以了解和学习他们在生态文明领域的研究成果和方法。这种合作不仅可以拓宽学生的学术视野，还能够让他们接触到国际前沿的研究领域和最新的科研成果。同时，学生还可以与国外的研究人员一同进行实地考察和调研，深入了解和体验到国外的研究环境和工作方式。

（2）跨国合作可以促进双方之间的知识交流和分享。通过合作研究项目，学生有机会向国外合作伙伴介绍自己的研究成果，并与他们分享自己在生态环境领域的专业知识和经验。这种知识交流可以激发出新的思路和创新点，为双方的研究工作注入新的活力和动力。此外，学生还可以从国外合作伙伴的反馈和建议中获得宝贵的指导和启发，进一步提高自己的研究水平和学术能力。

（3）跨国合作与知识交流有助于加深彼此对生态环境问题的认识和理解。通过与国外研究团队的合作，学生可以了解到不同国家和地区在生态文明建设方面的经验和措施。

这种跨国比较可以帮助学生们更全面地认识和理解生态环境问题的复杂性和多样性，培养他们的全球意识和跨文化理解能力。同时，通过共同研究和讨论，学生可以加强彼此之间的交流和合作，形成一种开放和包容的学术氛围和合作态度。

（4）跨国合作与知识交流为学生的学术发展和专业成长带来了许多机会和益处。通过与国外合作伙伴的合作研究项目，学生可以扩展学术视野，了解国际前沿的研究成果和方法。同时，学生还可以向国外合作伙伴分享自己的研究成果，获得他们的反馈和建议。这种跨国合作与知识交流不仅有助于提升学生的学术能力和研究水平，还可以促进双方之间的相互理解和合作，为生态环境问题的解决提供更多的思路和方案。

2. 研究方法与技术创新

研究方法与技术创新是科学研究和学术发展的核心内容，通过合作研究项目可以开拓学生的视野，提供接触不同国家和地区研究方法和技术的机会。具体包括以下几个方面。

（1）合作研究项目可以让学生接触到不同国家和地区的研究方法。不同国家和地区在研究方法上可能有着不同的优势和特色，通过与合作伙伴进行交流和学习，学生可以了解他们在研究中所使用的方法和工具。这种跨国合作使得学生能够融合各种研究方法，从而更全面、准确地进行问题分析和解决。同时，学生还可以通过与合作伙伴的互动和思维碰撞，培养自己的创新意识和解决问题的能力。

（2）合作研究项目可以促进学生对技术创新的理解和应用。在合作伙伴的帮助下，学生可以了解最新的科研技术和创新成果。例如，一些国家可能在环境监测、数据处理、模型建立等方面具有先进的技术，学生可以通过与合作伙伴的合作和交流，掌握并应用这些技术。合作研究也为学生提供了实践机会，他们可以在项目中尝试新的技术创新，提高自己的实际操作能力，并且在实践中发出自己的创新思想和解决方案。

（3）合作研究项目有助于学生的学术发展和能力提升。通过与国外合作伙伴的合作，学生可以接触到更广泛的学术资源和研究网络，加深对学术界的认知和理解。在项目中，学生还可以与合作伙伴共同进行研究和讨论，共同解决实际问题，从而提高自己的研究能力和学术水平。此外，合作研究项目还培养了学生的团队合作精神和沟通能力，提升了他们在跨文化环境中的适应能力和交流能力。

（4）合作研究项目为学生们提供了接触不同国家和地区的研究方法和技术的机会。通过与合作伙伴的交流和学习，学生可以开拓视野，提升自己的研究能力和水平。同时，合作研究项目还促进了学生对技术创新的理解和应用，培养了他们的创新意识和解决问题的能力。通过合作研究项目，学生能够在跨文化环境中进行合作，提高团队合作精神和沟通能力，为未来的学术发展奠定坚实的基础。

3. 共同解决实际问题

合作研究项目的一个重要目标就是通过共同努力解决实际问题，特别是在生态环境领域。以下是关于如何共同解决实际问题的几个方面。

（1）合作研究项目可以促进跨学科的合作。生态环境问题通常不仅仅涉及自然科学领域的知识，还需要社会科学、政策制定等多个领域的知识和技能。通过与合作伙伴的合作，学生能够借鉴其他领域的专业知识和经验，从而获得更全面的问题认知。例如，在研究气候变化的影响时，科学家需要与社会学家、经济学家和政策制定者合作，共同探讨人类活动对气候变化的影响以及减缓和适应气候变化的策略。这种合作能够将各个领域的专业优势汇集起来，为解决实际问题提供更有效的解决方案。

（2）合作研究项目可以促进国际合作。生态环境问题通常具有跨国性和全球性的特点，需要不同国家和地区的合作来解决。通过与国外合作伙伴的合作，学生能够了解不同国家和地区在解决生态环境问题方面的经验和做法。他们可以共同研究具体问题，并对比不同国家和地区的解决方案，从而找到更适合当地情况的解决策略。例如，学生可以与国外合作伙伴共同研究海洋污染问题，探讨减少塑料垃圾的方法，并在实践中验证有效性。这种国际合作有助于加强不同国家间的交流与合作，共同应对全球环境挑战。

（3）合作研究项目可以促进学术研究与实践的结合。生态环境问题的解决需要将学术研究与实际行动相结合。通过与合作伙伴的合作，学生可以将自己的研究成果应用到实际问题中，并与相关利益相关者共同推动解决方案的实施。例如，在研究城市空气污染时，学生可以与社区组织以及环保机构合作，制定减少污染的实际措施，并监测和评估其效果。这种将学术研究与实践相结合的合作模式有助于培养学生的实际操作能力和问题解决能力，并为他们未来的职业发展奠定基础。

合作研究项目可以通过跨学科的合作、国际合作和学术与实践的结合，共同解决实际的生态环境问题。通过与合作伙伴合作，学生能够获得更全面的问题认知和解决方案，培养问题意识和解决问题的能力，并将学术研究成果应用到实践中，推动实际解决方案的实施。这种合作模式不仅可以促进学生的学术发展，还能为生态环境问题的解决做出积极的贡献。

4. 学术发表与影响力提升

合作研究项目的成果在学术界的发表是提高学生学术影响力的重要途径之一。以下是一些关于学术发表与影响力提升方式的建议。

（1）确保研究成果的质量：学术发表需要有扎实的理论基础、严谨的研究方法和可靠的数据支持。在合作研究项目中，学生应与合作伙伴共同努力，不断完善研究设计，保证研究成果的可靠性和准确性，只有具备优质的研究成果，才能在学术期刊上获得认可。

（2）选择合适的学术期刊：不同的学术期刊有不同的定位和影响力，学生需要根据自己的研究主题和目标读者群选择合适的期刊进行投稿，可以参考已有文献中的引用情况、期刊的影响因子和排名等指标来评估期刊的质量和学术声誉，同时，了解期刊的投稿要求和审稿流程，遵循期刊的格式和规范进行投稿。

（3）积极参与学术交流活动：参加学术会议、研讨会和讲座等活动是展示研究成果和交流学术观点的重要机会。学生可以通过与其他学者的讨论和互动，扩大自己的学术圈子和影响力，此外，还可以在学术交流平台上发布自己的研究成果摘要或海报展示，吸引他人的关注和合作机会。

（4）加强合作伙伴间的合作与沟通：与国外合作伙伴的合作不仅可以增加研究成果的广度和深度，还能为学生带来更多的合作机会。建立良好的合作关系，保持及时高效的沟通和协作，有助于促进研究成果的共享和推广。

（5）提高学术发表的质量和数量需要学生具备扎实的学术背景和研究能力：在合作研究项目中，学生应注重学术素质的培养，不断提升自己的研究水平，同时，也要加强英语表达和学术写作能力的训练，以便更好地与国际合作伙伴进行交流和合作。

通过合作研究项目的成果发表和学术活动的参与，学生可以提高自己的学术影响力。关键是确保研究成果的质量，选择合适的期刊进行发表，积极参与学术交流活动，并加强合作伙伴间的合作与沟通，同时，也要持续提升学术素质和语言表达能力，为学术发展打下坚实基础。

5. 职业发展与国际交流机会

合作研究项目为学生的职业发展提供了宝贵的机会，尤其是与国外合作伙伴的合作可以进一步拓展他们的国际交流与合作能力。以下是对于职业发展和国际交流机会的一些建议。

（1）与国外合作伙伴的合作为学生们提供了更广阔的职业发展平台。通过与国外合作伙伴共同工作，学生可以接触到来自不同文化背景和专业领域的人才，从中学习他们的经验和知识。这种跨文化的交流和合作经历可以提高学生的国际视野和全球竞争力，为他们未来的职业发展打下坚实基础。

（2）合作研究项目也为学生们提供了更多的国际交流机会。合作伙伴之间可以共同组织学术会议、研讨会或工作坊等活动，吸引国内外专家学者参与。学生可以在这些活动中与其他研究人员交流、展示自己的研究成果，并获取宝贵的反馈和建议。此外，合作伙伴之间还可以开展联合培训项目或交换计划，学生可以借此机会到国外参观访问、学习交流，进一步加强与国外同行的联系和合作。

（3）与国外合作伙伴的合作也为学生提供了更多的职业机会。国际合作项目的实施需要人才积极参与，学生可以通过合作研究项目展示自己的才华和能力，提高被国际机构或跨国公司录用的机会。合作研究项目也可以为学生提供实习或工作机会，使学生在真实的工作环境中锻炼自己的技能和能力。

（4）合作研究项目对于学生的国际交流和合作能力的培养至关重要。在与国外合作伙伴的合作中，学生需要具备良好的跨文化沟通技巧和团队合作精神。他们需要灵活应对不同文化之间的差异，尊重不同观点并寻求共识。这种跨文化的交流和合作经验将对学生未来在国际化的背景下开展工作和研究起到重要的指导和帮助作用。

通过合作研究项目与国外合作伙伴的合作，学生可以拓展自己的国际交流和合作能力，为职业发展提供更多的机会和选择。这种合作不仅可以扩大他们的人脉资源和职业网络，还能够提高他们的国际视野和全球竞争力。在合作研究项目中，学生需要注重跨文化沟通技巧和团队合作精神的培养，以便更好地应对国际化的工作环境和挑战。

### （三）社区服务项目

#### 1. 环境保护知识与技能的学习

参与社区服务项目是学生学习环境保护知识与技能的重要途径之一。以下是关于学生通过社区服务项目学习环境保护知识与技能的重点内容。

（1）社区服务项目为学生提供了直接接触环境问题的机会。通过实地参与环境保护活动，学生可以了解环境污染和破坏的现状，并深刻认识到这些问题对人类和地球造成的影响。他们可以了解不同类型的环境问题，如空气污染、水资源浪费、垃圾处理等，并通过实际行动感受到环境保护的重要性。

（2）社区服务项目还可以帮助学生学习到环境保护的具体知识和技能。在项目中，学生可以接受专业人士的指导，学习如何正确使用工具和设备进行环境清理、植树造林等活动。他们可以学习到环境监测和评估的基本方法，了解如何分析环境问题的原因和解决方案。此外，学生还可以学习到如何合理使用资源、减少废弃物的产生等环保技巧，以及如何倡导和推动环境保护的行动。

（3）参与社区服务项目可以培养学生的环保意识和行动能力。通过实际行动，学生可以逐渐形成环保的思维方式和生活习惯。他们可以学会遵守环境规范和法律法规，养成节约资源、减少废物产生的良好习惯。同时，他们还可以通过与社区居民合作，共同推动环境保护项目的实施，提高自己的团队合作和组织管理能力。

（4）参与社区服务项目还可以培养学生的创新思维和解决问题的能力。在环境保护活动中，学生可能会面临各种挑战和问题，例如如何有效清理垃圾、如何提高水资源利用效率等。通过思考和实践，学生可以积极寻找解决方案，并提出创新的环保措施和策略。

通过参与社区服务项目，学生不仅可以学习到丰富的环境保护知识和相关技能，还可以提高他们的环保意识和行动能力。这种实践性的学习方式可以让学生深刻认识到环境问题的重要性，并促进他们积极参与环境保护并做出贡献。同时，参与社区服务项目还可以培养学生的创新思维和解决问题的能力，为他们未来在环境保护领域的职业发展奠定坚实基础。

2. 与国外合作伙伴的互相学习与交流

与国外合作伙伴的互相学习与交流在社区服务项目中起着重要的作用。以下是关于学生通过与国外合作伙伴的互相学习与交流所获得的好处。

（1）与国外合作伙伴的交流可以让学生了解不同国家或地区在环境保护方面的经验和方法。每个国家都有其独特的环境保护挑战和应对策略。通过与国外合作伙伴的交流，学生可以了解其他国家在环境保护方面取得的成就，学习到他们的最佳实践和创新思维。这种跨文化的交流可以为学生提供广阔的视野，拓宽他们的思考和解决问题的能力。

（2）与国外合作伙伴的交流可以促进学生的跨文化交流能力。当学生与来自不同文化背景的人进行交流时，他们需要倾听和理解对方的观点和想法。这种跨文化的交流可以帮助学生培养尊重和包容不同文化的意识，提高他们的沟通和合作能力。同时，学生也可以通过与国外合作伙伴的交流，向对方介绍自己的文化和国家，增进彼此的相互了解和友谊。

（3）与国外合作伙伴的交流可以为学生提供更多的机会和资源。国外合作伙伴可能拥有先进的技术和理念，在环境保护方面取得了丰富的经验。通过与他们的交流，学生可以了解到最新的环保技术和方法，并能够借鉴和学习这些成果。此外，与国外合作伙伴的交流还可以为学生提供参观、实习或交流的机会，拓宽他们的学习和发展渠道。

（4）与国外合作伙伴的交流可以促进国际间的合作与团结。在面对全球性的环境问题时，各国之间的合作至关重要。通过与国外合作伙伴的互相学习与交流，学生可以培养跨国合作的意识和能力，为未来共同应对环境挑战做好准备。这种合作与团结的精神也符合国际社会的发展趋势，有助于构建一个更加和谐、可持续的世界。

与国外合作伙伴的互相学习与交流在社区服务项目中具有重要意义。通过这种交流，学生可以了解不同国家的环境保护经验和方法，提升自己的跨文化交流能力，获得更多的资源和机会，并促进国际间的合作与团结。这种跨国交流的经验将丰富学生的知识和视野，使他们在未来的环境保护工作中具备更强的竞争力和影响力。

3. 社会责任感与团队合作精神的培养

社区服务项目是培养学生社会责任感和团队合作精神的理想机会。以下是关于如何通过这些项目培养社会责任感和团队合作精神的几个建议。

（1）通过参与环境保护活动，学生能够认识到自己对社区和环境的责任。他们将亲身参与解决环境问题的行动，见证自己的努力对社区的积极影响。这种亲身经历可以激发学生的社会责任感，使他们更加意识到自己作为公民的责任和义务。

（2）社区服务项目要求学生与其他志愿者一同合作完成任务。在这个过程中，学生需要学会与他人合作、协调和沟通。通过与志愿者团队的互动，学生可以学习如何有效地表达自己的意见和观点，倾听和尊重他人的意见，并且协调不同成员之间的冲突和差异。这种团队合作的经验对学生今后的职业发展和人际关系建立至关重要。

（3）参与社区服务项目可以为学生提供锻炼领导能力的机会。在志愿者团队中，学生可能需要担任一定的角色和责任，例如，组织活动、协调志愿者任务等。通过承担这些角色，学生可以锻炼自己的领导能力，学会如何管理团队、制定目标和激励成员。这样的经验不仅有助于学生的个人成长，还能为他们今后的职业发展提供竞争优势。

（4）社区服务项目可以培养学生的公民意识和社交技能。通过与社区居民、组织和机构合作，学生可以更好地理解社会问题和需求，并学习如何与各方合作解决这些问题。这种与社区的互动可以促进学生的人际交往能力，培养他们与他人建立联系、建立合作关系的能力。

社区服务项目是培养学生社会责任感和团队合作精神的重要途径。通过参与环境保护活动，学生能够认识到自己对社区和环境的责任；与其他志愿者合作，学生可以学会有效沟通和协作；参与社区服务项目还能锻炼学生的领导能力、培养公民意识和社交技能。这些经验将为学生今后的发展奠定坚实的基础，并使他们成为具有社会责任感和团队合作精神的优秀公民。

4. 社区环境改善与居民参与意识的提高

社区环境改善与居民参与意识的提高是一个相互促进的过程。以下措施和方法有助于实现这一目标。

（1）开展环境保护活动是提高居民参与意识和改善社区环境的关键。例如，清理垃圾、植树造林、河道清理等活动，可以直接改善社区的生态环境和外观。通过这些活动，居民们能够亲身感受到环境的变化，并认识到自己对环境质量的影响。

（2）学生可以与社区居民积极互动，宣传环保知识，提高居民的环保意识。他们可以组织环保讲座、展览、宣传活动等，向居民传达环保的重要性和具体做法。通过有效的沟通和教育，学生可以帮助居民了解如何正确分类垃圾、节约水电资源、减少污染等，从而培养居民的环保意识和行动。

（3）建立社区环保组织或志愿者团队，吸引更多居民参与环境保护活动。这个组织可以提供培训和指导，帮助居民了解如何参与环保活动，并提供具体的机会和项目让他们参与其中，通过建立这样的组织或团队，可以增强居民的参与意识，形成更有力的社区环保合作力量。

（4）此外，政府和社区管理者也需要发挥作用，为社区环保提供支持和资源。他们可以制定和执行相关政策，提供必要的设施和物资，鼓励社区居民参与环境改善活动，同时，定期组织居民参与社区环境规划和决策过程，增加居民在环境问题上的发言权和参与度。

（5）持续的宣传和教育也是提高居民参与意识的关键。媒体、社交平台、社区公告栏等渠道向居民提供环保知识和最新的环保活动信息。社区定期举办环保主题的宣传活动，可以进一步激发居民的环保意识，让他们积极参与到环境改善中来。

社区环境改善与居民参与意识的提高是相辅相成的过程。开展环境保护活动、宣传教育、组织居民参与等多种措施，可以推动社区环境的可持续改善，并增强居民的环保意识和行动。这样的努力将为社区创造一个更美好、更可持续的生活环境。

5. 国际影响力和交流机会的拓展

参与社区服务项目可以帮助学生拓展国际影响力和交流机会，以下是一些具体的措施。

（1）通过社区服务项目，学生的努力和成果可能会被媒体报道或社交媒体分享，在国际社会中引起关注。这将为他们在国际舞台上树立积极的社会形象，他们的才能和奉献精神可能会得到国际组织等的认可和赞赏。

（2）社区服务项目还为学生提供了与来自不同国家和地区的人士互动的机会。例如，学生可以参加国际志愿者项目，与其他国家的志愿者一起工作，共同推动社区发展和环境保护工作进程。通过与国际志愿者的合作，学生可以建立跨国界的友谊，增进彼此之间的理解和尊重。

（3）社区服务项目还可能邀请国际专家或组织进行指导和支持。这将为学生提供了与国际知名人士交流的机会，学生可以向他们学习专业技能和经验。与国际专家的交流将为学生开拓眼界，拓宽视野，并为他们未来的职业发展提供宝贵的机遇。

（4）学生还可以通过参加国际会议、交流项目、留学等方式寻找国际交流机会。这些机会将使他们有机会结识来自各个国家和地区的同行者、学者和专业人士，与他们分享自己的经验和见解，并从他们那里获得新的思路和创意。这种跨文化的交流有助于学生塑造全球化的思维方式，并为未来的国际合作打下基础。

（5）学生还可以利用社交媒体和在线平台，积极参与国际交流和合作。学生通过展示自己的社区服务经历和成果，与来自世界各地的人士建立联系，共同探讨解决方案，分享最佳实践。这种虚拟的交流平台为学生提供了与全球范围内各行各业的人士互动的机会。

通过参与社区服务项目，学生可以拓展国际影响力和交流机会。这包括引起国际社会的关注、与来自不同国家和地区的人士互动、与国际专家交流、参加国际会议和交流项目等。这些机会将为学生在国际舞台上建立积极的社会形象，并为他们的职业发展和参与国际合作提供有利条件。

（四）学术会议和研讨会

学校组织或参与国际性的学术会议和研讨会，可以为学生提供一个重要的学术交流平台。这些会议和研讨会通常会邀请国内外的专家学者和学生，共同探讨当前热点和前沿领域的生态文明问题。学生可以通过与来自不同国家和背景的专业人士进行交流和合作，拓宽自己的学术视野和影响力。

学术会议和研讨会不仅是学术交流的重要活动，也是展示学生研究成果的窗口。学生可以通过口头报告、海报展示或论文发表的方式，向其他与会者介绍自己的研究成果和学术观点。这种展示的机会可以帮助学生提升学术表达能力和学术合作能力，同时也能够获得其他与会者的反馈和建议，进一步完善自己的研究工作。

参与国际性的学术会议和研讨会，可以使学生了解全球生态文明研究的最新动态和前沿理论。学术会议和研讨会通常会邀请国内外的专家学者分享他们的研究成果和观点，学生可以从中获取到新的研究思路和方法。与国内外专家学者进行深入的学术讨论，可以帮助学生拓宽自己的学术思路，深化对生态文明问题的认识。

学术会议和研讨会还为学生提供了与国内外专家学者面对面交流的机会。在会议期间，学生可以积极参与讨论和问答环节，与专家学者进行面对面的交流和互动。这种交流不仅可以加深对学术问题的理解，还可以建立起国内外专家学者和学生之间的长期合作关系。

参与国际性的学术会议和研讨会可以提升学生的学术研究能力和国际交流能力。通过与国内外专家学者的交流和合作，学生有机会接触到最新的学术观点和研究方法，提高自己的研究水平，与来自不同国家和背景的学者合作，还可以培养跨文化、国际合作的能力，成为具有全球视野的生态文明专业人才。

此外，学术会议和研讨会对于学校的学术氛围和学科建设也具有积极的推动作用。通过组织或参与国际性的学术会议和研讨会，学校可以提升自身在学术界的影响力和知名度，吸引更多国内外优秀的专家学者和学生来校交流合作，推动学科的发展和学术研究的创新。

（五）联合项目与创新实践

联合项目与创新实践是学校与国外院校合作开展的一种教育模式，旨在培养学生的创新能力和团队合作精神。通过参与联合项目，学生可以共同设计和开发环保产品，解决特定生态环境问题等，从而推动和实践生态文明理念。

联合项目的开展可以为学生提供一个与国外合作伙伴共同参与项目的机会。在这个过程中，学生可以分享彼此的专业知识和技术，共同解决实际问题。这种跨文化、跨领域的合作模式有助于激发学生的创新思维，提高他们的技术实践能力，并为解决生态环境问题提供新的解决方案。

通过参与联合项目，学生可以获得更广阔的视野和全球化的教育体验。与国外院校的交流合作不仅可以促进国际间的技术交流与合作，还可以增进学生对不同文化、不同环境的了解和认知。这种全球化的教育体验有助于培养学生的国际视野和跨文化交流能力，为他们今后的职业发展打下坚实的基础。

联合项目与创新实践还可以为学校带来一系列积极的影响。首先，学校能够借助国外院校的先进技术和理念，提升自身的教育质量和国际影响力。其次，通过联合项目，学校能够为学生提供更多的实践机会，增强他们的就业竞争力。此外，联合项目的开展也为学校与国外院校之间建立长期稳定的合作关系奠定了基础。

在实施联合项目时，学校需要注意一些问题。首先，双方应明确项目目标和任务分工，并确保合作方式和时间计划的顺利进行。其次，双方应加强沟通与协调，及时解决在项目执行过程中出现的问题。最后，学校应营造良好的学习环境和团队氛围，鼓励学生积极参与项目，充分发挥个人优势，提高团队整体的综合素质。

# 第三节　大学生生态文明国际交流的案例与经验分享

## 一、大学生生态文明国际交流的案例分享

### （一）参与海外志愿者项目

1. 了解海外志愿者项目的背景和目标

海外志愿者项目旨在通过志愿者的参与，改善并推动当地社区的发展。这些项目通常包括拓展教育、医疗援助、环境保护、社会发展等多个领域。其中，环境保护项目具有重要的意义，可以帮助解决全球范围内的生态问题，并促进可持续发展。

2. 介绍一个典型的海外环境保护志愿者项目案例

一位大学生参加了一个海外环境保护志愿者项目，他选择前往非洲国家参与野生动物保护工作。在这个项目中，他与当地的专业人士合作，共同研究野生动物的保护策略，并向当地社区传授环境保护知识。

3. 描述志愿者与当地社区合作的过程

志愿者与当地社区的合作非常重要，他们通过与当地居民的互动，了解了当地环境问题的具体情况，并与当地社区共同寻找解决问题的方法。志愿者可以通过组织环境保护讲座、开展植树活动、推广垃圾分类等方式，向当地社区传授环保知识并倡导可持续的行为方式。

4. 分析海外志愿者项目对参与者的影响

海外志愿者项目对参与者有多方面的影响。首先，他们可以通过与当地居民的接触，了解到不同文化和生活方式，增强了跨文化合作的能力。其次，参与这样的项目可以深化他们对环境保护的认识与关注，培养出更多的环境意识。此外，志愿者还可以提升自己的团队合作和领导能力，并增强解决问题的能力。

5. 总结海外志愿者项目的重要性

海外志愿者项目在推动环境保护和可持续发展方面起到了重要的作用。志愿者通过与当地社区合作，共同解决环境问题，并传播环保知识。同时，这些项目也为参与者提供了一个宝贵的机会，让他们体验不同的文化和生活方式，并培养他们的社会责任感和全球视野。因此，海外志愿者项目是促进全球生态文明的重要途径之一。

（二）参与国际学术研究项目

1. 国际学术研究项目的背景和意义

国际学术研究项目为学生提供了与国际知名学府的专家学者合作的机会，学生可与专家学者共同探索生态文明建设的前沿课题。这些项目不仅可以丰富大学生的学术知识，还促进了全球学术界的合作与交流，对于推动生态环境保护和可持续发展具有重要意义。

2. 描述一个典型的国际学术研究项目案例

一个典型的国际学术研究项目是某大学与国外知名大学合作，在生态学领域开展研究。学生在该项目中参与实地调研，与当地居民交流，并与合作院校的专家学者进行学术讨论和合作研究。他们共同探索特定生态系统的变化趋势、生物多样性保护策略以及生态恢复方案等问题。

3. 分析学生参与国际学术研究项目的价值和收获

学生参与国际学术研究项目可以获得多方面的价值和收获。首先，他们可以通过与国际知名学府和专家学者的合作，扩展自己的学术视野，了解最新的研究进展和方法。其次，实地调研和与当地居民的交流，使学生能够直接感受到特定地区的生态环境，并从中获得真实的数据和情报。此外，积极参与研究项目还可以锻炼学生的科研能力、团队合作能力和创新能力。

4. 总结国际学术研究项目对推动生态文明建设的影响

国际学术研究项目对推动生态文明建设有着重要的影响。首先，这些项目可以加强学术界的国际合作与交流，促进学术研究的共同发展。其次，学生通过实地调研和与当地社区的合作，可以更好地了解不同地区的生态环境问题，并提出相应的解决方案。此外，学生参与这样的项目，也会培养他们对生态环境保护和可持续发展的关注和责任感，为未来的生态事业做出贡献。

5. 展望国际学术研究项目的未来发展

随着全球化进程的加快，国际学术研究项目将更加广泛和深入地开展。未来，人们可以期待更多的大学生有机会参与这样的项目，与国际学术界的专家学者合作，去共同攻克生态环境保护和可持续发展领域的难题。同时，学校要加强学生的学术培训和创新能力的提升，为他们提供更好的支持和平台，使之能够在国际学术研究项目中取得更大的成果。

（三）参加国际会议和论坛

1. 国际会议和论坛对于生态文明建设的重要性和意义

国际会议和论坛在推动生态文明建设方面具有不可替代的重要性和意义。

这些活动为全球科学家、学者提供了一个共同交流和讨论的平台，促进了知识和经验的分享。通过参加国际会议和论坛，参与者可以了解到不同国家、不同学科领域的最新研究成果和进展，从而拓宽视野，增长见识。同时，这些活动也为参与者提供了与同行交流的机会，参与者可以与同行共同探讨环境问题、可持续发展等领域的热点问题，促进学术交流和合作。

国际会议和论坛可以加强全球合作与合作。在面对环境问题和可持续发展挑战时，各国需要加强合作，共同应对。通过国际会议和论坛，各国可以加强联系和沟通，共同制定应对策略和措施，推动全球生态文明建设。

国际会议和论坛可以为生态文明建设贡献智慧和力量。在会议和论坛上，参与者可以提出自己的观点和建议，为生态文明建设提供新的思路和方法。同时，这些活动也可以促进不同领域之间的交叉融合，推动科技创新和绿色发展。

2. 举例介绍有影响力的国际会议或论坛

世界生态文明大会（World Ecological Civilization Conference）是一个具有广泛影响力和参与度的国际会议。该会议每年举办一次，旨在促进全球范围内的生态文明建设和可持续发展。会议的主题是"生态文明：共建地球生命共同体"，强调人类与自然和谐共生、可持续发展和保护生物多样性的重要性。

世界生态文明大会邀请了大量的学者、企业家、政府官员、国际组织代表等各界人士，围绕环境保护、资源利用、生态修复等议题进行深入交流和探讨。与会者可以分享自己的研究成果，了解其他国家和地区的实践经验，共同探讨解决环境问题和推动生态文明建设的新途径。

在过去的几年中，世界生态文明大会已经成功举办了多届，吸引了来自全球各地的参与者。会议的主题和议题涵盖了生态文明建设的各个方面，包括生态修复、绿色发展、气候变化、生物多样性保护等。在会议期间，举办方还举办了多个分论坛和研讨会，探讨了生态文明建设中的具体问题和挑战，为推动全球生态文明建设提供了有益的思路和建议。

除了学术交流和研讨外，世界生态文明大会还注重实践经验的分享和合作。在会议期间，举办方还举办了展览和项目推介活动，展示了全球各地的生态文明建设成果和实践经验，为推动全球生态文明建设提供了有益的借鉴和参考。此外，会议还促进了各国之间的合作和交流，推动了全球生态文明建设的进程。

3. 分析大学生参加国际会议和论坛的价值和收获

大学生参加国际会议和论坛的价值和收获是多方面的，以下是对这些价值和收获的详细分析。

参加国际会议和论坛可以拓宽大学生的学术视野。国际会议和论坛汇聚了来自世界各地的专家学者，他们分享最新的研究成果和学术观点。大学生通过参加这些会议，可以接触到最新的学术思想和研究成果，了解全球生态环境和生态文明建设的最新进展。这对于他们未来的学术研究和职业发展都具有重要的指导意义。

参加国际会议和论坛可以拓展大学生的人脉网络。在会议和论坛上，大学生可以结识来自不同国家和地区的同行，与他们建立联系和交流。这种跨文化交流不仅可以增进彼此的了解和友谊，还可以为未来的合作和交流打下基础。人脉网络对于大学生的职业发展具有重要的作用，可以为他们提供更多的机会和资源。

参加国际会议和论坛还可以提升大学生的学术能力和研究水平。在会议和论坛上，大学生可以听取专家的报告和讨论，学习他们的研究方法和思路。同时，他们还可以通过与其他学者的交流和讨论，发现自己的不足之处，并不断提升自己的学术能力和研究水平。这对于他们未来的学术研究和职业发展都具有重要的推动作用。

参加国际会议和论坛可以激发大学生的创新思维和解决问题的能力。在会议和论坛上，大学生可以接触到各种不同的观点和思路，这有助于激发他们的创新思维。同时，他们还可以通过与其他学者的交流和讨论，学习到解决问题的方法和技巧。这对于他们未来的职业发展具有重要的指导意义。

4. 总结国际会议和论坛对推动生态文明建设的影响

国际会议和论坛在推动生态文明建设方面具有深远的影响。它们为全球的专业人士提供了一个平台，促进了跨学科、跨国界的交流与合作，共同探讨如何解决环境问题和实现可持续发展。

国际会议和论坛汇聚了全球的智慧和力量。在这些活动中，来自不同国家和地区的专家学者、政策制定者、企业代表等共同探讨环境问题和可持续发展挑战。通过交流经验、分享成果，他们可以找到解决这些问题的最佳路径。这种跨学科、跨国界的合作与交流，有助于打破地域和学科的限制，使学生形成更加全面和深入的认识。

国际会议和论坛为各方提供了一个共同协商和决策的平台。在会议和论坛上，各方代表有机会就共同关心的环境问题和可持续发展挑战进行深入的探讨和交流。通过充分的讨论和协商，各方代表可以形成共识和行动计划。这种协商和决策的过程有助于确保各方利益的均衡和最大化，为推动生态文明建设提供有力的支持。

国际会议和论坛还为学术界和企业界等提供了重要的联系和合作机会。在会议和论坛上，学者和企业代表可以结识来自不同国家和地区的合作伙伴，建立联系并开展合作。

这种联系和合作有助于推动科技创新、绿色发展等领域的进步，为生态文明建设注入新的动力。

国际会议和论坛对于提高公众意识和倡导绿色生活也具有积极的作用。通过参与这些活动，大学生可以更加深入地了解环境问题和可持续发展挑战，提高环保意识和绿色生活意识。同时，国际会议和论坛还可以倡导绿色消费、绿色生产等理念，推动社会的绿色转型，为生态文明建设提供更广泛的社会支持。

5. 展望大学生参加国际会议和论坛的未来发展

展望未来，大学生参加国际会议和论坛的发展前景非常广阔。随着全球化的深入推进和生态文明建设的迫切需求，大学生作为未来的领导者，将在这些领域发挥越来越重要的作用。

大学生是生态文明建设的重要力量。他们具有敏锐的观察力和创新思维，能够深入了解环境问题，提出切实可行的解决方案。通过参加国际会议和论坛，大学生可以接触到全球最前沿的环境科学研究成果和经验，进一步拓宽视野，提高解决问题的能力。

大学生在推动国际合作与交流方面具有独特的优势。他们具有跨文化交流的能力和经验，能够跨越语言和文化的障碍，与来自不同国家和地区的专家学者进行深入的交流和合作。这种跨文化的交流有助于打破地域和学科的限制，促进全球范围内的知识共享和合作创新。

大学生通过参加国际会议和论坛，可以提升自身的学术能力和专业素养。在这些活动中，他们有机会与顶尖的专家学者进行交流和学习，获取最新的学术信息和研究成果。同时，他们还可以通过参与会议组织和策划等活动，提升自己的组织协调能力，增强团队合作精神。

为了更好地推动大学生参加国际会议和论坛的发展，人们需要加强对他们的引导和培训。首先，人们要提高他们对生态文明建设的认识和理解，培养他们的环保意识和责任感。其次，人们要为他们提供更多的参与机会，鼓励他们积极参与国际交流和合作项目。此外，人们还要加强对他们的学术能力和专业素养的培养，提高他们在国际舞台上的竞争力和影响力。

（四）参与生态文明交流项目

1. 生态文明交流项目的重要性和意义

生态文明交流项目对于大学生来说，具有以下重要性和意义。

（1）拓宽视野，了解全球生态文明建设动态：生态文明交流项目为大学生提供了一个难得的机会，让他们能够走出国门，接触到不同国家和地区的生态文明建设实践和经验。通过与来自不同背景的专家学者和青年学生进行交流，大学生可以了解全球范围内生态文明建设的最新动态和趋势，从而拓宽自己的视野，增长见识。

（2）培养跨文化交流能力，提高国际竞争力：生态文明交流项目通常涉及跨文化、跨学科的交流与合作。大学生通过参与这些项目，可以锻炼自己的跨文化交流能力，提高自己的语言水平，同时也有助于培养自己的国际视野和跨文化适应能力。这种能力对于未来的职业发展和国际竞争力提升具有重要意义。

（3）深入了解生态文明建设，培养环保意识：生态文明交流项目通常以生态文明建设为主题，通过实地考察、专题研讨、实践操作等方式，让大学生深入了解生态文明建设的理念、原则和实践。这种深入的了解有助于培养大学生的环保意识，使他们更加关注生态环境问题，并积极参与到生态文明建设中来。

（4）促进国际合作与交流，共同应对全球生态环境问题：生态文明交流项目不仅为大学生提供了学习和交流的机会，也为各国之间的合作与交流搭建了平台。通过参与这些项目，大学生可以结识来自不同国家和地区的合作伙伴，共同探讨生态环境问题，寻求解决方案。这种国际合作与交流有助于推动全球范围内的生态环境保护事业，共同应对全球生态环境问题。

2. 典型的生态文明交流项目

"生态文明青年论坛"通常是一个国际性的活动，旨在促进全球青年之间的交流与合作，共同探讨生态文明建设的问题和挑战。这个论坛通常会邀请来自不同国家和地区的青年代表，包括大学生、研究生、青年科学家、环保组织代表等。

在论坛期间，参与者会进行一系列的活动，包括主题演讲、研讨会、工作坊、实地考察等。这些活动旨在让参与者深入了解生态文明建设的理念和实践，分享各自国家的经验和成果，探讨未来合作的可能性。

此外，"生态文明青年论坛"还会组织文化交流活动，让参与者了解其他国家的文化和传统，促进相互理解和友谊。这些活动包括文化展览、音乐会、舞蹈表演等，为参与者提供了一个了解其他国家文化的机会。

3. 生态文明交流项目的收获和价值

生态文明交流项目的收获丰富，以下是一些主要的收获。

（1）拓展视野，增强全球意识：通过参与生态文明交流项目，大学生可以了解不同国家和地区的生态文明建设实践，包括政策、技术、文化等方面。这有助于他们拓展视野，认识到全球范围内生态文明建设的多样性和复杂性，增强他们的全球意识。

（2）学习借鉴，提升能力：生态文明交流项目通常会邀请专家和学者进行讲座和研讨，参与者可以从中学习借鉴先进的理念、技术和经验。同时，通过与其他国家和地区的参与者进行交流和合作，大学生可以提高自己的沟通能力、团队合作能力和解决问题的能力。

（3）建立联系，促进合作：参与生态文明交流项目可以让大学生与其他国家和地区的参与者建立联系和友谊，为未来的合作打下基础。这些联系和友谊可以促进国际合作，共同应对全球生态环境问题。

（4）培养领导力，激发创新精神：参与生态文明交流项目可以培养大学生的领导力，让他们在团队中担任一定的角色，学会领导和组织团队。同时，通过与其他国家和地区的参与者进行交流和合作，大学生可以激发自身的创新精神，产生新的想法和思路，为未来的研究和事业发展打下基础。

（5）增强社会责任感，推动社会发展：参与生态文明交流项目可以让大学生更加深入地了解全球生态环境问题和社会责任的重要性。通过学习和交流，他们可以认识到自己在推动生态文明建设和社会发展中的责任和使命，从而更加积极地参与相关活动和实践。

4. 生态文明交流项目的挑战和应对策略

生态文明交流项目确实存在一些挑战，但也有一些应对策略可以帮助学生克服这些困难。以下是一些主要的挑战和应对策略。

**挑战 1**：语言障碍。

语言是跨文化交流中最大的障碍之一。由于语言不同，参与者可能难以理解其他国家和地区的生态文明建设实践和经验。

**应对策略**：提供语言支持。

组织或机构可以提供语言支持，包括翻译、语言课程或语言伙伴等。这样可以帮助学生克服语言障碍，更好地理解和交流。

**挑战 2**：文化差异。

不同国家和地区有着不同的文化背景和价值观，这可能导致误解和沟通障碍。

**应对策略**：促进文化理解。

组织或机构可以提供文化培训或导览，帮助学生了解其他国家和地区的文化背景和价值观。这可以帮助学生更好地理解其他参与者，促进相互之间的沟通和合作。

**挑战 3**：参与程度不足。

有些学生可能因为害羞或缺乏自信而不敢参与讨论和互动。这会导致他们无法获得足够的交流和学习机会。

**应对策略：**鼓励参与，提供支持。

组织或机构可以设置适当的引导和组织环节，鼓励学生积极参与讨论和互动，同时，提供支持和鼓励，帮助学生克服害羞和缺乏自信的问题。

**挑战4：**技术限制。

生态文明交流项目通常会使用各种技术工具进行交流和合作，但有些学生可能缺乏必要的技能或设备。

**应对策略：**提供技术支持和培训。

组织或机构可以提供技术支持和培训，帮助学生掌握必要的技能和使用工具。这可以帮助学生更好地利用技术进行交流和合作。

5. 展望生态文明交流项目的未来发展

随着全球对环境问题的关注度不断提高，生态文明建设已成为当今世界的重要议题。越来越多的国家和地区开始重视生态文明交流项目的开展，以推动环保理念的传播和实际的环境保护行动。展望未来，生态文明交流项目的发展前景广阔，将呈现以下趋势。

（1）项目内容多样化：随着人们对生态文明建设的认识不断深入，生态文明交流项目将涵盖更多的领域和内容。未来，这些项目不仅将涉及自然生态环境的保护和恢复，还将拓展到工业生态、城市规划、能源利用等多个方面。同时，生态文明交流项目也将更加注重人类与自然的和谐共生，探讨如何实现可持续发展和绿色生活。

（2）技术创新推动交流效率提升：随着科技的发展，生态文明交流项目将逐渐引入新技术和创新手段，提高交流的效率和效果。例如，虚拟现实（VR）、增强现实（AR）等技术将使跨国界、跨文化的交流更加便捷和直观。这些技术可以模拟真实的生态环境和生态系统，让人们身临其境地感受环境保护的重要性。同时，社交媒体等网络平台也将为生态文明交流提供更多的传播渠道，使信息传递更加迅速和广泛。

（3）跨国合作加强：生态文明交流项目的实施需要全球各国的共同努力和合作。未来，跨国合作将成为生态文明交流项目的关键方向。各国将加强合作，共同制订和实施跨国界的生态文明建设方案。此外，国际组织、非政府组织等也将发挥重要作用，促进跨国合作和资源共享。

（4）公众参与度提高：生态文明交流项目的发展需要广泛的社会参与和支持。未来，随着环保意识的普及和提升，公众参与生态文明交流项目的程度将不断提高。政府、企业和社会组织将积极开展环保教育和宣传活动，提高公众对环保问题的认识和参与度。同时，公众也将成为生态文明交流项目的监督者和受益者，共同推动项目的实施和发展。

（5）强化政策支持：为了促进生态文明交流项目的发展，各国政府将进一步强化政策支持和投入。政府将加大对环保产业、绿色能源、生态保护等领域的扶持力度，为相关企业和项目提供税收优惠、贷款担保等支持措施。此外，政府还将加强环保法规的制定和执行，确保生态文明交流项目的合法性和规范性。

## 二、大学生生态文明国际交流的经验分享

### （一）提前准备

1. 提前了解目的地的环境状况

在参与生态文明国际交流之前，大学生了解目的地的环境状况是至关重要的。通过提前了解目的地的环境状况，大学生可以更好地为交流活动做好准备，提升交流的效果和质量。

了解目标国家或地区的自然资源情况是至关重要的。自然资源包括水、土地、森林、矿产等，这些资源的状况直接影响到当地生态环境的稳定和可持续发展。大学生可以通过查阅相关资料、文献或进行实地考察，了解目的地的自然资源分布、储量以及利用情况，从而对当地生态环境有一个初步的认识。

关注目的地的生态环境问题也是必要的。不同地区面临的生态环境问题可能有所不同，如气候变化、水资源短缺、生物多样性丧失等。大学生可以通过查阅相关报道、文献或与当地环保组织进行沟通，了解目的地的生态环境问题及其影响，为后续的交流活动提供有针对性的建议和解决方案。

了解目的地的生态文明建设进展和挑战也是非常重要的。生态文明建设是一个长期而复杂的过程，需要政府、企业、社会组织和公众的共同努力。大学生可以通过与当地政府、企业、社会组织进行沟通，了解他们在生态文明建设方面的进展和挑战，从而为后续的交流活动提供参考和支持。

2. 了解目标国家的文化背景

了解目标国家的文化背景是国际交流中不可或缺的一环。文化是一个国家或地区的灵魂，它包含了历史、传统、习俗、价值观等多个方面，对于人们的思维方式和行为习惯有着深远的影响。因此，在参与国际交流之前，大学生应该尽可能多地了解目标国家的文化背景。

阅读相关书籍、文章是了解目标国家文化背景的重要途径。大学生可以通过阅读目标国家的文学作品、历史书籍、社会学研究等，了解该国的文化传统、社会风俗和价值观念。这些书籍和文章可以帮助大学生深入了解目标国家的文化内涵，为后续的交流活动做好准备。

参加文化培训课程也是了解目标国家文化背景的有效方式。文化培训课程通常会涵盖目标国家的语言、礼仪、习俗、价值观等多个方面，通过系统的学习和实践，大学生可以更加全面地了解目标国家的文化背景。

与当地人进行交流也是了解目标国家文化背景的重要途径。在交流中，大学生可以亲身感受到当地人的思维方式、行为习惯和价值观念，从而更加深入地了解目标国家的文化背景。同时，与当地人进行交流还可以帮助大学生更好地融入当地社会，为后续的交流活动打下坚实的基础。

3. 熟悉目标国家的相关政策法规

熟悉目标国家的相关政策法规是参与生态文明国际交流的重要准备。政策法规不仅规定了企业和个人的行为规范，也反映了当地政府对生态文明建设的态度和立场。因此，了解目标国家的相关政策法规对大学生参与国际交流具有重要意义。

了解目标国家的环境保护政策是必要的。这些政策通常涵盖了资源利用、能源消耗、污染治理等方面，为环境保护提供了指导和约束。大学生可以通过研究目标国家的环境保护政策，了解当地政府在生态文明建设方面的决心和力度，从而更好地把握交流活动的方向和重点。

了解目标国家的生态文明建设规划也是重要的。这些规划通常包含了政府对生态文明建设的目标和计划，为未来的发展提供了指导和支持。通过研究目标国家的生态文明建设规划，大学生可以了解当地政府在生态文明建设方面的战略和举措，从而更好地理解当地的工作重点和难点。

了解目标国家的法律法规也是必要的。法律法规是保障生态文明建设工作的重要手段，对违反环保法规的行为会进行严厉的处罚。大学生应该了解目标国家的环保法律法规，以确保自己在交流活动中的行为符合当地的法律法规，避免因行为不当而引发不必要的麻烦。

4. 获取目标国家生态文明建设的最新动态

获取目标国家生态文明建设的最新动态是参与生态文明国际交流的重要环节。最新的动态通常反映了当地生态文明建设的最新趋势和发展，对于了解当地的工作重点和难点具有重要的参考价值。

大学生可以通过相关的新闻媒体获取目标国家生态文明建设的最新动态。例如，通过阅读当地的新闻网站、报纸、杂志等，大学生可以了解当地政府在生态文明建设方面的最新政策和举措，以及相关的环保事件和处理情况。此外，一些国际性的新闻媒体也会报道全球范围内的生态文明建设动态，大学生可以通过这些媒体了解全球范围内生态文明建设的趋势和进展。

大学生可以通过参加学术会议获取目标国家生态文明建设的最新动态。学术会议通常汇聚了众多专业领域的专家学者，他们会在会议上分享最新的研究成果和进展。通过参加相关的学术会议，大学生可以了解目标国家在生态文明建设方面的最新研究动态和技术进展，为自己的交流活动提供参考和借鉴。

大学生还可以通过社交媒体平台获取目标国家生态文明建设的最新动态。例如，通过关注目标国家的环保组织、专家学者的社交媒体账号，大学生可以了解他们在生态文明建设方面的最新观点和动态。同时，一些国际性的环保组织也会在社交媒体上发布全球范围内的生态文明建设动态，大学生可以通过这些平台了解全球范围内生态文明建设的趋势和进展。

5. 研究与目标国家相关的案例和经验

研究与目标国家相关的成功案例和经验是参与生态文明国际交流的重要准备工作。这些案例和经验可以为大学生提供宝贵的参考和借鉴，帮助他们更好地理解和推动本地区的生态文明建设。

大学生可以通过文献资料和学术研究了解目标国家在生态文明建设方面的成功案例和经验。他们可以查阅相关的学术论文、政策报告和案例研究，了解目标国家在生态保护、环境治理、可持续发展等方面的具体做法和成果。这些文献资料可以为大学生提供深入的了解和思考，帮助他们更好地把握目标国家的生态文明建设情况。

大学生可以通过实地考察和交流访问了解目标国家在生态文明建设方面的成功案例和经验。他们可以与当地环保组织、专家学者、政府部门等进行深入的交流和实地考察，了解当地在生态文明建设方面的实际工作情况、政策措施和实施效果。通过实地考察和交流访问，大学生可以更加直观地了解目标国家的生态文明建设实践，为自己的交流活动提供更具体、更生动的素材。

大学生还可以通过参加国际会议和研讨会了解目标国家在生态文明建设方面的成功案例和经验。这些会议通常汇聚了来自不同国家和地区的专家学者，他们会在会议上分享各自在生态文明建设方面的研究成果和实践经验。通过参加国际会议和研讨会，大学生可以与来自不同国家和地区的专家学者进行深入的交流和讨论，了解全球范围内生态文明建设的最新动态和趋势。

（二）积极参与活动

1. 参与学术活动

大学生在交流项目中应积极参与各类学术活动，如学术研讨会、论坛和讲座等。他们可以选择自己感兴趣的主题，提前准备好相关知识，并在活动中积极发言和提问。通过参与学术活动，大学生可以拓宽自己的学术视野，了解最新的研究进展，并与来自不同背景的学者进行深入交流，从而提高自己的学术能力和研究水平。

2. 参与志愿者工作

参与志愿者工作是大学生参与社会实践、培养社会责任感和提升个人素质的重要途径。特别是在与生态文明相关的志愿者工作中，大学生可以亲身参与环境保护和生态建设，为推动可持续发展做出贡献。

参与志愿者工作可以让大学生亲身体验生态文明建设的实际工作。通过参与植树造林、环境保护宣传、垃圾分类等活动，大学生可以深入了解生态文明建设的具体内容和实践方式，亲身感受环境保护的重要性。这种亲身体验有助于增强大学生的环保意识和责任感，促使他们更加关注和参与环保工作。

参与志愿者工作有助于大学生了解问题所在。在志愿者工作中，大学生会接触到各种环境问题和挑战，如环境污染、生态破坏等。通过亲身参与和观察，大学生可以更加深入地了解这些问题，思考其背后的原因和解决方案。这种了解有助于激发大学生的创新思维和解决问题的能力，为未来的学术研究和环保工作提供有益的参考。

参与志愿者工作还可以增强大学生的沟通合作能力和社会责任感。在志愿者工作中，大学生需要与不同背景的人合作，共同完成任务。这种合作有助于培养大学生的沟通能力和团队协作精神，提高他们的社会适应能力。同时，通过参与志愿者工作，大学生可以意识到自己的社会责任，意识到自己的行动对环境和社会的影响，从而更加积极地履行社会责任。

3. 参与文化交流

参与文化交流是大学生拓宽视野、了解世界的重要方式，尤其是在生态文明国际交流项目中，文化交流更是一种促进相互理解、加强尊重与合作的桥梁。

参与文化交流可以让大学生更深入地了解不同文化背景下的生态文明理念和实践。通过参观当地的文化遗址、博物馆和艺术展览，大学生可以亲身感受不同文化对生态环境的关注和尊重，了解他们在保护和利用资源方面的智慧和努力。这种了解有助于打破文化隔阂，增强大学生对不同文化的理解和尊重。

参与文化交流可以促进大学生与当地居民的互动交流。通过与当地居民的深入交流，大学生可以了解他们的生活习惯、价值观念和传统习俗，感受当地文化的魅力和独特性。这种互动交流不仅可以增强大学生对当地文化的认知和欣赏，还有助于促进不同文化之间的交流与合作。

参与文化交流还可以培养大学生的跨文化沟通能力。在文化交流中，大学生需要与来自不同文化背景的人进行沟通交流，这无疑为他们的跨文化沟通能力提供了锻炼的机会。通过与不同文化背景的人交流，大学生可以学会尊重差异、理解包容，提高自己的跨文化沟通能力，为未来的学术研究和国际交流做好准备。

4. 提供自己的观点和建议

大学生在参与文化交流的过程中提供自己的观点和建议是非常重要的。以下是对此的一些观点和建议。

（1）积极表达观点：大学生应该勇于表达自己的观点和看法，尤其是在关于生态文明建设的讨论中。他们可以分享自己的见解、经验和思考，为讨论提供新的视角和思考方向。

（2）深入思考：在表达观点之前，大学生应该进行深入的思考和分析。他们可以查阅相关资料、研究案例，了解生态文明建设的背景、现状和趋势，从而形成更加全面、深入的观点。

（3）倾听他人意见：在提供观点的同时，大学生也应该倾听他人的意见和建议。他们可以借鉴他人的经验和智慧，完善自己的观点，并与其他参与者进行有意义的交流和讨论。

（4）注重事实和证据：在表达观点时，大学生应该注重事实和证据的支持。他们可以引用相关数据、案例和研究结果，为自己的观点提供有力的支撑。

（5）提出建设性建议：除了表达观点外，大学生还可以提出建设性的建议。他们可以根据自己的思考和分析，提出可行的解决方案和发展建议，为生态文明建设贡献自己的力量。

5. 建立国际合作网络

建立国际合作网络对于大学生来说，是一个非常重要的机会，尤其是在生态文明国际交流项目中。以下对建立国际合作网络的一些观点和建议。

（1）拓展视野：通过与来自不同国家或地区的学生、学者和专业人士交流合作，大学生可以拓展自己的视野，了解不同文化背景下的生态文明建设和环境问题的解决方案。这有助于他们形成更加全面、深入的理解，并促进跨文化交流和合作。

（2）共享资源和经验：国际合作网络可以促进资源和经验的共享。大学生可以通过与其他参与者交流，分享彼此的研究成果、实践经验和技术技能，共同推动生态文明建设的发展。这种合作不仅可以提高工作效率，还可以促进创新和进步。

（3）建立联系和合作：通过国际合作网络，大学生可以建立与其他参与者之间的联系和合作。他们可以共同开展研究项目、组织活动、推动政策制定等，为解决全球性的生态文明问题做出贡献。这种合作不仅可以促进学术交流，还可以为未来的职业发展提供更多机会和资源。

（4）培养跨文化沟通能力：建立国际合作网络需要大学生具备跨文化沟通能力。他们应该学会尊重和理解不同文化背景的人，学会与他们有效沟通、合作和解决问题。这种对跨文化沟通能力的培养对于未来的职业发展和社会交往都非常重要。

（5）持续跟进和拓展：建立国际合作网络是一个持续的过程。大学生应该保持与合作伙伴的联系，定期交流和分享信息，共同跟进项目进展和成果。同时，他们还可以积极寻找新的合作伙伴和机会，不断拓展自己的国际合作网络。

## （三）保持开放心态

### 1. 尊重多元观点

在国际交流中，大学生会遇到来自不同国家和文化背景的人。每个人都有自己独特的观点和思考方式，因此需要保持开放心态，尊重并包容不同的意见和观点。不同的观点可以促进思维的碰撞和交流，从而帮助我们更全面地理解问题，找到更好的解决方案。

### 2. 学习他人的文化习俗

当参与国际交流时，大学生会接触到各种不同的文化习俗。这些习俗反映了不同文化背景下的价值观念和行为方式。为了更好地融入国际环境，大学生应该积极学习他人的文化习俗，尊重并遵守这些习俗。通过了解他人的文化习俗，大学生可以增进对其他文化的理解，同时也能够更好地与他人进行沟通和合作。

### 3. 倾听和理解

在国际交流中，倾听和理解是非常重要的。大学生应该主动倾听他人的观点和意见，不做过度主观的判断和评价。通过倾听，他们可以更好地理解他人的思维方式和观点，从而促进更深入的交流和互动。同时，大学生还应该尽量用简单明了的语言表达自己的想法，以便他人更好地理解我们的意思。

### 4. 主动提问与探索

在国际交流中，大学生应该保持主动性，勇于提出问题和探索未知领域。通过积极提问，他们可以更全面地了解对方的观点和行为方式，并扩展自己的知识和认识。此外，他们还可以通过阅读相关文献和参加相关活动，深入了解其他文化和观念，从而更好地适应国际环境。

### 5. 建立友谊和合作关系

在国际交流中，大学生应该努力建立友谊和合作关系。通过与他人的交流和互动，他们能够建立起良好的合作伙伴关系，与合作伙伴共同合作解决问题。此外，通过与他人建立友谊，他们还可以互相学习和分享经验，为自己的成长和发展提供更多的机会和资源。因此，大学生应该主动与他人交流，发展自己的人际关系网。

### （四）团队合作

#### 1. 建立良好的沟通和协作机制

团队合作的成功离不开良好的沟通和协作机制。大学生应该与团队成员建立起快速、高效的沟通渠道，确保信息的流动和共享，同时，要注意倾听他人的意见和建议，并及时提供反馈。在团队协作中，大学生要明确分工和责任，确保每个人都能发挥自己的优势，共同完成任务。

#### 2. 充分发挥团队成员的优势和特长

团队合作的关键是充分发挥每个团队成员的优势和特长。大学生应该了解自己的优势和擅长的领域，并主动分享和贡献自己的知识和技能。同时，要尊重他人的特长和意见，合理分配任务和资源，实现优势互补。只有充分发挥每个团队成员的潜力，才能取得最好的团队成果。

#### 3. 培养团队合作意识和团队精神

团队合作需要团队合作意识和团队精神。大学生应该树立团队目标意识，将个人利益放在团队利益之后，积极为团队的共同目标而努力。大学生要尊重他人的意见和决策，遵守团队的规定和约定，同时，要学会互相支持和帮助，共同承担团队的责任和压力。只有培养了良好的团队合作意识和团队精神，团队才能更加高效地工作和取得成功。

#### 4. 解决冲突和困难

在团队合作中，难免会遇到一些冲突和困难。大学生应该学会解决问题和处理冲突，在困难面前保持积极的态度和乐观的心态。要善于沟通和协调，寻找解决问题的办法，避免问题扩大化和影响团队的合作氛围，同时，要学会妥协和让步，在团队的利益和目标之下，做出最好的抉择。

#### 5. 学会总结和反思

团队合作的过程不仅是一项任务完成的过程，更是一次成长完成的过程。大学生应该学会总结和反思，及时对团队合作进行评估和改进，通过总结经验教训，找出问题所在，并及时采取措施进行改进。同时，大学生要学会赞扬和肯定团队成员的贡献和努力，激发团队的积极性和创造力。只有持续不断地学习和改进，才能实现团队合作的最大价值。

### （五）持之以恒

#### 1. 将知识应用于实践

参与生态文明国际交流项目只是大学生学习生态文明理念和经验的一部分，更重要的是将所学到的知识应用于实践。回国后，大学生可以参与社区、学校或其他组织的生态环保活动，如植树造林、垃圾分类、环境保护宣传等。通过实践，大学生将生态文明的理念和方法融入到自己的日常生活和工作中，为建设美丽中国贡献力量。

#### 2. 开展社会实践活动

除了参与公益活动，大学生还可以主动参加社会实践活动，深入了解当地的环境问题，并与相关部门和组织合作，提出解决方案和改进建议。例如，大学生可以组织环保讲座、举办环保展览等，提高公众的环保意识和参与度。实践不仅可以宣传生态文明理念，还可以培养大学生的领导能力和团队协作能力。

#### 3. 利用网络平台与他国志愿者保持联系

现在的网络技术非常发达，大学生可以利用网络平台和社交媒体与其他国家的志愿者和专业人士保持联系，可以分享自己的经验和资源，了解他国的环保政策和实践经验，并进行交流和合作。通过与其他国家的合作，大学生可以加深对全球生态问题的认识，吸收和借鉴其他国家成功的经验，为本国的生态文明建设提供更多的思路和方法。

#### 4. 参与研究和创新

大学生可以参与科研项目和创新竞赛，深入研究与生态文明相关的领域，并提出创新性的解决方案，可以利用自己的专业知识和技能，开展科技创新和工程设计，为生态环保提供新的技术手段和应用模式。同时，大学生还可以与研究机构和企业合作，将研究成果转化为实际的产品和服务，推动生态文明建设的实际落地。

#### 5. 不断学习和进修

生态文明建设是一个长期的过程，需要不断学习和进修，跟上时代发展的脚步。大学生可以参加各种培训和研讨会，深入研究生态文明理论和实践经验，不断提升自己的专业素养和综合能力。同时，大学生还可以利用网络资源，自主学习相关的知识和技能，保持对生态环境问题的关注，并及时了解最新的政策和技术动态。只有不断学习和进修，才能适应社会的变革和发展需求，更好地为生态文明建设做出贡献。

# 第十章　大学生生态文明教育政策与法规

## 第一节　国家层面的大学生成长教育政策与法规

### 一、大学生成长教育政策的背景和意义

随着社会的发展和变革，大学生的成长教育越来越受到关注。作为培养未来社会栋梁的重要群体，大学生的健康成长和全面发展对于国家的可持续发展具有重要意义。因此，国家制定了一系列的政策和法规，旨在促进大学生的成长教育，为他们提供良好的成长环境和发展机会。

### 二、大学生成长教育政策的主要内容

1. 加强思想政治教育

大学生是社会主义事业的建设者和政府，思想政治教育对于他们的成长至关重要。国家鼓励高校加强马克思主义、中国特色社会主义理论的教育，引导大学生树立正确的世界观、人生观和价值观，增强爱国主义、集体主义和社会主义意识。

2. 推进素质教育

推进素质教育是当前中国教育改革的重要方向之一，也是培养高素质人才的重要途径。素质教育旨在提高学生的综合素质和综合能力，包括创新精神、实践能力和团队合作精神等。

高校应该为学生提供更多的实践机会，让他们在实践中学习和成长。同时，还应该鼓励学生参加创新创业活动，提高他们的创新能力和实践能力。

为加强学生的人文素质和综合能力的培养，高校应该开设更多的人文课程和综合性课程，让学生在学习专业知识的同时，也能够接触到更加广泛的知识领域。同时，还应该鼓励学生参加社会实践活动，增强他们的人文素养和社会责任感。

教师应该具备更高的专业水平和综合素质，能够更好地引导学生进行学习和发展。学校应该为教师提供更多的培训和学习机会，提高教师的教育教学水平和管理能力。

总之，推进素质教育是一项长期而艰巨的任务，需要全社会共同努力。高校应该积

极响应国家号召，不断深化素质教育改革，为国家培养更多高素质的人才。

### 3. 强化职业教育

面对复杂多变的就业形势，国家应加强大学生的职业教育，提高其就业能力。政府应鼓励高校开设职业技能培训课程，帮助学生掌握实用的就业技能和职业素养，并支持高校与企业合作，提供实习就业机会，为学生顺利就业创造条件。

### 4. 建立健全成长保障机制

国家要求高校建立健全成长保障机制，为学生提供全方位的成长支持。政府应加大对大学生资助的力度，改善大学生的生活条件。同时，鼓励高校设立心理咨询中心，为学生提供心理健康教育和咨询服务，关注他们的身心健康。

## 三、大学生成长教育政策的实施机制

为了确保大学生成长教育政策的有效实施，国家建立了一套完善的机制和管理体制。

### 1. 政府部门的责任

各级政府要高度重视大学生成长教育，加强组织领导，明确责任分工。相关政府部门要制定相应的政策措施，协同推进大学生成长教育的实施。

### 2. 高校的主体责任

高校的主体责任是为学生提供全面的教育服务，帮助他们成为具有独立思考能力、创新精神和实践能力的人才。作为大学生成长教育的主要场所和载体，高校承载着重要的责任。

高校要根据国家政策要求，制定相应的教育方案和措施。这包括加强学生思想政治教育，注重学生的全面发展，培养学生的创新精神和实践能力。同时，高校还要加强校园文化建设，营造良好的校园文化氛围，提升学生的文化素养和审美情趣。

高校要落实具体的教育措施。这包括加强师资队伍建设，提高教师的教学水平和专业素养，为学生提供优质的教育资源。同时，高校还要注重学生的个性化发展，根据学生的特点和兴趣爱好，制订个性化的培养方案，帮助学生实现自我认知和自我管理。

高校还要建立健全评估机制，监督和评价学生的成长情况。这包括制定科学合理的评估标准，采用多种评估方法，对学生的思想道德素质、文化素质、专业素质、身心健康素质等方面进行全面评估。同时，高校还要及时进行调整和改进，针对评估中发现的问题和不足，采取措施进行改进和提高。

### 3. 学生的自主发展

学生的自主发展是教育改革的重要目标之一，也是大学生实现个人成长和未来发展的关键。自主发展不仅要求学生具备自我认知和自我管理能力，还需要学生主动参与各种活动，培养自己的综合素质。

大学生应该积极参与各种活动，包括学术、文化、体育、艺术等方面的活动。这些活动不仅可以丰富学生的课余生活，还可以培养学生的兴趣爱好和特长，促进他们的个性化发展。同时，大学生还应该积极参加社会实践活动，通过实践锻炼自己的能力和素质，增强社会责任感和团队合作精神。

在自主发展的过程中，大学生还需要注重自我管理和自我约束。他们应该养成良好的学习习惯和行为习惯，注重时间管理、情绪管理、压力管理等方面，不断提高自己的自我认知和自我管理能力。同时，他们还应该注重自我反思和自我评估，及时发现自己的不足和问题，积极采取措施进行改进和提高。

除此之外，大学生还应该注重培养自己的综合素质。这包括思想道德素质、文化素质、专业素质、身心健康素质等方面。他们应该具备正确的世界观、人生观和价值观，了解中华优秀传统文化和国家政策法规等方面的知识，掌握本专业的基本知识和技能，具备良好的语言文字表达能力和人际交往能力等。

# 第二节　大学生生态文明教育政策与法规的实施与效果评估

## 一、大学生生态文明教育政策与法规的实施情况

### （一）政策与法规宣传

在地方政府实施大学生生态文明教育政策与法规时，宣传工作起着至关重要的作用。通过宣传，地方政府可以向大学生普及相关政策与法规的内容、目的与意义，使其了解和理解政策与法规的重要性。以下是一些宣传政策与法规的方式和措施。

（1）刊发通知：地方政府可以发布通知，将有关大学生生态文明教育政策与法规的内容进行简要概述，并指导学校和相关部门组织宣传活动。通知可以以电子邮件、微信公众号、校园网等形式发布，确保信息能够迅速传达给广大师生。

（2）组织培训：地方政府可以组织相关机构或专家开展培训班，邀请大学生代表参加。培训内容可以包括政策与法规的具体要求，以及如何在学校和社会中落实和推广这些政策与法规。培训可以提高大学生对政策与法规的理解和应用能力。

（3）举办宣讲会：地方政府可以邀请相关领导、专家或学者举办宣讲会，向大学生介绍和解读政策与法规的重要内容。宣讲会可以在校园或社区举行，通过现场讲解和互动交流，增加大学生对政策与法规的认知和接受度。

（4）利用多媒体形式开展宣传：地方政府可以制作宣传视频、海报和宣传册等多媒体资料，通过在校园内播放、张贴和发放的方式，向大学生传递政策与法规的信息，同时，结合社交媒体平台，如微信、微博等，进行线上宣传，在更广泛的范围内传达政策与法规的内容。

（5）建立宣传渠道与机制：地方政府可以与学校合作，设立专门的宣传渠道，如校报、校刊、校园广播等，定期发布政策与法规的相关信息。同时，还可以建立宣传机制，将政策与法规的宣传纳入到学生评优评先、奖学金等评选工作中，激发大学生的参与和关注。

（二）教育课程设置

大学生生态文明教育的课程设置是推动大学生环境意识和生态文明素养培养的重要途径。地方政府在进行课程设置时，应综合考虑本地区的环境资源特点与需求，设计针对性强的教学内容和方法。以下是一些建议。

（1）确定核心课程：地方政府可以设立一门核心课程，将大学生生态文明教育纳入必修课程之一。该课程可囊括环境科学、生态学、可持续发展等基础知识，并注重培养学生的环境保护意识、资源节约意识以及可持续发展观念。

（2）开设专业选修课程：地方政府应根据本地区的特色和需求，开设与生态环境相关的专业选修课程，如城市生态学、环境政策与管理、生态农业等，以满足学生的多样化需求和兴趣。

（3）注重实践教学：为了让学生更加深入地了解和认识生态环境问题，地方政府可以组织实践教学活动，如实地考察、社会调研、生态保护志愿服务等。通过实践教学，学生能够亲身感受和参与到环境保护中，提高他们的实践能力和应对问题的能力。

（三）实践活动开展

地方可以通过以下方式鼓励学校组织各类实践活动，促进大学生参与环境保护行动。

（1）参观考察：地方政府可以协助学校组织学生参观当地的自然保护区、生态农场、可持续发展项目等。通过亲身参观和了解，学生能够深入了解环境保护工作的实际情况，并积累相关知识和经验。

（2）志愿者服务：地方政府可以与社会组织合作，为大学生提供参与环境保护志愿者活动的机会。学生可以参与海滩清洁、植树造林、野生动物保护等实际行动，亲身感受环境保护的重要性和乐趣。

（3）社会实践：地方政府可以鼓励学校与本地相关企事业单位合作，组织学生进行社会实践活动。学生可以选择与环境保护相关的课题，进行实地调研和数据收集，为当地环境问题的解决提供建议和措施。

（4）创新大赛：地方政府可以设立环保创新大赛，鼓励学生团队开展创新项目，解决环境问题。这些项目可以涉及节能减排、环境监测、资源循环利用等方面，学生通过实践和创新，提高解决环境问题的能力。

（5）学校项目：地方政府可以支持学校开展环保项目，如建设可持续发展实验室、推广环保科技成果等。学生可以参与到这些项目中，获得实践经验和专业知识的提升。

在组织实践活动时，地方政府应注重活动的实效性和可持续性。通过与相关机构和社区的合作，学生能够接触到真实的环境问题，并为其解决提供有效的帮助。同时，地方政府也应加强对实践活动的监管和评估，确保活动符合法律法规，并能达到预期的教育和环保效果。

通过鼓励学校组织各类实践活动，地方政府可以全面提高大学生的环境保护意识和行动能力，培养他们的责任感和创新精神，为实现生态文明建设目标贡献力量。

（四）奖励与激励

地方政府（下简称"地方"）可以通过设立相关奖励机制来激励大学生积极参与环境保护活动，从而推动环境保护工作的开展。以下是一些可行的奖励与激励措施。

（1）优秀生态志愿者奖：地方可以根据大学生参与环境保护志愿者活动的表现和贡献，设立生态志愿者评选机制，并颁发相应的奖励证书和奖金。这可以鼓励更多的大学生参与志愿者活动，并在环境保护中发挥积极作用。

（2）环保科研项目资助：地方可以向大学生提供环保科研项目的资金支持，鼓励他们开展与环境保护相关的科学研究。这样可以培养大学生的科研能力，促进环境保护理论和技术的创新，为解决环境问题提供更好的方案和方法。

（3）加分或奖励优秀毕业论文和创新科研项目：在评选优秀毕业论文和创新科研项目时，地方可以给予参与环境保护相关课题的大学生加分或奖励，这可以激励大学生在论文和科研项目中关注环境保护问题，并进行深入研究和探索。

（4）推荐优秀学生参加国际或国内会议、交流活动：地方可以推荐表现突出的学生参加与环境保护相关的国际或国内会议、交流活动。这不仅能够提高学生的学术水平和专业知识，还可以拓宽他们的视野，促进与其他机构、学校、研究人员的交流与合作。

（5）设立环保创新创业基金：为鼓励大学生在环境保护领域进行创新创业，地方可以设立环保创新创业基金，提供种子资金和技术支持。这将为大学生创新创业提供更多机会，促进环保产业的发展和创新成果的转化。

通过设立相关奖励机制，地方可以有效激励大学生参与环境保护活动，提高他们对环境问题的关注和行动能力。这些措施不仅可以增强大学生的责任感和使命感，也有助于培养他们的环保意识和创新精神，为实现生态文明建设目标贡献力量。

## 二、大学生生态文明教育政策与法规的实施效果评估

### （一）数据收集与分析

地方可以采用多种方式进行数据收集与分析，以了解大学生对政策与法规的知晓情况、认同度以及参与环境保护行动的具体表现等。以下是一些常见的方法。

（1）问卷调查：地方设计一份关于大学生环境保护意识和行动的问卷，包括政策法规知晓程度、环保行为习惯等内容，可以通过线上或线下的方式发放问卷，并对结果进行统计和分析。

（2）访谈：地方选择一些代表性的大学生，进行深入访谈，了解他们对环保的态度、参与环保行动的原因和障碍等。访谈可以提供更详细和个性化的信息，对于深入理解大学生的行为动机和想法很有帮助。

（3）实地考察：地方组织一些实地活动，邀请大学生参与环保行动，如植树造林、垃圾分类等，通过观察和记录他们的参与程度、行动方式和态度转变等，能够直接了解他们在环保行动中的表现和反应。

（4）学校管理信息系统和学生档案：地方利用学校的教育教学管理信息系统和学生档案，收集和整理与生态文明教育相关的数据，如开设环境科学课程的情况、组织的环保活动等。这些数据可以为监测和评估大学生环保教育的效果提供一定参考依据。

通过收集到的数据，地方可以进行定量和定性的分析。定量分析可以利用统计方法对问卷调查结果进行整体情况的描述和比较分析，如计算知晓率、行动频率等。定性分析则可以从访谈和实地考察中提取关键信息，进行主题编码和内容分析，以获取更详细和深入的理解。

通过对数据的分析，地方可以了解大学生在环保教育中的认知水平、态度和行为习惯，进而制定相应的政策和措施，同时，也可以评估和改进环保教育的效果，促进大学生的生态文明素养和环保意识的提升。

## （二）成果总结与报告

主题：大学生对政策与法规的认知与参与情况调研分析报告

### 1. 调研目的

本次调研旨在了解大学生对政策与法规的知晓情况、认同度以及参与环境保护行动的具体表现，以评估大学生生态文明教育的实施情况，并提出相应的改进建议。

### 2. 调研方法

问卷调查：我们设计了一份关于大学生环境保护意识和行动的问卷，通过线上和线下的方式发放给大学生进行填写。

访谈：我们选择了一些代表性的大学生进行深入访谈，以获取更详细和个性化的信息。

实地考察：我们组织了一些实地活动，邀请大学生参与环保行动，通过观察和记录他们的参与程度和态度转变等，获取直接的表现数据。

学校管理信息系统和学生档案：我们利用学校的教育教学管理信息系统和学生档案，收集和整理与生态文明教育相关的数据。

### 3. 调研结果

政策与法规知晓情况：调研显示大多数大学生对环境保护政策和法规有一定的知晓程度，但仍存在一部分大学生对重要环保政策的不了解。

认同度情况：大部分大学生表示对政策与法规持支持态度，并意识到环保问题的严重性和紧迫性。然而，还有一部分大学生对环保问题认识不足，对政策与法规的认同度较低。

参与环境保护行动表现：调研显示多数大学生在日常生活中积极参与环保行动，如垃圾分类、能源节约等。然而，也有一些大学生对环保行动缺乏主动性和参与度。

教育教学效果：通过对学校管理信息系统和学生档案的分析，我们发现学校在开设环境科学课程和组织环保活动方面取得了一定成效，但仍有待进一步加强。

## （三）经验分享与交流

为推动大学生生态文明教育的实施，地方政府可组织经验交流会、研讨会等活动，邀请相关专家学者、教育管理者和大学生代表等共同参与，分享和交流各地实施大学生生态文明教育政策与法规的经验与成果。通过互相借鉴、经验分享和良好实践的推广，地方政府可以进一步提升大学生生态文明教育的质量和效果。

### 1. 经验分享的目的

经验分享活动旨在促进不同地区、不同高校之间的交流与合作，推动大学生生态文明教育的全面发展。通过搭建平台，各方可以分享成功的经验和实践，围绕政策与法规的实施情况、教育效果以及大学生的参与度等方面进行深入的探讨，并找出解决问题的有效途径。

2. 活动形式与内容

经验交流会：各方可以邀请政府官员、教育专家、学校领导、教师和学生代表等，就大学生生态文明教育的政策和法规实施情况进行经验分享和案例展示。

研讨会：各方可以组织专题研讨会，邀请相关专家学者就大学生生态文明教育的关键问题进行深入探讨，包括课程设计、教学方法、评估体系等方面。

主题演讲：各方可以邀请知名专家学者或行业领袖就特定主题进行演讲，激发思考和讨论，提供新的理念和思路。

分组交流：各方可以以小组形式进行交流和讨论，鼓励参与者分享自己的经验和观点，从中寻找共同问题并探索解决办法。

展览与展示：各方可以组织学生作品展览，展示大学生在环保行动、科研项目、社会实践等方面的成果，激发更多学生的参与和创新。

3. 活动效果与意义

促进经验互通：通过经验分享和交流，不同地区的高校可以了解彼此的经验和做法，相互借鉴，避免重复工作，减少资源浪费。

推动政策落地：通过交流分享成功经验，地方政府可以为其他地区的政策实施提供借鉴和指导，加快政策的落地和实施效果的提升。

提升教育质量：通过研讨和讨论，地方政府可以发现教育过程中存在的问题和挑战，并寻求解决办法，从而提升大学生生态文明教育的质量和效果。

激发创新思维：通过演讲、展览等形式，地方政府可以激发学生的创新思维和环保意识，鼓励他们在环保领域做出更多积极的贡献。

建立合作网络：经验分享活动可以促进不同高校之间建立联系和合作，形成良好的交流网络，实现资源共享和共同发展。

通过经验分享与交流活动，地方政府可以充分利用各方的智慧和创造力，推动大学生生态文明教育事业的蓬勃发展，为建设美丽中国做出更大的贡献。

（四）持续改进与调整

地方政府在大学生生态文明教育的推进过程中，应通过效果评估及时发现存在的问题和不足，并有针对性地进行改进与调整。这样可以不断优化和完善政策与法规的内容、宣传方式、教育方法、实践活动和奖励机制等方面，以提高政策的可操作性和实效性，进一步推动大学生生态文明教育的深入开展。

1. 效果评估的重要性

发现问题与不足：通过评估，地方政府可以客观地了解大学生生态文明教育的实施情况，发现政策执行中存在的问题和不足。

优化政策与法规：评估结果可为政策与法规的修订提供依据，使其更加贴近实际，更具可操作性。

完善教育方法：评估可以揭示教育方法的有效性，帮助调整教学策略，提高学生参与度和学习效果。

提高实践活动的质量：评估结果可用于检验实践活动的成效，找出问题，改进活动方式，提高实践项目的质量和影响力。

2. 改进与调整的方向

优化政策与法规：根据评估结果，地方政府对现行政策与法规进行修订和完善，以进一步提高政策、法规的针对性和可操作性。

创新宣传方式：通过评估了解到宣传效果不佳的问题，地方政府可以尝试使用新的宣传方式，如社交媒体、短视频等，提升宣传效果。

提升教育方法：对于评估结果反映出的教学方法存在的问题，地方政府可以进行教师培训，引入多元化的教学资源和创新的教学技术，提高教学质量。

完善实践活动：根据评估发现的问题，地方政府对实践活动进行改进，加强实践项目的设计和组织，提高学生的实践能力和环保意识。

调整奖励机制：评估结果有助于发现奖励机制的不合理之处，地方政府可以进行相应的调整，激发学生的积极性和创新能力。

3. 持续改进与调整的重要举措

建立评估机制：地方政府制定科学、客观的评估指标和方法，定期进行评估，确保评估的全面性和准确性。

高度重视评估结果：地方政府将评估结果作为政策调整和改进的依据，确保问题能够及时得到解决，并形成长效机制。

加强反馈与沟通：地方政府应及时向相关部门和参与者反馈评估结果，促进各方共同探讨解决方案，形成持续改进的合力。

通过持续改进与调整，地方政府可以不断提升大学生生态文明教育的质量和效果，使其更加贴近实际需要，更好地培养青年一代的环保意识和责任感，推动生态文明建设和可持续发展。

# 第三节　大学生生态文明教育政策与法规的优化策略

## 一、加强政策宣传

### （一）举办专题讲座与展览

举办专题讲座与展览是向大学生传达生态文明教育政策与法规的重要方式之一，通过邀请环保专家、学者和相关政府部门的代表来进行专业讲解，此类活动可以加强师生对环境保护的认识和了解。

在专题讲座上，专家和学者可以介绍生态文明教育政策与法规的背景、目标和内容，解读其重要性和实施情况，并分享案例和经验。他们可以在讲座中强调环境问题的严峻性以及大学生在环保行动中的角色和责任，激发大学生的环保意识和积极性。此外，专题讲座还可以提供互动环节，让师生参与讨论和提问，加深理解和参与度。

展览则是通过视觉和实物展示的方式，向师生展示环境问题与生态文明建设的重要成果。展览可以包括以下内容。

（1）环境问题展示：展览通过图片、文字、数据等形式展示大气污染、水质问题、土地退化等环境问题的现状和严重性，引发师生对环境保护的关注。

（2）生态文明建设成果展示：展览展示国家和地方在生态文明建设方面取得的进展和成果，包括新能源利用、生态保护区建设、绿色交通等方面的实践案例。

（3）大学生参与环保行动展示：展览展示大学生在校园环保活动中的参与情况和取得的成果，包括社团组织的环保行动、科研项目、创新设计等。

专题讲座与展览活动可以提供多样化的方式向师生传达政策与法规的信息，激发他们对生态文明教育的关注和行动。这些活动既可以增加师生的相关知识和意识，也能促使他们更加积极地参与环境保护和生态文明建设。同时，这些活动还有助于营造浓厚的环保氛围，推动学校和社会的良性互动，共同推动生态文明的发展。

### （二）利用新媒体平台传播政策与法规信息

在当今信息时代，新媒体平台如微博、微信公众号等成为了广泛使用的传播工具。利用这些新媒体平台，可以快速、高效地传播大学生生态文明教育政策与法规的信息，提高大学生对生态文明教育的重视程度。

建立微博、微信公众号等官方账号是推广政策与法规信息的重要途径。这些平台，可以及时发布有关环境保护、生态文明教育政策与法规的内容。这些内容可以包括政策解读、案例分析、学生参与环保活动的报道等，以生动有趣的方式向大学生传递政策与法规的精神和要求。同时，这些平台的推送功能，可以将相关信息传递给更多的大学生，提高信息的传播覆盖率。

利用新媒体平台进行互动交流是增加大学生对政策与法规关注度的有效手段。地方政府在微博、微信公众号上设立专门的问题咨询、答疑板块，鼓励大学生提出问题和困惑，由专业人员进行解答和指导。通过与大学生的在线互动，大学生可以加深对政策与法规的理解和认同，并主动参与生态文明教育的实践。

地方政府通过新媒体平台开展线上活动，如举办主题讲座、举行摄影比赛等，吸引大学生的关注和参与。这些活动既可以加强大学生对政策与法规的了解和感知，也能激发他们的创造力和积极性，推动他们更好地贯彻生态文明教育的要求。

在利用新媒体平台传播政策与法规信息的过程中，地方政府需要注意以下几点。

（1）精心策划内容：制作内容应有趣、简洁明了，适应年轻人的阅读习惯和心理需求，增加吸引力和可读性。

（2）定期更新发布：新媒体平台及时发布最新的政策与法规信息，保持更新频率，使大学生始终保持对生态文明教育的关注。

（3）引导互动参与：新媒体平台积极回应大学生的问题和疑惑，提供专业指导和交流平台，鼓励他们参与讨论和分享自己的观点和实践经验。

（4）多渠道传播：除了微博、微信公众号，地方政府还可以利用其他新媒体平台如抖音、快手等进行多渠道传播，以扩大影响力。

通过充分利用新媒体平台传播政策与法规信息，地方政府可以扩大政策宣传的覆盖面和影响力，激发大学生的环保意识和责任感，推动生态文明教育更好地融入大学生的日常学习和生活。

## （三）制作宣传材料与手册

制作宣传材料与手册是普及大学生生态文明教育政策与法规的有效途径之一。这些材料应以简洁明了的方式呈现，重点突出政策法规的主要内容、生态文明教育的意义和目标，以及学校相关环保项目的介绍。

宣传材料和手册的设计，应该注重视觉效果和易读性，可以采用图文并茂的方式，使用简洁明了的文字和生动鲜活的图片，以吸引大学生的注意力并提高信息的吸收度；可以结合实际案例，将抽象的政策法规内容与生活实践相结合，让大学生更好地理解和体会环保意识的重要性。

除了政策法规的介绍，宣传材料与手册还可以加入相关政策法规的解读和分析，以帮助大学生更好地理解政策法规的内涵和应用，可以通过提供案例分析，阐释政策法规的具体操作和执行方式，引导大学生将其融入到生活和学习中；可以介绍学校相关环保项目和实践经验，激发大学生参与环保行动的兴趣和动力。

在发放宣传材料与手册时，地方政府可以利用学校、社区和学生组织等渠道进行发放，确保广大师生都能够获取到相关信息，同时，为了方便大学生随时查阅和下载，也可以将电子版材料上传至学校内部网络或者官方网站。

宣传材料与手册可以有效地传达生态文明教育政策与法规的内容，提高大学生对环保意识和责任感的认识。同时，这些材料还可以成为大学生参与环保行动的指导手册，促使他们更积极地投身于环境保护和生态文明建设的实践中。

## （四）开展主题教育活动

开展主题教育活动是增强大学生对生态文明教育政策与法规的重视程度的有效途径。以下是一些建议的主题教育活动。

（1）生态环境知识竞赛：地方政府组织生态环境知识竞赛，包括政策法规、环境保护技术和案例分析等内容。此类比赛激发大学生对生态环境知识的学习兴趣，提高他们的环保意识。

（2）环保宣传演讲比赛：地方政府举办环保宣传演讲比赛，鼓励大学生发表关于生态文明教育的主题演讲。演讲比赛可以提高大学生的表达能力和创新思维，向他们更好地传递环保的理念和重要性。

（3）环保主题影视欣赏会：地方政府组织环保主题影视欣赏会，选择一些与生态环境保护相关的纪录片、电影或短片进行放映。观影和后续的座谈交流可以引发大学生对环保问题的思考和讨论，增加他们对环保的认识和关注。

（4）社区环境保护行动：地方政府组织大学生参与社区环境保护行动，包括垃圾分类、植树造林、清洁公共空间等活动。大学生实际参与环保行动，可以让大学生亲身感受到环保的重要性和实际影响，培养他们的环保责任感。

（5）专题讲座与学术交流：地方政府邀请环境保护领域的专家学者进行专题讲座，或组织学术交流研讨会，分享最新的环保科研成果和经验。专业讲座和学术交流可以提升大学生对环保问题的认知水平，并引导他们关注热点问题。

以上的主题教育活动旨在提高大学生对生态文明教育的重视程度，促进他们更积极地参与环保行动，使他们形成良好的环保习惯和意识。多种形式的活动可以使大学生全面了解生态环境保护的重要性，推动生态文明教育的深入开展。

## 二、建立监督与考核机制

### (一)建立学校生态文明教育绩效评估制度

建立学校生态文明教育绩效评估制度对于有效推进生态文明教育非常重要。以下是一些建议。

(1)确定评估指标体系:地方政府制定科学、全面的评估指标,包括环境管理、课程设置、教师队伍、学生参与等方面。指标要能够反映学校生态文明教育的整体水平和具体细节。

(2)定期评估与监测:地方政府建立定期的评估与监测机制,可以通过问卷调查、观察与记录、教学成果展示等方式进行。评估应该覆盖学校的各个环节,并结合实际情况进行量化和质化分析。

(3)建立奖惩机制:地方政府将评估结果与学校的奖惩机制相结合,对表现优秀的学校给予奖励,激励他们在生态文明教育方面继续取得突出成绩;对存在问题的学校进行改进与辅导,促进其提升生态文明教育水平。

(4)公开透明与参与:地方政府评估过程应该公开透明,让师生家长都能够参与其中,可以开展听证会、座谈会等,听取各方对评估结果的意见和建议。这种参与可以增加评估的公信力,也能够促进各方共同关注生态文明教育的重要性。

(5)持续改进与反馈:地方政府评估结果应该及时反馈给学校,并提供改进的指导意见。学校应该根据评估结果,不断完善和优化生态文明教育工作,推进持续改进。

科学、公正的学校生态文明教育绩效评估制度,可以有效推动学校落实生态文明教育政策与法规,提高生态文明教育的质量和水平,同时,也能够增强学校和社会的责任感,共同致力于构建美丽的生态环境。

### (二)教师生态文明教育职责考核

教师生态文明教育职责的考核是确保教师有效履行生态文明教育工作的重要手段。以下是一些建议。

(1)明确教师生态文明教育职责:地方政府制定明确的教师生态文明教育职责和要求,包括环境保护知识的掌握、教学计划的编制、教材的选择与使用、课堂教学方法的运用等方面。教师应该将生态文明教育融入到日常的教育教学活动中,引导学生树立正确的环保观念。

(2)建立综合评估机制:地方政府建立多元化的评估方法,包括课堂观察、教案审核、学生评价等方式。通过对教师的教学表现进行评估,了解其在生态文明教育方面的实际情况。评估结果应作为教师绩效考核的重要依据,激励教师积极参与和推进生态文明教育工作。

（3）提供指导与培训支持：针对评估结果中存在的问题，地方政府及时提供指导与培训支持，帮助教师提升生态文明教育水平，可以组织专题讲座、工作坊等形式的培训活动，提供最新的环境保护知识和教学方法，促进教师不断提高。

（4）建立激励机制：地方政府为表现优秀的教师提供激励措施，如荣誉称号、奖金、晋升等，充分肯定和鼓励教师在生态文明教育方面的成绩，激发他们的积极性和创造力，同时，可以通过教师之间的案例分享和交流活动，提升整体教师队伍的水平。

通过建立科学、公正的教师生态文明教育职责考核机制，地方政府可以促使教师更加重视和关注生态文明教育，提高其在环保教育方面的专业水平和教学效果。这将有助于培养学生的环保意识和行动能力，推动社会的可持续发展，同时，也能够提升学校的整体形象和影响力。

（三）学生生态文明行为考核

学生生态文明行为考核是一项重要的工作，它能够帮助学校评估学生的环境保护意识和行为习惯，进而推动学生积极参与环保活动，培养他们良好的生态文明素养。以下是一些建议。

（1）制定学生生态文明行为的评估标准：评估内容可以包括学生是否参与志愿者环保活动、环保知识的学习与掌握程度、节约资源的实际行动、对生态环境的保护意识培养等方面。评估标准应该具备全面性、可量化性和客观性，以确保评估结果的准确性。

（2）建立相应的评估机制：学校可以将评估纳入到学生综合素质评价体系中，通过班级评比、学生自评和教师评价等方式进行。评估结果可以在每学期或每学年结束时公布，以激励学生主动参与环保行动，促进他们的环保行为改善。

（3）加强教育引导和激励措施：学校可以通过组织环保教育活动，如开展讲座、举办主题研讨会、组织实地观察等，加强学生的环保意识教育。同时，为了激励学生积极参与并表现出色，学校可以设立相应奖学金或评优政策，鼓励他们在生态文明行为上不断进步。

（4）建立长效机制和监督体系：学校应当将学生生态文明行为考核纳入日常管理中，并且定期进行检查和评估，同时，可以组建专门的环境保护工作组，负责监督学生生态文明行为的执行情况，并及时对存在问题的学生进行指导和引导。

通过以上措施，学校可以有效推动学生参与环保行动，培养他们的环保意识和行为习惯，促进学生的生态文明素养提升。这也有利于营造良好的生态环境，实现可持续发展的目标。

### （四）社会监督与评估

引入社会监督与评估机制对于生态文明教育的有效实施至关重要。以下是一些建议。

（1）学校建立评估团队进行定期评估：这个团队可以由环保组织、专家学者、家长代表等组成，他们可以对学校的生态文明教育工作进行全面评估。评估的内容可以包括教学计划、教学资源、师资培养、环境保护活动等方面。评估结果应该向公众公开，接受社会的监督和批评。

（2）学校通过开展公众评议和意见征集来征求社会各界对学校的生态文明教育工作的建议和意见：这可以通过开展座谈会、听取公众意见、设立在线平台等方式进行。公众的参与能够增加教育工作的透明度，也可以借助社会的智慧和力量，共同推动生态文明教育的发展。

（3）学校鼓励家长积极参与学校的生态文明教育工作：可以开展家校合作会议、家庭环保活动等形式，让家长了解学校的教育理念和实施情况，共同关注孩子的环境保护意识和行为。同时，可以组织家长代表参与学校的决策过程，让家长在学校生态文明教育中发挥积极的作用。

引入社会监督与评估机制，可以提高学校教育工作的透明度和公信力，确保生态文明教育的有效实施。同时，社会各界的积极参与和监督，也能够促使学校、教师和学生更加认真地开展生态文明教育，推动生态文明理念在校园中得到充分贯彻和落实。

## 三、加强学科交叉融合

### （一）加强学科交叉融合的重要性

学科交叉融合是指将不同学科的理论、方法和技术相互结合，形成新的综合性学科或跨学科研究领域。随着社会的发展和科学技术的进步，传统学科的边界逐渐模糊，问题越来越复杂，这需要多学科的知识和思维方式进行综合分析和解决。加强学科交叉融合具有以下几个重要意义。

（1）提供全面解决问题的能力：学科交叉融合可以使人们具备综合运用各种学科知识解决复杂问题的能力。例如，在环境保护和可持续发展领域，人们需要综合考虑自然科学、工程技术、社会科学等多个学科的知识，才能全面地分析问题、制订合理的解决方案。

（2）推动学术创新和科学发展：学科交叉融合可以促进学术思想的碰撞和融合，推动学术创新的发展。不同学科之间的交流和合作可以激发出新的研究思路和创新想法，进一步推动科学的发展。

（3）培养综合型人才：当今社会需要各个领域的综合型人才，他们具备多学科知识和跨学科思维的能力。加强学科交叉融合可以培养具有广泛知识背景和综合能力的人才，使他们能够适应多样化的社会需求并做出贡献。

（4）探索未知领域和解决复杂问题：学科交叉融合可以帮助人们拓展研究领域，探索未知的科学问题。在面对复杂问题时，单一学科的视角往往无法全面理解问题的本质，而通过学科交叉融合，人们可以从不同的角度出发，更好地理解和解决问题。

### （二）鼓励各专业加强环境保护技术的培养

工科专业在环境保护领域具有重要作用，可以通过加强环境保护技术的培养，为环境问题的解决提供专业支持。以下是一些具体措施。

（1）强化环境污染防治技术：工科专业可以加强对环境污染防治技术的培养，包括传授废水处理、大气污染控制、固体废弃物处理等方面的知识和技能。通过理论教学和实践操作，学生能熟悉环境问题的发生机理和防治方法。

（2）推广清洁生产和循环经济理念：工科专业可以引导学生重视清洁生产和循环经济的理念，培养他们在生产过程中节约资源、减少污染和实现可持续发展的能力。学生可以通过案例分析、实地考察等方式，加强对清洁生产和循环经济的理论学习和实际操作。

（3）发展可再生能源技术：工科专业可以加强对可再生能源技术的研究和培养，如太阳能、风能、生物质能等。通过深入研究这些新兴能源技术，学生可以培养在可再生能源领域的创新能力和应用能力，推动可再生能源的广泛应用。

（4）强化环境监测和评估技术：工科专业可以加强对环境监测和评估技术的培养，使学生能够掌握环境监测仪器的操作和数据分析的方法。通过实际操作和案例研究，学生可以了解环境监测和评估的重要性，并掌握相应的技术手段。

### （三）人文社科专业进行环境伦理研究

人文社科专业在环境保护领域的角色主要是进行环境伦理研究，探讨人与自然的关系以及人类应该如何对待环境。以下是一些相关的研究领域和方法。

（1）环境伦理理论研究：人文社科专业可以深入研究环境伦理的理论框架和思想体系，分析不同文化和价值观对环境的看法和态度。比较研究和理论探讨可以促进环境伦理理论的发展和完善，为环境保护提供理论指导。

（2）环境伦理教育和价值观培养：人文社科专业可以通过开设环境伦理课程和组织相关活动，培养学生对环境的关注和责任感，提高他们的环境意识和环境道德水平，可以通过案例分析、讨论研究等方式，引导学生思考环境伦理问题，并形成良好的价值观和行为习惯。

（3）社会调查和公众参与：人文社科专业可以进行环境相关的社会调查和公众参与研究，了解公众对环境问题的认知和态度，探讨公众参与环境保护的方式和效果。通过定量和定性的研究方法，揭示社会文化因素对环境问题的影响，为环境政策制定和实施提供参考依据。

### （四）全面了解和关注环境问题的重要性

全面了解和关注环境问题是培养环保意识和促进可持续发展的基础。各个专业的教学应该将环境问题融入其中，使学生从不同角度全面了解和关注环境问题。以下是一些具体做法。

（1）课程设置和教材选用：各个专业的教学计划和课程设置应该适当融入环境保护和可持续发展的内容，通过讲授相关理论、案例和技术，使学生了解环境问题的严重性和解决方法。教材选用时应优先选择与环境相关的内容，引导学生对环境问题进行思考和讨论。

（2）实践教学和社会实践：各个专业可以通过实践教学和社会实践的方式，让学生亲身参与环境保护和可持续发展的实践活动，例如，组织学生参观环保企业、开展环境保护志愿服务等，让他们亲,身感受环境问题的现实情况，增强环境意识和环保能力。

（3）跨学科研究和合作：各个专业可以积极开展跨学科研究和合作，共同探讨环境问题的本质和解决方法。例如，工科专业和人文社科专业可以联合开展环境评估和社会影响研究，共同分析环境问题的社会因素和影响因素，为环境保护提供全面的解决方案。

## 四、加强实践教育

### （一）加强实践教育的必要性

加强实践教育对于大学生而言具有重要的必要性，以下是一些理由。

（1）增强环保意识：实践教育可以让大学生亲身参与环境保护的实践活动，通过实践体验，他们能够更深刻地认识到环境保护的紧迫性和重要性。他们会亲眼目睹环境污染的现状，并了解到个人行为对环境的影响。这种亲身经历能够有效地激发大学生的环保意识。

（2）培养实践能力：实践活动锻炼大学生的实践能力，包括问题解决能力、团队合作、创新思维等方面。在实践中，大学生需要通过分析问题、制订解决方案，并与团队成员密切合作来实施计划。这些实践能力是他们未来工作和生活所必备的，通过实践教育培养这些能力，能够提升大学生的综合素质和竞争力。

（3）塑造价值观：实践教育不仅能够传授知识，还能够帮助大学生塑造正确的价值观念。参与环保实践活动的过程中，大学生会认识到人与自然的和谐共生是可持续发展的必要条件。他们会珍惜资源、理解生态系统的重要性，并形成珍视自然和环境保护的正面价值观。

（4）促进社会责任感：通过实践教育，大学生能够培养社会责任感。他们将意识到自己作为社会的一员对社会和环境有着重要的责任和义务。通过参与实践活动，他们能够深刻体会到个人行为对社会和环境的影响。这种社会责任感将激励他们积极参与社会事务，并为构建可持续的未来做出贡献。

## （二）加强实践教育的方法

加强实践教育对于大学生的综合素质和能力提升有着重要的作用。以下是一些方法来加强实践教育。

### 1. 组织实践活动

学校积极组织各种类型的实践活动对于培养学生的实践能力和环保意识具有重要作用。

环境保护志愿服务是一种有效的实践活动形式。学校可以与环保组织合作，组织学生参与不同的环保志愿服务活动，例如河流清理、植树造林、垃圾分类等。通过亲身实践，学生们能够亲眼见到环境问题的现状，参与实际的环境保护行动，增强对环境保护的认识和责任感。同时，这些志愿者活动也能够培养学生的团队合作和组织能力，提高他们解决问题和应对挑战的能力。

开展社区环保项目也是一种有益的实践活动。学校可以鼓励学生与社区居民合作，共同开展环保项目，例如，建立垃圾分类系统、推广可持续发展的生活方式等。通过与社区居民的合作，学生可以了解到实际环境保护问题的具体情况，并通过实践行动来改善环境。这样的实践活动不仅加深了学生对环境保护的认识，还增强了他们的社会责任感和公民意识。

学校还可以组织一些专业实践活动，例如参观环境科研机构、企业或参与环境技术创新项目。这些实践活动可以让学生深入了解环境科学和技术领域的最新发展情况，接触到实际的环保工作和研究项目。通过这样的实践体验，学生可以将理论知识与实际应用相结合，提高他们的专业能力和实践能力，并为未来从事的环境保护工作奠定坚实的基础。

### 2. 搭建实践平台

学校搭建环保实践平台，为学生提供实践机会是非常有意义和有必要的。

学校可以建立环保实践基地。这些基地可以选在自然保护区、湿地公园等自然环境优美的地方，或者与相关单位合作，在校内或附近建设环保实验室，为学生提供进行实验和研究的场所。在这些基地中，学生能够亲身参与环境保护工作，开展野外考察、生态监测、物种保护等活动，实践中体验到环境保护的重要性和挑战。同时，学生还可以通过实践与研究，探索解决环境问题的创新方法和技术，提高自身的科学研究能力。

学校可以与相关单位进行合作，为学生提供实践机会，例如，与环保组织、环保科研机构、环保企业等进行合作，让学生进入这些单位进行实习或项目合作。通过与专业人员的交流和实践，学生能够深入了解环保领域的问题和挑战，学习到实际操作和管理经验。同时，与相关单位的合作还能够增加学生们的就业机会，为他们未来的职业发展奠定基础。

学校还可以开设相关课程，组织专题讲座、座谈会等形式的活动，邀请环保领域的专家教授和从业人员分享他们的实践经验和研究成果。通过这些活动，学生能够了解到最新的环保动态和技术进展，拓宽视野，启发思考，提高自身的专业水平和实践能力。

3. 成立实践社团或组织

成立各类实践社团或组织是学校提供给学生参与实践的重要方式之一，这样的社团或组织可以为学生提供一个广阔的平台和机会，让他们能够积极参与环保实践活动，提升自身的能力和素质。

学校可以成立环保协会。这个协会可以由对环境保护有浓厚兴趣的学生组成，并由老师或专业人士担任指导。协会可以定期组织各种环保活动，如清理河道、植树造林、宣传环保知识等，通过实践活动增强学生对环境问题的认识和理解，培养他们的环保意识和责任感。

学校还可以成立志愿者团队。这个团队可以为学生提供丰富多彩的志愿服务项目，包括参与社区环境整治、参与乡村振兴、开展环保教育活动等。通过志愿服务，学生能够与社会各界接触，了解社会问题，培养社会责任感、团队合作意识和领导才能。

此外，学校还可以成立其他各类实践社团或组织，如科技创新团队、社会调研团队、公益项目团队等。这些社团或组织可以根据学生的兴趣和专长定向开展相关实践活动，提供实践机会和平台，培养学生的创新意识和实践能力。

在社团或组织的运营中，学校应该提供良好的组织管理和资源支持，确保活动的顺利开展。同时，学校还可以鼓励社团或组织与校外的相关单位进行合作，扩大实践范围和影响力，为学生提供更多实践机会和发展空间。

通过成立各类实践社团或组织，学校能够为学生提供广泛而深入的实践机会，让他们能够在实践中不断锻炼和提升自己，培养他们各方面的能力和素质。这样的平台不仅能够满足学生对实践的需求，也能够促进学生的全面发展，为他们的未来发展打下坚实的基础。

4. 教育宣传

学校可以通过各种形式的教育宣传活动，加强环保知识的普及和宣传，以引导学生树立正确的环保价值观，积极参与环境保护。

举办环保主题的讲座：学校邀请环保领域的专家学者或相关组织代表来校园进行讲座，向学生介绍环境问题的现状、原因和影响，并分享解决问题的方法和经验。讲座内容可以包括气候变化、资源浪费、污染治理等方面，旨在提高学生对环境问题的认识和关注度。

举办环保主题的展览：通过图文并茂的展板、实物模型等形式，学校向学生展示环境问题的实际情况和影响，同时呈现环境保护的成果和成功案例。展览可以包括可持续能源利用、废物管理、自然资源保护等方面的内容，以生动形象的方式增强学生的环保意识。

组织环保研讨会或座谈会：邀请学生、教师和专业人士一起讨论环境保护的重要性和可行性，分享实践经验和创新思路。通过互动交流的方式，激发学生的环保意识和参与热情，培养他们解决环境问题的能力。

除了以上活动，学校还可以通过制作宣传海报、策划社交媒体活动、开展环保知识竞赛等方式，加强环保知识的普及与宣传。这些活动可以在校园内外进行，通过多种渠道传播环保观念，激发学生的环保意识和行动。

在教育宣传活动中，学校要注重科学性、针对性和趣味性。通过提供准确可靠的环保知识，引导学生正确对待环境问题，增强他们的责任感和行动力。同时，宣传活动也可以结合学生的兴趣爱好和特长，设计富有趣味性和创新性的内容，让学生乐于参与其中。

通过教育宣传活动，学校能够向广大学生传递环保理念，引导他们树立正确的环保价值观，并通过行动参与到环境保护中来。这样的教育宣传活动不仅能够提高学生对环境问题的认识和关注度，也能够培养他们的环境保护意识和能力，为实现可持续发展目标贡献力量。

5. 设立专门培训课程

学校可以设立专门的培训课程，教授环境保护相关的知识和技能，以加深学生对环境问题的认识并提升参与能力。

设置环境科学课程：该课程可以介绍环境科学的基本概念、原理和方法，让学生了解环境问题的起因和影响。通过环境科学课程，学生可以深入了解大气、水体、土壤等各个环境要素之间的相互作用，在此基础上培养他们分析和解决环境问题的能力。

设置生态学课程：生态学课程可以帮助学生理解生态系统的组成和功能，以及人类活动对生态系统的影响。学生可以学习到生物多样性保护、生态平衡维护以及生态系统修复等内容，从而培养他们保护和修复生态环境的意识和技能。

设置环境管理课程：环境管理课程可以介绍环境法律法规、环境评估、环境监测等方面的知识，让学生了解环境管理的重要性和方法。学生可以学习到如何进行环境影响评价、如何设计和实施环境保护计划等内容，培养他们在实际工作中进行环境管理的能力。

除了基础课程外，学校还可以设置环境教育实践课程。这些课程包括户外实地考察、科研项目参与等，让学生亲身体验环境问题，加深对环境保护的认知。例如，学校组织学生参与环境保护志愿者活动，开展校园环境改善项目等，让学生在实践中学习和应用环境保护知识和技能。

通过设立专门的培训课程，学校可以为学生提供系统全面的环境保护教育。这些课程不仅可以增强学生对环境问题的认识和关注度，也能够培养他们解决环境问题的能力。同时，这些课程还可以为学生今后从事环境领域相关工作奠定基础，培养专业技能和素养。

需要注意的是，学校在设置培训课程时，应根据学生的年龄和学习阶段合理安排课程内容和难度，同时，还要与相关部门、专家和社会组织合作，确保课程的科学性和实效性。通过专门培训课程的设置，学校能够培养学生的环境意识和能力，为实现可持续发展目标做出贡献。

6. 开展学生科研项目

学校可以开展学生科研项目，鼓励他们参与环保相关的研究和实践活动。通过科研项目，学生可以深入研究环境问题，探索解决方案，并提高其科学研究能力和创新思维。

学校可以设置科研项目与环保领域相关的主题，例如，研究空气污染防治技术、水污染治理方法、可再生能源利用等。这些主题既与当前环境问题密切相关，又具有一定的科研难度，可激发学生的兴趣和挑战性，推动他们深入研究。

学校可以为学生提供科研指导和资源支持。指导老师可以帮助学生确定研究方向、提供科研指导、监督和评估学生的科研进展。学校也可以提供实验室设备、文献资料和经费支持等资源，确保学生能够顺利进行科研项目。

　　此外，学校可以组织学生参与科研竞赛和交流活动。通过参加科研竞赛，学生可以与其他学校的同学进行学术交流，激发他们的竞争意识和创新能力。学校还可以组织学术研讨会、学术报告等活动，让学生有机会向其他人展示他们的研究成果，扩大他们的学术影响力。

　　通过开展学生科研项目，学校可以培养学生的科学研究能力和创新思维。学生在科研项目中将会面临各种挑战，需要进行问题分析、实验设计、数据处理等各个环节的科学研究工作。这样的实践活动不仅加强了学生对环境问题的认识，还培养了他们的批判性思维和解决问题的能力。

　　需要注意的是，学校在开展学生科研项目时要确保安全和伦理。学校应指导学生遵循科研实践的规范和道德准则，保护人体、动植物以及自然环境的安全和权益。此外，学校还应监督和评估学生的科研项目，确保其具有一定的学术质量和实践效果。

　　通过开展学生科研项目，学校能够培养学生的科学研究能力和创新精神，为环境保护事业培养更多的专业人才。同时，学生也能够通过参与科研项目，对环保领域有更深入的了解，并为解决环境问题做出积极贡献。

# 参考文献

[1]张健, 庞博. 高校大学生生态文明教育的现状与路径选择研究——以陕西科技大学为例[J].陕西教育(高教), 2023, (10): 19-21.

[2]范俊玉, 张韵雅. 提升大学生生态科学素养:内涵、价值及实施路径[J].安徽农业大学学报(社会科学版), 2023, 32(5): 135-140.

[3]王俊, 廖小文, 陈云. 新时代大学生生态文明教育现状及发展路径研究[J].晋城职业技术学院学报, 2023, 16(05): 51-56.

[4]乔永刚. 生态文明观融入高校思想政治教育的实现路径研究——评《大学生生态文明教育理论与实践》[J].应用化工, 2023, 52(09): 2755.

[5]陈金平, 戴晓英. 生态文明视角下的大学生培养教育生态化发展——析《大学生生态文明教育理论与实践》[J].环境保护, 2023, 51(17): 77-78.

[6]余谦. "美丽中国"视域下地方高校大学生生态文明实践教育路径研究[J].安康学院学报, 2023, 35(04): 19-22.

[7]李朴. 大学生生态文明教育课程建设的探索与实践[J].安康学院学报, 2023, 35(04): 29-32.

[8]桂林,李玲.基于生态学视角下教育管理的理论及其模式的发展[J].环境工程,2023,41(08):308.

[9]安新梅. 生态文明建设背景下高校思政教育和学生管理路径探讨[J].环境工程, 2023, 41(08): 325.

[10]李美霞. "双创"环境下高校大学生思政教育教学模式创新研究[J].环境工程, 2023, 41(08): 330.

[11]孙皓祥, 王学谦, 李中君. 基于生态文明视角分析大学生思想政治教育的理论与实践研究[J].环境工程, 2023, 41(08): 403.

[12]王海丽. 大学生生态文明教育探索[J].林区教学, 2023, (08): 51-55.

[13]孙嘉悦, 姚红. 高校生态文明教育的意义、困境与策略[J].现代商贸工业, 2023, 44(18): 144-146.

[14]雷萌. 生态文明教育在高校大学生职业素养培养中的应用[J].环境工程, 2023,

41(07): 341.

[15]蒋谨慎, 王万江. 党的二十大报告中的生态文明观对新时代高校生态文明教育的启示[J].肇庆学院学报, 2023, 44(04): 1-4.

[16]李全喜, 宁春娟. 新时代提升大学生党员生态文明意识研究[J].北京教育(德育), 2023, (06): 32-40.

[17]胡沁婷. 生态文明视角下大学生思政教育改革探究[J].中学政治教学参考, 2023, (24): 98-99.

[18]陈根红. 思想政治教育视角下的大学生生态文明教育的价值与体现[J].湖南工业职业技术学院学报, 2023, 23(03): 66-70.

[19]任涛涛. 大学生生态文明教育对就业创业的指导价值[J].环境工程, 2023, 41(06): 282.

[20]张凌琦. 新时代推动大学生生态文明教育的现实路径[J].公关世界, 2023, (09): 114-116.

[21]赵青. 生态文明视域下大学生思想素质培育——评《新时代大学生生态文明素质教育》[J].林业经济, 2023, 45(05): 106.